N. BOURBA

ÉLÉMENTS DE MATHÉMATIQUE

N. BOURBAKI

ÉLÉMENTS DE MATHÉMATIQUE

GROUPES ET ALGÈBRES DE LIE

Chapitre 1

Springer

Réimpression inchangée de l'édition originale de 1972

ISBN-10 3-540-35335-6 Springer Berlin Heidelberg New York
ISBN-13 978-3-540-35335-5 Springer Berlin Heidelberg New York

Springer est membre du Springer Science+Business Media
springer.com

Maquette de couverture: WMXdesign, Heidelberg
Imprimé sur papier non acide 41/3100/YL - 5 4 3 2 1 0 -

CHAPITRE PREMIER

ALGÈBRES DE LIE

Dans les paragraphes 1, 2 *et* 3, K *désigne un anneau commutatif ayant un élément unité. Au paragraphe* 4, K *désigne un corps commutatif. Dans les paragraphes* 5, 6 *et* 7, K *désigne un corps commutatif de caractéristique* 0 [1].

§ 1. Définition des algèbres de Lie

1. *Algèbres*

Soit M un module unitaire sur K, muni d'une application *bilinéaire* $(x, y) \mapsto xy$ de $M \times M$ dans M. Tous les axiomes des algèbres sont vérifiés à l'exception de l'associativité de la multiplication. Par abus de langage, on dit que M est une *algèbre non nécessairement associative* sur K, ou parfois, quand aucune confusion ne peut en résulter, une *algèbre* sur K. Dans le présent n°, nous emploierons cette dernière terminologie.

Si on munit le K-module M de la multiplication $(x, y) \mapsto yx$, on obtient encore une algèbre qui est dite *opposée* à l'algèbre précédente.

Un sous-K-module N de M stable pour la multiplication est muni de manière évidente d'une structure d'algèbre sur K. On

[1] Les propositions démontrées dans ce Chapitre s'appuient exclusivement sur les propriétés établies dans les livres I à VI, et sur quelques résultats de *Alg. comm.*, chap. III, § 2.

dit que N est une *sous-algèbre* de M. On dit que N est un *idéal à gauche* (resp. *à droite*) de M si les conditions $x \in N$, $y \in M$ entraînent $yx \in N$ (resp. $xy \in N$). Si N est à la fois un idéal à gauche et un idéal à droite, on dit que N est un *idéal bilatère* de M. Dans ce cas, la multiplication dans M permet de définir, par passage au quotient, une multiplication bilinéaire dans le module quotient M/N, de sorte que M/N est muni d'une structure d'algèbre. On dit que M/N est l'*algèbre quotient* de M par N.

Soient M_1 et M_2 deux algèbres sur K, et φ une application de M_1 dans M_2. On dit que φ est un *homomorphisme* si φ est K-linéaire, et si $\varphi(xy) = \varphi(x)\varphi(y)$ pour $x \in M_1$, $y \in M_1$. Le noyau de φ est un idéal bilatère de M_1, et l'image de φ est une sous-algèbre de M_2. Par passage au quotient, φ définit un isomorphisme de l'algèbre M_1/N sur l'algèbre $\varphi(M_1)$.

Soit M une algèbre sur K. Une application D de M dans M est appelée une *dérivation* de M si elle est K-linéaire et si $D(xy) = (Dx)y + x(Dy)$, quels que soient $x \in M$ et $y \in M$. Cette définition généralise la déf. 3 d'*Alg.*, chap. IV, § 4, n° 3. Le noyau d'une dérivation de M est une sous-algèbre de M. Si D_1 et D_2 sont des dérivations de M, alors $D_1D_2 - D_2D_1$ est une dérivation de M (cf. *Alg.*, chap. IV, § 4, n° 3, prop. 5 : la démonstration de cette proposition n'utilise pas l'associativité de l'algèbre).

Soient M_1 et M_2 deux algèbres sur K. Sur le K-module produit $M = M_1 \times M_2$, définissons une multiplication en posant $(x_1, x_2)(y_1, y_2) = (x_1y_1, x_2y_2)$, quels que soient x_1, y_1 dans M_1, x_2, y_2 dans M_2. L'algèbre ainsi définie s'appelle l'*algèbre produit* de M_1 et M_2. L'application $x_1 \mapsto (x_1, 0)$ (resp. $x_2 \mapsto (0, x_2)$) est un isomorphisme de M_1 (resp. M_2) sur un idéal bilatère de M. Par ces isomorphismes, on identifie M_1 et M_2 à des idéaux bilatères de M. Le K-module M est alors somme directe de M_1 et M_2. Réciproquement, soient M une algèbre sur K, et M_1, M_2 deux idéaux bilatères de M tels que M soit la somme directe de M_1 et M_2. On a $M_1M_2 \subset M_1 \cap M_2 = \{0\}$; donc, si x_1, y_1 appartiennent à M_1 et x_2, y_2 à M_2, alors $(x_1 + x_2)(y_1 + y_2) = x_1y_1 + x_2y_2$, de sorte que M s'identifie à l'algèbre produit $M_1 \times M_2$. Tout idéal à gauche (resp. à droite, bilatère) de M_1 est un idéal à gauche (resp. à droite, bilatère) de M. Nous laissons au lecteur le soin de formuler les résultats analogues dans le cas d'une famille finie quelconque d'algèbres.

Soit M une algèbre sur K, et supposons que le K-module M admette une base $(a_\lambda)_{\lambda\in L}$. Il existe un système unique $(\gamma_{\lambda\mu\nu})_{(\lambda,\mu,\nu)\in L\times L\times L}$ d'éléments de K tels que $a_\lambda a_\mu = \sum_\nu \gamma_{\lambda\mu\nu} a_\nu$ quels que soient λ, μ dans L. Les $\gamma_{\lambda\mu\nu}$ s'appellent les *constantes de structure de* M *par rapport à la base* (a_λ).

Soient M une algèbre sur K, K_0 un anneau commutatif ayant un élément unité, ρ un homomorphisme de K_0 dans K transformant l'élément unité en élément unité. Alors, M peut être considéré comme algèbre sur K_0 en posant $\alpha . x = \rho(\alpha) . x$ pour $\alpha \in K_0$, $x \in M$. Il en est ainsi, en particulier, lorsqu'on prend pour K_0 un sous-anneau de K contenant l'élément unité, et pour ρ l'application identique de K_0 dans K.

Soient M une algèbre sur K, K_1 un anneau commutatif ayant un élément unité, σ un homomorphisme de K dans K_1 transformant l'élément unité en élément unité. Soit $M_{(K_1, \sigma)} = M_{(K_1)}$ le K_1-module déduit de M par extension à K_1 de l'anneau des scalaires (*Alg.*, chap. II, 3e éd., § 5). Le produit dans M définit canoniquement une application K_1-bilinéaire de $M_{(K_1)} \times M_{(K_1)}$ dans $M_{(K_1)}$ (*Alg.*, chap. IX, § 1, n° 4), de sorte que $M_{(K_1)}$ se trouve muni d'une structure d'algèbre sur K_1 (qui est dite *déduite de* M *par extension à* K_1 *de l'anneau des scalaires*). Il en est ainsi, en particulier, lorsque K est un sous-anneau de K_1 contenant l'élément unité et que σ est l'application identique de K dans K_1.

2. *Algèbres de Lie*

DÉFINITION 1. — *Une algèbre* $\mathfrak{g}$ *sur* K *est appelée une algèbre de Lie sur* K *si sa multiplication (notée* $(x, y) \mapsto [x, y]$*) vérifie les identités :*

(1) $$[x, x] = 0$$

(2) $$[x, [y, z]] + [y, [z, x]] + [z, [x, y]] = 0$$

quels que soient x, y, z *dans* $\mathfrak{g}$.

Le produit $[x, y]$ est appelé le *crochet* de x et y. L'identité (2) est appelée l'*identité de Jacobi.*

Le crochet $[x, y]$ est une fonction bilinéaire alternée de x, y. On a donc l'identité :

$$[x, y] = -[y, x] \tag{3}$$

de sorte que l'identité de Jacobi peut s'écrire :

$$[x, [y, z]] = [[x, y], z] + [y, [x, z]]. \tag{4}$$

Toute sous-algèbre, toute algèbre quotient d'une algèbre de Lie sont des algèbres de Lie. Tout produit d'algèbres de Lie est une algèbre de Lie. Si $\mathfrak{g}$ est une algèbre de Lie, l'algèbre opposée $\mathfrak{g}^0$ est une algèbre de Lie, et l'application $x \mapsto -x$ est un isomorphisme de $\mathfrak{g}$ sur $\mathfrak{g}^0$, en vertu de l'identité (3).

Exemple 1. — Soit L une algèbre associative sur K. Le crochet $[x, y] = xy - yx$ est une fonction bilinéaire de x et y. On vérifie facilement que la loi de composition $(x, y) \mapsto [x, y]$ dans le K-module L fait de L une algèbre de Lie sur K.

Exemple 2. — Dans l'exemple 1, choisissons pour L l'algèbre associative des endomorphismes d'un K-module E. On obtient l'*algèbre de Lie des endomorphismes de* E, notée $\mathfrak{gl}(E)$. (Si $E = K^n$, on note $\mathfrak{gl}(n, K)$ l'algèbre de Lie $\mathfrak{gl}(E)$.)

Toute sous-algèbre de Lie de $\mathfrak{gl}(E)$ est une algèbre de Lie sur K. En particulier :

1° Si E est muni d'une structure d'algèbre (non nécessairement associative), les dérivations de E forment une algèbre de Lie sur K.

2° Si E admet une base finie, les endomorphismes de E de trace nulle forment une algèbre de Lie sur K, qu'on désigne par $\mathfrak{sl}(E)$ (ou par $\mathfrak{sl}(n, K)$ si $E = K^n$).

3° L'ensemble $\mathbf{M}_n(K)$ des matrices carrées d'ordre n peut être considéré comme une algèbre de Lie sur K canoniquement isomorphe à $\mathfrak{gl}(n, K)$. Soit (E_{ij}) la base canonique de $\mathbf{M}_n(K)$ (*Alg.*, chap. II, 3e éd., § 10, no 3). On a facilement :

$$\begin{cases} [E_{ij}, E_{kl}] = 0 & \text{si } j \neq k \quad \text{et} \quad i \neq l \\ [E_{ij}, E_{jl}] = E_{il} & \text{si } i \neq l \\ [E_{ij}, E_{ki}] = -E_{kj} & \text{si } j \neq k \\ [E_{ij}, E_{ji}] = E_{ii} - E_{jj} & \end{cases} \tag{5}$$

On note $\mathfrak{t}(n, \mathrm{K})$ (resp. $\mathfrak{st}(n, \mathrm{K})$, $\mathfrak{n}(n, \mathrm{K})$) la sous-algèbre de Lie de $\mathbf{M}_n(\mathrm{K})$ formée des matrices triangulaires (resp. triangulaires de trace nulle, resp. triangulaires de diagonale nulle) (*Alg.*, chap. II, 3e éd., § 10, n° 7).

* *Exemple* 3. — Soit V une variété indéfiniment différentiable réelle. Les opérateurs différentiels à coefficients réels indéfiniment différentiables sur V constituent une algèbre associative sur $\mathbf{R}$, donc, d'après l'exemple 1, une algèbre de Lie Δ sur $\mathbf{R}$. Le crochet de deux champs de vecteurs indéfiniment différentiables sur V est un champ de vecteurs indéfiniment différentiable, donc les champs de vecteurs indéfiniment différentiables sur V constituent une sous-algèbre de Lie $\mathfrak{f}$ de Δ. Si V est un *groupe de Lie* réel, les champs de vecteurs invariants à gauche constituent une sous-algèbre de Lie $\mathfrak{g}$ de $\mathfrak{f}$ appelée *algèbre de Lie* de V. L'espace vectoriel $\mathfrak{g}$ s'identifie à l'espace tangent à V en e (élément neutre de V). Soient V′ un autre groupe de Lie réel, e' son élément neutre, $\mathfrak{g}'$ son algèbre de Lie. Tout homomorphisme analytique de V dans V′ définit une application linéaire de l'espace tangent à V en e dans l'espace tangent à V′ en e' ; cette application est un homomorphisme de l'algèbre de Lie $\mathfrak{g}$ dans l'algèbre de Lie $\mathfrak{g}'$. Si V est le groupe linéaire d'un espace vectoriel réel E de dimension finie, il existe un isomorphisme canonique de $\mathfrak{gl}(\mathrm{E})$ sur l'algèbre de Lie $\mathfrak{g}$ de V, par lequel on identifie $\mathfrak{g}$ et $\mathfrak{gl}(\mathrm{E})$.*

Définition 2. — *Soient* $\mathfrak{g}$ *une algèbre de Lie,* x *un élément de* $\mathfrak{g}$. *L'application linéaire* $y \mapsto [x, y]$ *de* $\mathfrak{g}$ *dans* $\mathfrak{g}$ *s'appelle l'application linéaire adjointe de* x *et se désigne par* $\mathrm{ad}_{\mathfrak{g}}\, x$ *ou par* $\mathrm{ad}\, x$.

Proposition 1. — *Soit* $\mathfrak{g}$ *une algèbre de Lie. Pour tout* $x \in \mathfrak{g}$, $\mathrm{ad}\, x$ *est une dérivation de* $\mathfrak{g}$. *L'application* $x \mapsto \mathrm{ad}\, x$ *est un homomorphisme de l'algèbre de Lie* $\mathfrak{g}$ *dans l'algèbre de Lie* $\mathfrak{d}$ *des dérivations de* $\mathfrak{g}$. *Si* $\mathrm{D} \in \mathfrak{d}$ *et* $x \in \mathfrak{g}$, *on a* $[\mathrm{D}, \mathrm{ad}\, x] = \mathrm{ad}\,(\mathrm{D}x)$.

En effet, l'identité (4) peut s'écrire :

$$(\mathrm{ad}\, x) \,.\, [y, z] = [(\mathrm{ad}\, x) \,.\, y, z] + [y, (\mathrm{ad}\, x) \,.\, z]$$

ou :

$$(\mathrm{ad}[x, y]) \,.\, z = (\mathrm{ad}\, x) \,.\, ((\mathrm{ad}\, y) \,.\, z) - (\mathrm{ad}\, y) \,.\, ((\mathrm{ad}\, x) \,.\, z)$$

d'où les deux premières assertions. D'autre part, si $D \in \mathfrak{d}$, $x \in \mathfrak{g}$, $y \in \mathfrak{g}$, on a $[D, \mathrm{ad}\, x].y = D([x, y]) - [x, Dy] = [Dx, y] = (\mathrm{ad}\, Dx).y$, d'où la dernière assertion.

L'application ad x s'appelle aussi la *dérivation intérieure* définie par x.

3. *Algèbres de Lie commutatives*

DÉFINITION 3. — *Deux éléments x, y d'une algèbre de Lie sont dits permutables lorsque* $[x, y] = 0$. *On dit que* $\mathfrak{g}$ *est commutative si deux quelconques de ses éléments sont permutables.*

Exemple 1. — Soient L une algèbre associative, $\mathfrak{g}$ l'algèbre de Lie qu'elle définit (nº 2, *Exemple* 1). Deux éléments x, y sont permutables dans $\mathfrak{g}$ si et seulement si $xy = yx$ dans L.

**Exemple* 2. — Si un groupe de Lie réel G est commutatif, son algèbre de Lie est commutative. *

Tout K-module peut évidemment être muni, d'une manière unique, d'une structure d'algèbre de Lie commutative sur K.

Si $\mathfrak{g}$ est une algèbre de Lie, tout sous-module monogène de $\mathfrak{g}$ est une sous-algèbre de Lie commutative de $\mathfrak{g}$.

4. *Idéaux*

Il résulte de l'identité (3) que, dans une algèbre de Lie $\mathfrak{g}$, il n'y a pas à distinguer entre les idéaux à gauche et les idéaux à droite, tout idéal étant bilatère. On parlera donc simplement d'idéal.

**Exemple.* — Soient G un groupe de Lie, $\mathfrak{g}$ son algèbre de Lie, H un sous-groupe de Lie de G. Tout champ de vecteurs invariant à gauche sur H définit canoniquement un champ de vecteurs invariant à gauche sur G, d'où une injection canonique de l'algèbre de Lie $\mathfrak{h}$ de H dans $\mathfrak{g}$; on identifie $\mathfrak{h}$ à une sous-algèbre de Lie de $\mathfrak{g}$ par cette injection. Si H est distingué dans G, l'image canonique de $\mathfrak{h}$ dans $\mathfrak{g}$ est un idéal de $\mathfrak{g}$.*

Un idéal de $\mathfrak{g}$ est un sous-module de $\mathfrak{g}$ stable pour les dérivations intérieures de $\mathfrak{g}$.

DÉFINITION 4. — *Un sous-module de* $\mathfrak{g}$ *stable pour* toute *dérivation de* $\mathfrak{g}$ *est appelé un idéal caractéristique de* $\mathfrak{g}$.

PROPOSITION 2. — *Soient* $\mathfrak{g}$ *une algèbre de Lie,* $\mathfrak{a}$ *un idéal* (resp. *un idéal caractéristique*) *de* $\mathfrak{g}$, *et* $\mathfrak{b}$ *un idéal caractéristique de* $\mathfrak{a}$. *Alors,* $\mathfrak{b}$ *est un idéal* (resp. *un idéal caractéristique*) *de* $\mathfrak{g}$.

En effet, toute dérivation intérieure (resp. toute dérivation) de $\mathfrak{g}$ laisse stable $\mathfrak{a}$ et induit dans $\mathfrak{a}$ une dérivation, donc laisse stable $\mathfrak{b}$.

Soient $\mathfrak{g}$ une algèbre de Lie. Si $\mathfrak{a}$ et $\mathfrak{b}$ sont des idéaux de $\mathfrak{g}$, $\mathfrak{a} + \mathfrak{b}$ et $\mathfrak{a} \cap \mathfrak{b}$ sont des idéaux de $\mathfrak{g}$.

Soient $\mathfrak{a}$ et $\mathfrak{b}$ deux sous-modules de $\mathfrak{g}$. Par abus de notations, on notera $[\mathfrak{a}, \mathfrak{b}]$ le sous-module de $\mathfrak{g}$ engendré par les éléments de la forme $[x, y]$ ($x \in \mathfrak{a}, y \in \mathfrak{b}$). On a $[\mathfrak{a}, \mathfrak{b}] = [\mathfrak{b}, \mathfrak{a}]$ d'après l'identité (3). Si $z \in \mathfrak{g}$, on note $[z, \mathfrak{a}]$, ou $[\mathfrak{a}, z]$, le sous-module $[\mathrm{K}z, \mathfrak{a}] = (\mathrm{ad}\, z)(\mathfrak{a})$.

PROPOSITION 3. — *Si* $\mathfrak{a}$ *et* $\mathfrak{b}$ *sont des idéaux* (resp. *des idéaux caractéristiques*) *de* $\mathfrak{g}$, $[\mathfrak{a}, \mathfrak{b}]$ *est un idéal* (resp. *un idéal caractéristique*) *de* $\mathfrak{g}$.

En effet, soit D une dérivation intérieure (resp. une dérivation quelconque) de $\mathfrak{g}$. Si $x \in \mathfrak{a}$ et $y \in \mathfrak{b}$, on a

$$\mathrm{D}([x, y]) = [\mathrm{D}x, y] + [x, \mathrm{D}y] \in [\mathfrak{a}, \mathfrak{b}].$$

D'où la proposition.

Si $\mathfrak{a}$ est un sous-module de $\mathfrak{g}$, l'ensemble des $x \in \mathfrak{g}$ tels que $(\mathrm{ad}\, x).\mathfrak{a} \subset \mathfrak{a}$ est une sous-algèbre $\mathfrak{n}$ de $\mathfrak{g}$, appelée *normalisateur* de $\mathfrak{a}$ dans $\mathfrak{g}$. Si de plus $\mathfrak{a}$ est une sous-algèbre de $\mathfrak{g}$, on a $\mathfrak{a} \subset \mathfrak{n}$, et $\mathfrak{a}$ est un idéal de $\mathfrak{n}$.

5. *Série dérivée, série centrale descendante*

On appelle *idéal dérivé* d'une algèbre de Lie $\mathfrak{g}$, et on note $\mathscr{D}\mathfrak{g}$, l'idéal caractéristique $[\mathfrak{g}, \mathfrak{g}]$.

Tout sous-module de $\mathfrak{g}$ contenant $\mathscr{D}\mathfrak{g}$ est un idéal de $\mathfrak{g}$.

On appelle *série dérivée* de $\mathfrak{g}$ la suite décroissante $\mathcal{D}^0\mathfrak{g}$, $\mathcal{D}^1\mathfrak{g}$, ... d'idéaux caractéristiques de $\mathfrak{g}$ définis par récurrence de la manière suivante : 1) $\mathcal{D}^0\mathfrak{g} = \mathfrak{g}$; 2) $\mathcal{D}^{p+1}\mathfrak{g} = [\mathcal{D}^p\mathfrak{g}, \mathcal{D}^p\mathfrak{g}]$.

On appelle *série centrale descendante* de $\mathfrak{g}$ la suite décroissante $\mathcal{C}^1\mathfrak{g}$, $\mathcal{C}^2\mathfrak{g}$, ... d'idéaux caractéristiques de $\mathfrak{g}$ définis par récurrence de la manière suivante : 1) $\mathcal{C}^1\mathfrak{g} = \mathfrak{g}$; 2) $\mathcal{C}^{p+1}\mathfrak{g} = [\mathfrak{g}, \mathcal{C}^p\mathfrak{g}]$. On a $\mathcal{C}^2\mathfrak{g} = \mathcal{D}\mathfrak{g}$, et $\mathcal{C}^{p+1}\mathfrak{g} \supset \mathcal{D}^p\mathfrak{g}$ pour tout p, comme on le voit aussitôt par récurrence sur p.

Proposition 4. — *Soient* $\mathfrak{g}$ *et* $\mathfrak{h}$ *deux algèbres de Lie sur* K, *et* f *un homomorphisme de* $\mathfrak{g}$ *sur* $\mathfrak{h}$. *On a* $f(\mathcal{D}^p\mathfrak{g}) = \mathcal{D}^p\mathfrak{h}$, $f(\mathcal{C}^p\mathfrak{g}) = \mathcal{C}^p\mathfrak{h}$.

Si $\mathfrak{a}$ et $\mathfrak{b}$ sont des sous-modules de $\mathfrak{g}$, on a aussitôt $f([\mathfrak{a}, \mathfrak{b}]) = [f(\mathfrak{a}), f(\mathfrak{b})]$. La proposition est alors immédiate par récurrence sur p.

Corollaire. — *Soient* $\mathfrak{g}$ *une algèbre de Lie,* $\mathfrak{a}$ *un idéal de* $\mathfrak{g}$. *Pour que l'algèbre de Lie* $\mathfrak{g}/\mathfrak{a}$ *soit commutative, il faut et il suffit que* $\mathfrak{a} \supset \mathcal{D}\mathfrak{g}$.

En effet, dire que $\mathfrak{g}/\mathfrak{a}$ est commutative revient à dire que $\mathcal{D}(\mathfrak{g}/\mathfrak{a}) = \{ 0 \}$. Or, $\mathcal{D}(\mathfrak{g}/\mathfrak{a})$ est, d'après la prop. 4, l'image canonique de $\mathcal{D}\mathfrak{g}$ dans $\mathfrak{g}/\mathfrak{a}$.

6. Série centrale ascendante

Soient $\mathfrak{g}$ une algèbre de Lie, et P une partie de $\mathfrak{g}$. On appelle *commutant* de P dans $\mathfrak{g}$ l'ensemble des éléments de $\mathfrak{g}$ permutables à ceux de P. Ce commutant est l'intersection des noyaux des ad y, où y parcourt P ; c'est donc une sous-algèbre de $\mathfrak{g}$.

Proposition 5. — *Soient* $\mathfrak{g}$ *une algèbre de Lie,* $\mathfrak{a}$ *un idéal* (resp. *un idéal caractéristique*) *de* $\mathfrak{g}$. *Le commutant* $\mathfrak{a}'$ *de* $\mathfrak{a}$ *dans* $\mathfrak{g}$ *est un idéal* (resp. *un idéal caractéristique*) *de* $\mathfrak{g}$.

En effet, soit D une dérivation intérieure (resp. une dérivation quelconque) de $\mathfrak{g}$. Si $x \in \mathfrak{a}'$ et $y \in \mathfrak{a}$, on a

$$[Dx, y] = D([x, y]) - [x, Dy] = 0 ;$$

donc $Dx \in \mathfrak{a}'$. D'où la proposition.

Soit $\mathfrak{g}$ une algèbre de Lie. On appelle *centre* de $\mathfrak{g}$ le commutant de $\mathfrak{g}$ dans $\mathfrak{g}$, c'est-à-dire l'idéal caractéristique des $x \in \mathfrak{g}$ tels que $[x, y] = 0$ pour tout $y \in \mathfrak{g}$. Le centre de $\mathfrak{g}$ est le noyau de l'homomorphisme $x \mapsto \mathrm{ad}\, x$.

On appelle *série centrale ascendante* de $\mathfrak{g}$ la suite croissante $\mathcal{C}_0\mathfrak{g}, \mathcal{C}_1\mathfrak{g}, \ldots$ d'idéaux caractéristiques de $\mathfrak{g}$ définis par récurrence de la manière suivante : 1) $\mathcal{C}_0\mathfrak{g} = \{0\}$; 2) $\mathcal{C}_{p+1}\mathfrak{g}$ est l'image réciproque, pour l'application canonique de $\mathfrak{g}$ sur $\mathfrak{g}/\mathcal{C}_p\mathfrak{g}$, du centre de $\mathfrak{g}/\mathcal{C}_p\mathfrak{g}$.

L'idéal $\mathcal{C}_1\mathfrak{g}$ est le centre de $\mathfrak{g}$.

7. *Extensions*

DÉFINITION 5. — *Soient* $\mathfrak{a}$ *et* $\mathfrak{b}$ *deux algèbres de Lie sur* K. *On appelle extension de* $\mathfrak{b}$ *par* $\mathfrak{a}$ *une suite :*

$$\mathfrak{a} \xrightarrow{\lambda} \mathfrak{g} \xrightarrow{\mu} \mathfrak{b}$$

où $\mathfrak{g}$ *est une algèbre de Lie sur* K, *où* μ *est un homomorphisme surjectif de* $\mathfrak{g}$ *sur* $\mathfrak{b}$, *et où* λ *est un homomorphisme injectif de* $\mathfrak{a}$ *sur le noyau de* μ.

Le noyau $\mathfrak{n}$ de μ s'appelle le *noyau* de l'extension. L'homomorphisme λ est un isomorphisme de $\mathfrak{a}$ sur $\mathfrak{n}$ et l'homomorphisme μ définit un isomorphisme de $\mathfrak{g}/\mathfrak{n}$ sur $\mathfrak{b}$ par passage au quotient.

Par abus de langage, on dit aussi que $\mathfrak{g}$ est *extension de* $\mathfrak{b}$ *par* $\mathfrak{a}$.

Deux extensions :

$$\mathfrak{a} \xrightarrow{\lambda} \mathfrak{g} \xrightarrow{\mu} \mathfrak{b}, \qquad \mathfrak{a} \xrightarrow{\lambda'} \mathfrak{g}' \xrightarrow{\mu'} \mathfrak{b}$$

sont dites *équivalentes* s'il existe un homomorphisme f de $\mathfrak{g}$ dans $\mathfrak{g}'$ tel que le diagramme suivant :

$$\begin{array}{ccccc} & & \mathfrak{g} & & \\ & \overset{\lambda}{\nearrow} & & \overset{\mu}{\searrow} & \\ \mathfrak{a} & & \downarrow{\scriptstyle f} & & \mathfrak{b} \\ & \underset{\lambda'}{\searrow} & & \underset{\mu'}{\nearrow} & \\ & & \mathfrak{g}' & & \end{array}$$

soit commutatif (c'est-à-dire tel que $f \circ \lambda = \lambda'$, $\mu' \circ f = \mu$). Montrons qu'un tel homomorphisme est nécessairement *bijectif*.

D'abord f est injectif. En effet, si $x \in \mathfrak{g}$ est tel que $f(x) = 0$, on a $\mu(x) = \mu'(f(x)) = 0$, donc $x = \lambda(y)$ avec un $y \in \mathfrak{a}$; et $\lambda'(y) = f(\lambda(y)) = f(x) = 0$, donc $y = 0$, donc $x = 0$. D'autre part, f est surjectif. En effet $\mu' \circ f = \mu$ est surjectif, donc $f(\mathfrak{g}) + \lambda'(\mathfrak{a}) = \mathfrak{g}'$; et par ailleurs $f(\mathfrak{g}) \supset f(\lambda(\mathfrak{a})) = \lambda'(\mathfrak{a})$.

Il résulte de là que la relation qu'on vient de définir entre deux extensions de $\mathfrak{b}$ par $\mathfrak{a}$ est une *relation d'équivalence*.

Proposition 6. — *Soient :*

$$\mathfrak{a} \xrightarrow{\lambda} \mathfrak{g} \xrightarrow{\mu} \mathfrak{b}$$

une extension de $\mathfrak{b}$ *par* $\mathfrak{a}$, *et* $\mathfrak{n}$ *son noyau.*

a) *S'il existe une sous-algèbre* $\mathfrak{m}$ *de* $\mathfrak{g}$ *supplémentaire de* $\mathfrak{n}$ *dans* $\mathfrak{g}$, *la restriction de* μ *à* $\mathfrak{m}$ *est un isomorphisme de* $\mathfrak{m}$ *sur* $\mathfrak{b}$. *Si* ν *désigne l'isomorphisme réciproque de cette restriction,* ν *est un homomorphisme de* $\mathfrak{b}$ *dans* $\mathfrak{g}$, *et* $\mu \circ \nu$ *est l'automorphisme identique de* $\mathfrak{b}$.

b) *Réciproquement, s'il existe un homomorphisme* ν *de* $\mathfrak{b}$ *dans* $\mathfrak{g}$ *tel que* $\mu \circ \nu$ *soit l'automorphisme identique de* $\mathfrak{b}$, *alors* $\nu(\mathfrak{b})$ *est une sous-algèbre supplémentaire de* $\mathfrak{n}$ *dans* $\mathfrak{g}$.

Les assertions de *a*) sont immédiates. D'autre part, soit ν un homomorphisme de $\mathfrak{b}$ dans $\mathfrak{g}$ tel que $\mu \circ \nu$ soit l'automorphisme identique de $\mathfrak{b}$. Alors, $\nu(\mathfrak{b})$ est une sous-algèbre de $\mathfrak{g}$, et $\mathfrak{g}$ est somme directe de $\nu(\mathfrak{b})$ et de $\overset{-1}{\mu}(0) = \mathfrak{n}$ (*Alg.*, chap. VIII, § 1, n° 1).

Définition 6. — *Soient :*

$$\mathfrak{a} \xrightarrow{\lambda} \mathfrak{g} \xrightarrow{\mu} \mathfrak{b}$$

une extension de $\mathfrak{b}$ *par* $\mathfrak{a}$, *et* $\mathfrak{n}$ *son noyau. On dit que cette extension est inessentielle* (resp. *triviale*) *s'il existe une sous-algèbre* (resp. *un idéal*) *de* $\mathfrak{g}$ *supplémentaire de* $\mathfrak{n}$ *dans* $\mathfrak{g}$. *On dit que cette extension est centrale si* $\mathfrak{n}$ *est contenu dans le centre de* $\mathfrak{g}$.

Si l'extension est triviale, soit $\mathfrak{m}$ un idéal de $\mathfrak{g}$ supplémentaire de $\mathfrak{n}$ dans $\mathfrak{g}$. Alors (cf. n° 1) $\mathfrak{g}$ s'identifie canoniquement à l'algèbre de Lie $\mathfrak{m} \times \mathfrak{n}$, donc à l'algèbre de Lie $\mathfrak{a} \times \mathfrak{b}$. Réciproquement, soient $\mathfrak{a}$ et $\mathfrak{b}$ deux algèbres de Lie ; alors $\mathfrak{a} \times \mathfrak{b}$ est extension triviale de $\mathfrak{a}$ par $\mathfrak{b}$.

Une extension centrale et inessentielle est triviale. En effet, soient $\mathfrak{g}$ une algèbre de Lie, $\mathfrak{n}$ un idéal de $\mathfrak{g}$ contenu dans le centre de $\mathfrak{g}$, et $\mathfrak{m}$ une sous-algèbre de $\mathfrak{g}$ supplémentaire de $\mathfrak{n}$ dans $\mathfrak{g}$. On a $[\mathfrak{m}, \mathfrak{g}] = [\mathfrak{m}, \mathfrak{m}] + [\mathfrak{m}, \mathfrak{n}] = [\mathfrak{m}, \mathfrak{m}] \subset \mathfrak{m}$, donc $\mathfrak{m}$ est un idéal de $\mathfrak{g}$.

8. *Produits semi-directs*

Soient $\mathfrak{a}$ et $\mathfrak{b}$ deux algèbres de Lie sur K. Il n'est pas facile de construire *toutes* les extensions de $\mathfrak{b}$ par $\mathfrak{a}$. Mais nous allons décrire assez simplement les extensions *inessentielles* de $\mathfrak{b}$ par $\mathfrak{a}$.

Soit $\mathfrak{g}$ une extension inessentielle de $\mathfrak{b}$ par $\mathfrak{a}$. Identifions $\mathfrak{a}$ à un idéal de $\mathfrak{g}$, $\mathfrak{b}$ à une sous-algèbre de $\mathfrak{g}$ supplémentaire de $\mathfrak{a}$, et le *module* $\mathfrak{g}$ au *module* $\mathfrak{a} \times \mathfrak{b}$. Pour tout $b \in \mathfrak{b}$, soit φ_b la restriction à $\mathfrak{a}$ de $\mathrm{ad}_{\mathfrak{g}}\, b$; c'est une dérivation de $\mathfrak{a}$, et l'application $b \mapsto \varphi_b$ est un homomorphisme de $\mathfrak{b}$ dans l'algèbre de Lie des dérivations de $\mathfrak{a}$. D'autre part, pour a, a' dans $\mathfrak{a}$ et b, b' dans $\mathfrak{b}$, on a :

$$\begin{aligned}(6) \qquad [(a, b), (a', b')] &= [a + b, a' + b'] \\ &= [a, a'] + [a, b'] + [b, a'] + [b, b'] \\ &= ([a, a'] + \varphi_b a' - \varphi_{b'} a, [b, b']).\end{aligned}$$

Réciproquement, soient $\mathfrak{a}$ et $\mathfrak{b}$ des algèbres de Lie sur K, et $b \mapsto \varphi_b$ un homomorphisme de $\mathfrak{b}$ dans l'algèbre de Lie des dérivations de $\mathfrak{a}$. Dans le produit $\mathfrak{g}$ *des* K-*modules* $\mathfrak{a}$ et $\mathfrak{b}$, définissons le crochet de deux éléments en posant :

$$[(a, b), (a', b')] = ([a, a'] + \varphi_b a' - \varphi_{b'} a, [b, b'])$$

quels que soient a, a' dans $\mathfrak{a}$, b, b' dans $\mathfrak{b}$. Il est immédiat que ce crochet est une fonction bilinéaire et alternée de (a, b), (a', b') ; montrons que, étant donnés 3 éléments (a, b), (a', b'), (a'', b'') de $\mathfrak{a} \times \mathfrak{b}$, on a :

$$\begin{aligned}(7) \quad [(a, b), [(a', b'), (a'', b'')]] &+ [(a', b'), [(a'', b''), (a, b)]] \\ &+ [(a'', b''), [(a, b), (a', b')]] = 0.\end{aligned}$$

Comme le premier membre de (7) est une fonction trilinéaire alternée de (a, b), (a', b'), (a'', b''), il suffit de faire la vérification quand ce système d'éléments a l'une des formes suivantes :

(8) $(a, 0), (a', 0), (a'', 0)$

(9) $(a, 0), (a', 0), (0, b'')$

(10) $(a, 0), (0, b'), (0, b'')$

(11) $(0, b), (0, b'), (0, b'')$.

Dans les cas (8) et (11), la relation (7) est conséquence immédiate de l'identité de Jacobi dans $\mathfrak{a}$ et $\mathfrak{b}$. Dans le cas (9), on a

$$[(a, 0), [(a', 0), (0, b'')]] = [(a, 0), (-\varphi_{b''}a', 0)] = (-[a, \varphi_{b''}a'], 0)$$
$$[(a', 0), [(0, b''), (a, 0)]] = [(a', 0), (\varphi_{b''}a, 0)] = ([a', \varphi_{b''}a]), 0)$$
$$[(0, b''), [(a, 0), (a', 0)]] = [(0, b''), ([a, a'], 0)] = (\varphi_{b''}([a, a']), 0)$$

et la relation (7) résulte de l'égalité :

$$\varphi_{b''}([a, a']) = [\varphi_{b''}a, a'] + [a, \varphi_{b''}a'].$$

Dans le cas (10), on a :

$$[(a, 0), [(0, b'), (0, b'')]] = [(a, 0), (0, [b', b''])] = (-\varphi_{[b', b'']}a, 0)$$
$$[(0, b'), [(0, b''), (a, 0)]] = [(0, b'), (\varphi_{b''}a, 0)] = (\varphi_{b'}\varphi_{b''}a, 0)$$
$$[(0, b''), [(a, 0), (0, b')]] = [(0, b''), (-\varphi_{b'}a, 0)] = (-\varphi_{b''}\varphi_{b'}a, 0)$$

et la relation (7) résulte de l'égalité :

$$\varphi_{[b', b'']} = \varphi_{b'}\varphi_{b''} - \varphi_{b''}\varphi_{b'}.$$

On a donc défini une structure d'algèbre de Lie sur $\mathfrak{g}$. L'application $(a, b) \mapsto b$ de $\mathfrak{g}$ sur $\mathfrak{b}$ est un homomorphisme μ, dont le noyau $\mathfrak{n}$ est l'idéal des éléments de $\mathfrak{g}$ de la forme $(a, 0)$. L'application $a \mapsto (a, 0)$ est un isomorphisme λ de $\mathfrak{a}$ sur $\mathfrak{n}$. Donc :

$$\mathfrak{a} \xrightarrow{\lambda} \mathfrak{g} \xrightarrow{\mu} \mathfrak{b} \tag{12}$$

est une extension de $\mathfrak{b}$ par $\mathfrak{a}$, de noyau $\mathfrak{n}$, qui est dite *définie canoniquement par* $\mathfrak{a}$, $\mathfrak{b}$, φ. L'application $b \mapsto (0, b)$ est un isomorphisme ν de $\mathfrak{b}$ sur une sous-algèbre de $\mathfrak{g}$ supplémentaire de $\mathfrak{n}$ dans $\mathfrak{g}$; donc l'extension est inessentielle.

Si on identifie $\mathfrak{a}$ à $\mathfrak{n}$ par λ et $\mathfrak{b}$ à $\nu(\mathfrak{b})$ par ν, on a, pour $a \in \mathfrak{a}$ et $b \in \mathfrak{b}$:

$$(\operatorname{ad} b) . a = [(0, b), (a, 0)] = (\varphi_b a, 0) = \varphi_b a.$$

Lorsque $\varphi = 0$, $\mathfrak{g}$ est l'algèbre de Lie produit de $\mathfrak{b}$ et $\mathfrak{a}$. Dans le cas général, $\mathfrak{g}$ s'appelle le *produit semi-direct de* $\mathfrak{b}$ *par* $\mathfrak{a}$ (correspondant à l'homomorphisme $b \mapsto \varphi_b$ de $\mathfrak{b}$ dans l'algèbre de Lie des dérivations de $\mathfrak{a}$).

Nous avons donc établi la proposition suivante :

PROPOSITION 7. — *Soient* $\mathfrak{a}$ *et* $\mathfrak{b}$ *deux algèbres de Lie sur* K,

$$\mathfrak{a} \xrightarrow{\lambda} \mathfrak{g} \xrightarrow{\mu} \mathfrak{b}$$

une extension inessentielle de $\mathfrak{b}$ *par* $\mathfrak{a}$, ν *un isomorphisme de* $\mathfrak{b}$ *sur une sous-algèbre de* $\mathfrak{g}$ *tel que* $\mu \circ \nu$ *soit l'automorphisme identique de* $\mathfrak{b}$, *et* φ *l'homomorphisme correspondant de* $\mathfrak{b}$ *dans l'algèbre de Lie des dérivations de* $\mathfrak{a}$. *Soit*

$$\mathfrak{a} \xrightarrow{\lambda_0} \mathfrak{g}_0 \xrightarrow{\mu_0} \mathfrak{b}$$

l'extension inessentielle de $\mathfrak{b}$ *par* $\mathfrak{a}$ *définie canoniquement par* φ. *Alors l'application* $(a, b) \mapsto \lambda(a) + \nu(b)$ *est un isomorphisme de* $\mathfrak{g}_0$ *sur* $\mathfrak{g}$, *et le diagramme suivant*

$$\begin{array}{ccccc} & & \mathfrak{g}_0 & & \\ & \nearrow^{\lambda_0} & & \searrow^{\mu_0} & \\ \mathfrak{a} & & \downarrow f & & \mathfrak{b} \\ & \searrow_{\lambda} & & \nearrow_{\mu} & \\ & & \mathfrak{g} & & \end{array}$$

est commutatif, de sorte que les deux extensions sont équivalentes.

Exemple 1. — Soient $\mathfrak{g}$ une algèbre de Lie sur K, D une dérivation de $\mathfrak{g}$. Soit $\mathfrak{h}$ l'algèbre de Lie *commutative* K. L'application $\lambda \mapsto \lambda D$ $(\lambda \in K)$ est un homomorphisme de $\mathfrak{h}$ dans l'algèbre de Lie des dérivations de $\mathfrak{g}$. Formons le produit semi-direct correspondant $\mathfrak{k}$ de $\mathfrak{h}$ par $\mathfrak{g}$. Soit x_0 l'élément (0,1) de $\mathfrak{k}$. Pour tout $x \in \mathfrak{g}$, on a $Dx = [x_0, x]$.

Exemple 2. — Soient $\mathfrak{g}$ une algèbre de Lie sur K, M un K-module, ρ un homomorphisme de $\mathfrak{g}$ dans $\mathfrak{gl}(M)$. Si on considère M comme une algèbre de Lie commutative, l'algèbre de Lie des dérivations de M est $\mathfrak{gl}(M)$. On peut donc former le produit semi-direct $\mathfrak{h}$ de $\mathfrak{g}$ par M correspondant à ρ.

Plus particulièrement, prenons $\mathfrak{g} = \mathfrak{gl}(M)$, et prenons pour ρ l'application identique de $\mathfrak{gl}(M)$. Le produit semi-direct de $\mathfrak{g}$ par M se note alors $\mathfrak{af}(M)$ (ou $\mathfrak{af}(n, K)$ si $M = K^n$). Un élément de $\mathfrak{af}(M)$ est un couple (m, u), où $m \in M$, $u \in \mathfrak{gl}(M)$; et le crochet est défini par

$$[(m, u), (m', u')] = (u(m') - u'(m), [u, u']).$$

* Lorsque M est un espace vectoriel de dimension finie sur **R**, $\mathfrak{af}(M)$ s'identifie canoniquement à l'algèbre de Lie du *groupe affine* de M. *

Soit $\mathfrak{t}$ une algèbre de Lie sur K. Une application linéaire θ de $\mathfrak{t}$ dans $\mathfrak{af}(M)$ peut s'écrire $x \mapsto ((\zeta(x), \eta(x))$, où ζ est une application linéaire de $\mathfrak{t}$ dans M et où η est une application linéaire de $\mathfrak{t}$ dans $\mathfrak{gl}(M)$. Cherchons quelles conditions doivent vérifier ζ et η pour que θ soit un homomorphisme. Pour $x \in \mathfrak{t}$, $y \in \mathfrak{t}$, on doit avoir

$$\theta([x, y]) = [\theta(x), \theta(y)]$$

c'est-à-dire

$$\begin{aligned}(\zeta([x, y]), \eta([x, y])) &= [(\zeta(x), \eta(x)), (\zeta(y), \eta(y))] \\ &= (\eta(x) \cdot \zeta(y) - \eta(y) \cdot \zeta(x), [\eta(x), \eta(y)]).\end{aligned}$$

Donc, pour que θ soit un homomorphisme de $\mathfrak{t}$ dans $\mathfrak{af}(M)$, il faut et il suffit que η soit un homomorphisme de $\mathfrak{t}$ dans $\mathfrak{gl}(M)$, et que ζ vérifie la relation :

$$\zeta([x, y]) = \eta(x) \cdot \zeta(y) - \eta(y) \cdot \zeta(x). \tag{13}$$

Soit N le K-module M $\times$ K. Prenons pour $\mathfrak{t}$ la sous-algèbre de $\mathfrak{gl}(N)$ formée des $w \in \mathfrak{gl}(N)$ tels que $w(N) \subset M$. Pour tout $w \in \mathfrak{t}$, soit $\eta(w) \in \mathfrak{gl}(M)$ la restriction de w à M, et soit $\zeta(w) = w(0, 1) \in M$. Pour $w_1 \in \mathfrak{t}$, $w_2 \in \mathfrak{t}$, on a

$$\zeta([w_1, w_2]) = w_1(\zeta(w_2)) - w_2(\zeta(w_1)) = \eta(w_1) \cdot \zeta(w_2) - \eta(w_2) \cdot \zeta(w_1).$$

Donc l'application $w \mapsto (\zeta(w), \eta(w))$ est un homomorphisme θ de $\mathfrak{t}$ dans $\mathfrak{af}(M)$. Il est clair que θ est *bijectif*. Soit $\varphi = \theta^{-1}$. Si $(m, u) \in \mathfrak{af}(M)$, $\varphi(m, u)$ est l'élément w de $\mathfrak{t}$ défini par

$$w(m', \lambda) = (u(m') + \lambda m, 0).$$

On identifie souvent $\mathfrak{af}(M)$ à la sous-algèbre $\mathfrak{t}$ de $\mathfrak{gl}(N)$ grâce à l'isomorphisme φ.

* Lorsque M est un espace vectoriel de dimension finie sur **R**, l'homomorphisme φ de $\mathfrak{af}(M)$ dans $\mathfrak{gl}(N)$ correspond à un homomorphisme canonique ψ du groupe affine A de M dans le groupe **GL**(N) ; si $a \in A$, $\psi(a)$ est l'unique élément g de **GL**(N) tel que $g(m, 1) = (a(m), 1)$ pour tout $m \in M$. Cet homomorphisme est injectif, et $\psi(A)$ est l'ensemble des automorphismes de N qui laissent stables toutes les variétés linéaires de N parallèles à M.*

9. *Changement de l'anneau de base*

Soient K_0 un anneau commutatif à élément unité, ρ un homomorphisme de K_0 dans K transformant l'élément unité en élément unité. Soit $\mathfrak{g}$ une algèbre de Lie sur K. Soit $\mathfrak{g}'$ l'algèbre obtenue en considérant $\mathfrak{g}$ comme algèbre sur K_0 grâce à ρ (cf. n° 1). Alors $\mathfrak{g}'$ est une algèbre de Lie. Les sous-algèbres (resp. idéaux) de $\mathfrak{g}$ sont des sous-algèbres (resp. idéaux) de $\mathfrak{g}'$. Si $\mathfrak{a}$ et $\mathfrak{b}$ sont des sous-modules de $\mathfrak{g}$, le crochet $[\mathfrak{a}, \mathfrak{b}]$ est le même dans $\mathfrak{g}$ et dans $\mathfrak{g}'$; en effet, $[\mathfrak{a}, \mathfrak{b}]$ est l'ensemble des éléments de la forme $\sum_{i=1}^{n} [x_i, y_i]$ où $x_i \in \mathfrak{a}$, $y_i \in \mathfrak{b}$. Il en résulte que $\mathscr{D}^p\mathfrak{g} = \mathscr{D}^p\mathfrak{g}'$, $\mathscr{C}^p\mathfrak{g} = \mathscr{C}^p\mathfrak{g}'$ pour tout p. Le commutant d'une partie est le même dans $\mathfrak{g}$ et $\mathfrak{g}'$. Donc $\mathscr{C}_p\mathfrak{g} = \mathscr{C}_p\mathfrak{g}'$ pour tout p.

Soient K_1 un anneau commutatif à élément unité, σ un homomorphisme de K dans K_1 transformant l'élément unité en élément unité. Soit $\mathfrak{g}$ une algèbre de Lie sur K. Soit $\mathfrak{g}_{(K_1)}$ l'algèbre sur K_1 déduite de $\mathfrak{g}$ par extension de l'anneau de base (cf. n° 1). Alors $\mathfrak{g}_{(K_1)}$ est une algèbre de Lie. Si $\mathfrak{a}$ est une sous-algèbre (resp. un idéal) de $\mathfrak{g}$, l'image canonique de $\mathfrak{a}_{(K_1)}$ dans $\mathfrak{g}_{(K_1)}$ est une sous-algèbre (resp. un idéal) de $\mathfrak{g}_{(K_1)}$. Si $\mathfrak{a}$ et $\mathfrak{b}$ sont des sous-modules de $\mathfrak{g}$, l'image canonique dans $\mathfrak{g}_{(K_1)}$ de $[\mathfrak{a}, \mathfrak{b}]_{(K_1)}$ est égale au crochet des images canoniques de $\mathfrak{a}_{(K_1)}$ et $\mathfrak{b}_{(K_1)}$. Il en résulte que $\mathscr{D}^p(\mathfrak{g}_{(K_1)})$ est l'image canonique de $(\mathscr{D}^p\mathfrak{g})_{(K_1)}$, et que $\mathscr{C}^p(\mathfrak{g}_{(K_1)})$ est l'image canonique de $(\mathscr{C}^p\mathfrak{g})_{(K_1)}$.

Si K est un corps, K_1 un surcorps de K, et σ l'injection canonique de K dans K_1, alors on a, avec les identifications habituelles,

$$[\mathfrak{a}, \mathfrak{b}]_{(K_1)} = [\mathfrak{a}_{(K_1)}, \mathfrak{b}_{(K_1)}], \quad \mathscr{D}^p(\mathfrak{g}_{(K_1)}) = (\mathscr{D}^p\mathfrak{g})_{(K_1)}, \quad \mathscr{C}^p(\mathfrak{g}_{(K_1)}) = (\mathscr{C}^p\mathfrak{g})_{(K_1)}.$$

Ces résultats seront complétés au § 2, n° 9.

Si M est un espace vectoriel de dimension finie sur le corps K, $M_{(K_1)}$ est un espace vectoriel de dimension finie sur K_1, et l'algèbre associative $\mathscr{L}(M_{(K_1)})$ s'identifie canoniquement à l'algèbre associative $\mathscr{L}(M)_{(K_1)}$. Donc l'algèbre de Lie $\mathfrak{gl}(M_{(K_1)})$ s'identifie canoniquement à l'algèbre de Lie $\mathfrak{gl}(M)_{(K_1)}$.

§ 2. Algèbre enveloppante d'une algèbre de Lie

1. *Définition de l'algèbre enveloppante*

Soit $\mathfrak{g}$ une algèbre de Lie sur K. Pour toute algèbre associative à élément unité L sur K, appelons α-application de $\mathfrak{g}$ dans L une application K-linéaire σ de $\mathfrak{g}$ dans L telle que

$$\sigma([x, y]) = \sigma(x)\sigma(y) - \sigma(y)\sigma(x) \qquad (x, y \text{ dans } \mathfrak{g})$$

(autrement dit un homomorphisme de $\mathfrak{g}$ dans l'algèbre de Lie associée à L).

Si L' est une autre algèbre associative à élément unité sur K et τ un homomorphisme de L dans L' transformant 1 en 1, alors $\tau \circ \sigma$ est une α-application de $\mathfrak{g}$ dans L'. Nous allons chercher une algèbre associative à élément unité sur K et une α-application de $\mathfrak{g}$ dans cette algèbre qui soient *universelles* (*Ens.*, chap. IV, § 3, nº 1).

DÉFINITION 1. — *Soient* $\mathfrak{g}$ *une algèbre de Lie sur* K, T *l'algèbre tensorielle du* K-*module* $\mathfrak{g}$, *et* J *l'idéal bilatère de* T *engendré par les tenseurs* $x \otimes y - y \otimes x - [x, y]$ *où* $x \in \mathfrak{g}$, $y \in \mathfrak{g}$. *L'algèbre associative* U = T/J *s'appelle l'algèbre enveloppante de* $\mathfrak{g}$. *La restriction à* $\mathfrak{g}$ *de l'application canonique de* T *sur* U *s'appelle l'application canonique de* $\mathfrak{g}$ *dans* U.

Soit T_+ l'idéal bilatère de T formé des tenseurs dont la composante d'ordre 0 est nulle. Soit $T_0 = K.1$ l'ensemble des éléments d'ordre 0 de T. Soient U_+ et U_0 les images canoniques de T_+ et T_0 dans U. Comme $J \subset T_+$, la décomposition en somme directe $T = T_0 + T_+$ entraîne une décomposition en somme directe $U = U_0 + U_+$. L'algèbre U a donc un élément unité distinct de 0, et $U_0 = K.1$. Pour tout $x \in U$, la composante de x dans U_0 s'appelle le *terme constant* de x. Les éléments de terme constant nul forment un idéal bilatère de U, à savoir l'idéal bilatère U^+ engendré par l'image canonique de $\mathfrak{g}$ dans U.

L'algèbre associative U est engendrée par 1 et par l'image canonique de $\mathfrak{g}$ dans U.

Si $x \in \mathfrak{g}$ et $y \in \mathfrak{g}$, $x \otimes y - y \otimes x$ et $[x, y]$ sont congrus dans T modulo J ; donc, si σ_0 désigne l'application canonique de $\mathfrak{g}$ dans U, on a :

$$\sigma_0(x)\sigma_0(y) - \sigma_0(y)\sigma_0(x) = \sigma_0([x, y])$$

dans U. Autrement dit, σ_0 est une α-application de $\mathfrak{g}$ dans U.

Proposition 1. — *Soit σ une α-application de $\mathfrak{g}$ dans une algèbre associative L à élément unité. Il existe un homomorphisme τ et un seul de U dans L, transformant 1 en 1, tel que $\sigma = \tau \circ \sigma_0$, σ_0 désignant l'application canonique de $\mathfrak{g}$ dans U.*

En effet, soit τ' l'homomorphisme unique de T dans L qui prolonge σ et qui transforme 1 en 1. On a, pour x, y dans $\mathfrak{g}$,

$$\tau'(x \otimes y - y \otimes x - [x, y]) = \sigma(x)\sigma(y) - \sigma(y)\sigma(x) - \sigma([x, y]) = 0\,;$$

donc τ' s'annule sur J et définit par passage au quotient un homomorphisme τ de U dans L, transformant 1 en 1, tel que $\sigma = \tau \circ \sigma_0$. L'unicité de τ est immédiate puisque $\sigma_0(\mathfrak{g})$ et 1 engendrent l'algèbre U.

Soient $\mathfrak{g}'$ une autre algèbre de Lie sur K, U' son algèbre enveloppante, σ'_0 l'application canonique de $\mathfrak{g}'$ dans U'. Soit φ un homomorphisme de $\mathfrak{g}$ dans $\mathfrak{g}'$. Alors $\sigma'_0 \circ \varphi$ est une α-application de $\mathfrak{g}$ dans U' ; donc il existe un homomorphisme $\tilde{\varphi}$ et un seul de U dans U' transformant 1 en 1 et tel que le diagramme

$$\begin{array}{ccc} \mathfrak{g} & \xrightarrow{\varphi} & \mathfrak{g}' \\ {\scriptstyle\sigma_0}\downarrow & & \downarrow{\scriptstyle\sigma'_0} \\ U & \xrightarrow{\tilde{\varphi}} & U' \end{array}$$

soit commutatif. Cet homomorphisme transforme les éléments de U dont le terme constant est nul en éléments de U' dont le terme constant est nul. Si $\mathfrak{g}''$ est une autre algèbre de Lie sur K, et si φ' est un homomorphisme de $\mathfrak{g}'$ dans $\mathfrak{g}''$, on a $(\varphi' \circ \varphi)^{\sim} = \tilde{\varphi}' \circ \tilde{\varphi}$.

2. *Algèbre enveloppante d'un produit d'algèbres de Lie*

Soient $\mathfrak{g}_1$, $\mathfrak{g}_2$ deux algèbres de Lie sur K, U_i l'algèbre enveloppante de $\mathfrak{g}_i$, et σ_i l'application canonique de $\mathfrak{g}_i$ dans U_i ($i = 1,2$). Soient $\mathfrak{g} = \mathfrak{g}_1 \times \mathfrak{g}_2$, U son algèbre enveloppante, et σ l'application canonique de $\mathfrak{g}$ dans U. Les injections canoniques de $\mathfrak{g}_1$ et $\mathfrak{g}_2$ dans $\mathfrak{g}$ définissent des homomorphismes canoniques de U_1 et U_2 dans U dont les images commutent, donc un homomorphisme φ de l'algèbre $U_1 \otimes_K U_2$ dans l'algèbre U, transformant 1 en 1.

Proposition 2. — *L'homomorphisme φ est un isomorphisme d'algèbres.*

L'application $\sigma' : (x_1, x_2) \mapsto \sigma_1(x_1) \otimes 1 + 1 \otimes \sigma_2(x_2)$ ($x_1 \in \mathfrak{g}_1$, $x_2 \in \mathfrak{g}_2$) est une α-application de $\mathfrak{g}$ dans $U_1 \otimes_K U_2$, donc il existe (n° 1, prop. 1) un homomorphisme unique τ de U dans $U_1 \otimes_K U_2$ transformant 1 en 1, tel que :

$$(1) \qquad \sigma' = \tau \circ \sigma.$$

On a $\varphi \circ \tau \circ \sigma = \varphi \circ \sigma' = \sigma$, et $\tau \circ \varphi \circ \sigma' = \tau \circ \sigma = \sigma'$, donc $\varphi \circ \tau$ et $\tau \circ \varphi$ sont les applications identiques de U et $U_1 \otimes_K U_2$ respectivement. D'où la proposition.

On identifie $U_1 \otimes_K U_2$ à U par l'isomorphisme φ. Alors, l'application canonique de $\mathfrak{g}$ dans U s'identifie, d'après (1), à l'application :

$$(x_1, x_2) \mapsto \sigma_1(x_1) \otimes 1 + 1 \otimes \sigma_2(x_2).$$

De façon analogue, si $\mathfrak{g}_1, \ldots, \mathfrak{g}_n$ sont des algèbres de Lie sur K, d'algèbres enveloppantes $U_1, \ldots, U_n$, l'algèbre enveloppante U de $\mathfrak{g}_1 \times \cdots \times \mathfrak{g}_n$ s'identifie canoniquement à $U_1 \otimes_K \ldots \otimes_K U_n$, et l'application canonique de $\mathfrak{g}_1 \times \cdots \times \mathfrak{g}_n$ dans U s'identifie à l'application :

$$(x_1, \ldots, x_n) \mapsto \sigma_1(x_1) \otimes 1 \otimes \cdots \otimes 1 + \cdots + 1 \otimes \cdots \otimes 1 \otimes \sigma_n(x_n)$$

(en désignant par σ_i l'application canonique de $\mathfrak{g}_i$ dans U_i).

3. *Algèbre enveloppante d'une sous-algèbre de Lie*

Soient $\mathfrak{g}$ une algèbre de Lie sur K, $\mathfrak{h}$ une sous-algèbre de $\mathfrak{g}$, et σ, σ' les applications canoniques de $\mathfrak{g}$, $\mathfrak{h}$ dans leurs algèbres enveloppantes U, V. Alors l'injection canonique i de $\mathfrak{h}$ dans $\mathfrak{g}$ définit un homomorphisme $\tilde{i}$, dit *canonique*, de V dans U, tel que $\sigma \circ i = \tilde{i} \circ \sigma'$. L'algèbre $\tilde{i}(V)$ est engendrée par 1 et $\sigma(\mathfrak{h})$. On verra (n° 7, cor. 5 du th. 1) que $\tilde{i}$ est injectif dans des cas importants.

Si $\mathfrak{h}$ est un idéal de $\mathfrak{g}$, l'idéal à gauche de U engendré par $\sigma(\mathfrak{h})$ coïncide avec l'idéal à droite engendré par $\sigma(\mathfrak{h})$, autrement dit est un idéal bilatère R. En effet, pour $x \in \mathfrak{h}$ et $x' \in \mathfrak{g}$, on a

$$\sigma(x)\sigma(x') = \sigma(x')\sigma(x) + \sigma([x, x'])$$

et $[x, x'] \in \mathfrak{h}$.

PROPOSITION 3. — *Soient $\mathfrak{h}$ un idéal de $\mathfrak{g}$, p l'homomorphisme canonique de $\mathfrak{g}$ sur $\mathfrak{g}/\mathfrak{h}$, et W l'algèbre enveloppante de $\mathfrak{g}/\mathfrak{h}$. L'homomorphisme :*

$$\tilde{p} : U \to W$$

défini canoniquement par p est surjectif et son noyau est l'idéal R de U engendré par $\sigma(\mathfrak{h})$.

Soit σ'' l'application canonique de $\mathfrak{g}/\mathfrak{h}$ dans W. Le diagramme commutatif :

$$
\begin{array}{ccccc}
\mathfrak{h} & \xrightarrow{i} & \mathfrak{g} & \xrightarrow{p} & \mathfrak{g}/\mathfrak{h} \\
\sigma' \downarrow & & \sigma \downarrow & & \downarrow \sigma'' \\
V & \xrightarrow{\tilde{i}} & U & \xrightarrow{\tilde{p}} & W
\end{array}
$$

prouve que $\tilde{p}$ s'annule sur $\sigma(\mathfrak{h})$, donc sur R. Soit ψ l'homomorphisme canonique de U sur U/R. Il existe un homomorphisme φ de U/R

$$
\begin{array}{ccc}
\mathfrak{g} & \xrightarrow{\quad p \quad} & \mathfrak{g}/\mathfrak{h} \\
\sigma \downarrow & {\theta}\nearrow \;{\varphi}\swarrow & \downarrow \sigma'' \\
U & \xrightarrow{\psi} U/R \underset{\varphi'}{\overset{}{\rightleftarrows}} & W
\end{array}
$$

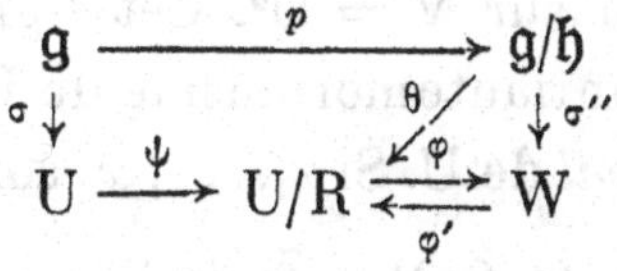

dans W tel que $\tilde{p} = \varphi \circ \psi$. L'application $\psi \circ \sigma$ de $\mathfrak{g}$ dans U/R est une α-application et s'annule sur $\mathfrak{h}$, donc définit une α-application θ de $\mathfrak{g}/\mathfrak{h}$ dans U/R telle que $\theta \circ p = \psi \circ \sigma$. On a alors $\varphi \circ \theta \circ p = \varphi \circ \psi \circ \sigma = \sigma'' \circ p$. D'où $\varphi \circ \theta = \sigma''$. Il existe (nº 1, prop. 1) un homomorphisme φ' et un seul de W dans U/R transformant 1 en 1 et tel que $\theta = \varphi' \circ \sigma''$. Alors, $\varphi' \circ \varphi \circ \theta = \varphi' \circ \sigma'' = \theta$ et $\varphi \circ \varphi' \circ \sigma'' = \varphi \circ \theta = \sigma''$, donc $\varphi' \circ \varphi$ et $\varphi \circ \varphi'$ sont les applications identiques de U/R et W respectivement. Ceci achève la démonstration.

On identifie U/R à W par l'isomorphisme φ. Alors, l'application canonique σ'' de $\mathfrak{g}/\mathfrak{h}$ dans W s'identifie à θ, c'est-à-dire à l'application de $\mathfrak{g}/\mathfrak{h}$ dans U/R déduite de σ par passage aux quotients.

4. *Algèbre enveloppante de l'algèbre de Lie opposée*

Soient $\mathfrak{g}$ une algèbre de Lie sur K, $\mathfrak{g}^0$ l'algèbre de Lie opposée, σ et σ_0 les applications canoniques de $\mathfrak{g}$ et $\mathfrak{g}^0$ dans leurs algèbres enveloppantes U et V. Alors, σ est une α-application de $\mathfrak{g}^0$ dans l'algèbre associative U^0 opposée à l'algèbre associative U. Donc il existe un homomorphisme φ et un seul de V dans U^0 transformant 1 en 1 et tel que $\sigma = \varphi \circ \sigma_0$.

Proposition 4. — *L'homomorphisme* φ *est un isomorphisme de* V *sur* U^0.

En effet, il existe un homomorphisme φ' de U dans V^0 transformant 1 en 1 et tel que $\sigma_0 = \varphi' \circ \sigma$. On peut considérer φ' comme un homomorphisme de U^0 dans V. On a $\sigma_0 = \varphi' \circ \varphi \circ \sigma_0$, et $\sigma = \varphi \circ \varphi' \circ \sigma$, donc $\varphi' \circ \varphi$ et $\varphi \circ \varphi'$ sont les applications identiques de V et U. D'où la proposition.

On identifie V à U^0 par l'isomorphisme φ. Alors, σ_0 s'identifie à σ.

Ceci posé, l'isomorphisme $\theta : x \mapsto -x$ de $\mathfrak{g}$ sur $\mathfrak{g}^0$ définit un isomorphisme $\tilde{\theta}$ de U sur $V = U^0$. Cet isomorphisme peut être considéré comme un antiautomorphisme de U. On l'appelle l'*antiautomorphisme principal* de U. Si $x_1, \ldots, x_n$ sont dans $\mathfrak{g}$, on a :

$$(2) \quad \begin{aligned} \tilde{\theta}(\sigma(x_1)\ldots\sigma(x_n)) &= \tilde{\theta}(\sigma(x_n))\ldots\tilde{\theta}(\sigma(x_1)) = (-\sigma(x_n))\ldots(-\sigma(x_1)) \\ &= (-1)^n\sigma(x_n)\ldots\sigma(x_1). \end{aligned}$$

5. *Algèbre symétrique d'un module*

Soit V un K-module. On peut, d'une manière unique, considérer V comme une algèbre de Lie commutative. L'algèbre enveloppante de V s'obtient alors de la manière suivante : soit T l'algèbre tensorielle de V ; soit I l'idéal bilatère de T engendré par les tenseurs $x \otimes y - y \otimes x$ ($x \in V$, $y \in V$) ; on forme l'algèbre $S = T/I$.

Rappelons (*Alg.*, chap. III, 3e éd., § 6) que S est appelée *algèbre symétrique* de V, et résumons brièvement les propriétés dont nous aurons besoin dans ce chapitre et dont les démonstrations sont immédiates. Soit T^n l'ensemble des tenseurs homogènes d'ordre n dans T. On a $I = (I \cap T^2) + (I \cap T^3) + \ldots$, donc S est somme directe des images canoniques S^n des T^n. Les éléments de S^n sont dits homogènes de degré n. On a $S^0 = K.1$, S^1 s'identifie à V, et $S^n S^p \subset S^{n+p}$. L'algèbre S est engendrée par 1 et $S^1 = V$. Il est clair que deux éléments quelconques de S^1 sont permutables, donc S est commutative. Si V est un K-module *libre* de base $(x_\lambda)_{\lambda \in \Lambda}$, l'homomorphisme canonique f de l'algèbre de polynômes $K[X_\lambda]_{\lambda \in \Lambda}$ sur S qui transforme 1 en 1 et X_λ en x_λ pour tout $\lambda \in \Lambda$ est un isomorphisme : en effet, d'après la propriété universelle de S (n° 1, prop. 1), il existe un homomorphisme g de S dans $K[X_\lambda]_{\lambda \in \Lambda}$ qui transforme 1 en 1 et x_λ en X_λ pour tout $\lambda \in \Lambda$, et f, g sont deux homomorphismes réciproques l'un de l'autre.

Soit $S'^n \subset T^n$ l'ensemble des tenseurs symétriques homogènes d'ordre n (*Alg.*, chap. III, § 5, n° 1, déf. 2). Si K est un corps de caractéristique 0, S'^n et $I \cap T^n$ sont supplémentaires dans T^n. En effet, soit $(x_\lambda)_{\lambda \in \Lambda}$ une base de V. Ordonnons totalement Λ (*Ens.*, chap. III, § 2, n° 3, th. 1). Soit Λ_n l'ensemble des suites croissantes de n éléments de Λ. Pour $M = (\lambda_1, \ldots, \lambda_n) \in \Lambda_n$, soit

$$y_M = \frac{1}{n!} \sum_{\sigma \in \mathfrak{S}_n} x_{\lambda_{\sigma(1)}} \otimes \cdots \otimes x_{\lambda_{\sigma(n)}}.$$

Les y_M, pour $M \in \Lambda_n$, forment un système de générateurs du K-espace vectoriel S'^n. Or, leurs images canoniques dans S^n constituent, d'après l'alinéa précédent, une base de S^n. Donc $(y_M)_{M \in \Lambda_n}$ est une base d'un supplémentaire de $I \cap T^n$ dans T^n (*Alg.*, chap. II, § 1, n° 6, prop. 4), ce qui établit notre assertion.

Ainsi, lorsque K est un corps de caractéristique 0, la restriction à S'^n de l'application canonique : $T^n \to S^n$, est un isomorphisme de l'espace S'^n sur l'espace S^n, et possède donc un isomorphisme réciproque. Les isomorphismes réciproques ainsi obtenus pour chaque n définissent un isomorphisme canonique de l'espace S sur l'espace $S' = \sum_{n \geqslant 0} S'^n$ des tenseurs symétriques.

6. *Filtration de l'algèbre enveloppante*

Soient $\mathfrak{g}$ une algèbre de Lie sur K, et T l'algèbre tensorielle du K-module $\mathfrak{g}$. Soient T^n le sous-module de T formé des tenseurs homogènes d'ordre n, et $T_n = \sum_{i \leqslant n} T^i$. On a $T_n \subset T_{n+1}$, $T_0 = K.1$, $T_{-1} = \{0\}$, et $T_n T_p \subset T_{n+p}$. Soit U_n l'image canonique de T_n dans l'algèbre enveloppante U de $\mathfrak{g}$. On a $U_n \subset U_{n+1}$, $U_0 = K.1$, $U_{-1} = \{0\}$, et $U_n U_p \subset U_{n+p}$; on peut donc dire que U est une algèbre *filtrée par les* U_n (*Alg. comm.*, chap. III, § 2, nº 1) ; les éléments de U_n seront dits *de filtration* $\leqslant n$.

Soit G^n le K-module U_n/U_{n-1}, et soit G le K-module somme directe des G^n. La multiplication sur U définit, par passage aux quotients, une application bilinéaire de $G^n \times G^m$ dans G^{n+m}, donc une application bilinéaire de $G \times G$ dans G, qui est associative. Ainsi, G est muni d'une structure de K-algèbre associative. On a $G^n G^m \subset G^{n+m}$. Les éléments de G^n sont dits de *degré n*. L'algèbre graduée ainsi obtenue n'est autre que l'algèbre graduée associée à l'algèbre filtrée U (*Alg. comm.*, chap. III, § 2, nº 3).

Soit φ_n la composée des applications K-linéaires canoniques

$$T^n \longrightarrow U_n \longrightarrow G^n.$$

Comme T^n est supplémentaire de T_{n-1} dans T_n, φ_n est surjective. Les φ_n définissent une application K-linéaire φ de $\sum_n T^n = T$ sur $\sum_n G^n = G$.

Proposition 5. — *L'application* φ *de* T *sur* G *est un homomorphisme d'algèbres transformant* 1 *en* 1, *et s'annule sur l'idéal bilatère engendré par les tenseurs* $x \otimes y - y \otimes x$ ($x \in \mathfrak{g}$, $y \in \mathfrak{g}$).

Si $t \in T^n$ et $t' \in T^p$, on a $\varphi(t)\varphi(t') = \varphi(tt')$ par définition de la multiplication dans G. Donc φ est un homomorphisme d'algèbres, et il est clair que $\varphi(1) = 1$. Si x, y sont dans $\mathfrak{g}$, on a $x \otimes y - y \otimes x \in T^2$, et l'image canonique de cet élément dans U_2 est égale à celle de $[x, y]$, donc appartient à U_1. Donc $\varphi(x \otimes y - y \otimes x) = 0$, ce qui prouve la proposition.

Soient S l'algèbre symétrique du K-module $\mathfrak{g}$ et τ l'homomorphisme canonique de T sur S. La prop. 5 prouve qu'il existe un homomorphisme unique ω, dit *canonique*, de l'algèbre S sur l'algèbre G, transformant 1 en 1, tel que $\varphi = \omega \circ \tau$. On a $\omega(S^n) = \varphi(T^n) = G^n$. Soient τ_n la restriction de τ à T^n, ω_n la restriction de

ω à S^n, ψ_n l'application canonique de T^n dans U_n, et θ_n l'application canonique de U_n sur G^n. La définition de ω_n prouve que le diagramme suivant est commutatif :

(3)
$$\begin{array}{ccccc} & & U_n & & \\ & {\scriptstyle\psi_n}\nearrow & & \searrow{\scriptstyle\theta_n} & \\ T^n & & & & G^n \\ & {\scriptstyle\tau_n}\searrow & & \nearrow{\scriptstyle\omega_n} & \\ & & S^n & & \end{array}$$

PROPOSITION 6. — *Si* K *est noethérien et si* $\mathfrak{g}$ *est un module de type fini, l'anneau* U *est noethérien à droite et à gauche.*

En effet, S est une algèbre de type fini sur K, donc un anneau noethérien (*Alg. comm.*, chap. III, § 2, n° 10, cor. 3 du th. 2). Donc G, qui est isomorphe à un anneau quotient de S, est noethérien. Donc U est noethérien à droite et à gauche (*Alg. comm.*, chap. III, § 2, n° 10, *Remarque* 2).

COROLLAIRE. — *On suppose que* K *est un corps, et que* $\mathfrak{g}$ *est de dimension finie sur* K. *Soient* $I_1, \ldots, I_m$ *des idéaux à droite* (resp. *à gauche*) *de codimension finie de* U. *Alors l'idéal produit* $I_1 I_2 \ldots I_m$ *est de codimension finie.*

Par récurrence sur m, il suffit d'envisager le cas de deux idéaux à droite par exemple. Le U-module à droite I_1 est engendré par un nombre fini d'éléments $u_1, \ldots, u_p$ (prop. 6). Soient $v_1, \ldots, v_q$ des éléments de U dont les classes modulo I_2 engendrent l'espace vectoriel U/I_2. Alors les images canoniques dans I_1/I_1I_2 des $u_i v_j$ engendrent l'espace vectoriel I_1/I_1I_2, qui est donc de dimension finie. Par suite $\dim_K(U/I_1I_2) = \dim_K(U/I_1) + \dim_K(I_1/I_1I_2) < +\infty$.

Remarque. — Soient $\mathfrak{g}'$ une autre algèbre de Lie sur l'anneau K, U′ son algèbre enveloppante, U'_n l'ensemble des éléments de U′ de filtration $\leqslant n$, U^n (resp. U'^n) l'ensemble des images canoniques dans U (resp. U′) des tenseurs symétriques homogènes d'ordre n de $\mathfrak{g}$ (resp. $\mathfrak{g}'$). Soit η un homomorphisme de $\mathfrak{g}$ dans $\mathfrak{g}'$, et soit $\tilde{\eta}$ l'homomorphisme correspondant de U dans U′. On a

$$\tilde{\eta}(U_n) \subset U'_n, \qquad \tilde{\eta}(U^n) \subset U'^n.$$

En particulier, l'antiautomorphisme principal de U laisse stables U_n et U^n. L'application K-linéaire de T^n sur lui-même qui transforme $x_1 \otimes x_2 \otimes \cdots \otimes x_n$ en $x_n \otimes x_{n-1} \otimes \cdots \otimes x_1$ quels que soient $x_1, \ldots, x_n$ dans $\mathfrak{g}$ est un opérateur de symétrie, donc laisse fixes les tenseurs symétriques homogènes d'ordre n. Donc l'antiautomorphisme principal de U induit dans chaque U^n l'homothétie de rapport $(-1)^n$.

7. *Le théorème de Poincaré-Birkhoff-Witt*

THÉORÈME 1. — *Soient* $\mathfrak{g}$ *une* K-*algèbre de Lie*, U *son algèbre enveloppante*, G *l'algèbre graduée associée à l'algèbre filtrée* U, *et* S *l'algèbre symétrique du* K-*module* $\mathfrak{g}$. *Si* $\mathfrak{g}$ *est un* K-*module libre, l'homomorphisme canonique* $\omega : S \to G$ *est un isomorphisme.*

En effet, soit $(x_\lambda)_{\lambda\in\Lambda}$ une base du K-module $\mathfrak{g}$; munissons Λ d'une structure d'ordre total (*Ens.*, chap. III, § 2, nº 3, th. 1). Soit P l'algèbre de polynômes $K[z_\lambda]_{\lambda\in\Lambda}$ par rapport à des lettres z_λ en correspondance biunivoque avec les x_λ. Pour toute suite $M = (\lambda_1, \lambda_2, \ldots, \lambda_n)$ d'éléments de Λ, on désignera par z_M le monôme $z_{\lambda_1} z_{\lambda_2} \ldots z_{\lambda_n}$, par x_M le tenseur $x_{\lambda_1} \otimes x_{\lambda_2} \otimes \cdots \otimes x_{\lambda_n}$.

Les z_M, pour M croissante, forment une base du K-module P (on convient que $\emptyset$ est une suite croissante, et que $z_\emptyset = 1$). Soit P_p le sous-module des polynômes de degré $\leqslant p$. Nous démontrerons d'abord plusieurs lemmes. (Pour abréger, on écrit $\lambda \leqslant M$ si $\lambda \leqslant \mu$ pour tout indice μ de la suite M.)

Lemme 1. — *Pour tout entier* $p \geqslant 0$, *il existe un homomorphisme unique* f_p *du* K-*module* $\mathfrak{g} \otimes_K P_p$ *dans le* K-*module* P *vérifiant les conditions suivantes :*

(A_p) $\quad f_p(x_\lambda \otimes z_M) = z_\lambda z_M \quad$ *pour* $\lambda \leqslant M,\ z_M \in P_p$;

(B_p) $\quad f_p(x_\lambda \otimes z_M) - z_\lambda z_M \in P_q \quad$ *pour* $z_M \in P_q,\ q \leqslant p$;

(C_p) $\quad f_p(x_\lambda \otimes f_p(x_\mu \otimes z_N)) = f_p(x_\mu \otimes f_p(x_\lambda \otimes z_N)) + f_p([x_\lambda, x_\mu] \otimes z_N)$

pour $z_N \in P_{p-1}$. (*Les termes intervenant dans* (C_p) *ont un sens grâce à la condition* (B_p).)

En outre, la restriction de f_p *à* $\mathfrak{g} \otimes P_{p-1}$ *coïncide avec* f_{p-1}.

La dernière assertion résulte des précédentes puisque la restriction de f_p à $\mathfrak{g} \otimes_K P_{p-1}$ vérifie les conditions (A_{p-1}), (B_{p-1}), (C_{p-1}). Nous allons prouver l'existence et l'unicité de f_p par récurrence sur p. Pour $p = 0$, la condition (A_0) impose $f_0(x_\lambda \otimes 1) = z_\lambda$ et les conditions (B_0), (C_0) sont alors évidemment satisfaites. Supposons maintenant prouvées l'existence et l'unicité de f_{p-1}. Montrons que f_{p-1}

admet une extension unique f_p à $\mathfrak{g} \otimes_K P_p$ satisfaisant aux conditions (A_p), (B_p), (C_p).

Nous devons définir $f_p(x_\lambda \otimes z_M)$ pour une suite croissante M de p éléments.

Si $\lambda \leqslant M$, le choix est imposé par la condition (A_p). Dans le cas contraire, M s'écrit de manière unique sous la forme (μ, N), où $\mu < \lambda$, $\mu \leqslant N$. Alors, $z_M = z_\mu z_N = f_{p-1}(x_\mu \otimes z_N)$ d'après (A_{p-1}), de sorte que le premier membre de (C_p) est $f_p(x_\lambda \otimes z_M)$. Or, le deuxième membre de (C_p) est déjà défini ; en effet, (B_{p-1}) permet d'écrire :

$$f_p(x_\lambda \otimes z_N) = f_{p-1}(x_\lambda \otimes z_N) = z_\lambda z_N + w$$

avec $w \in P_{p-1}$; donc le deuxième membre de (C_p) devient :

$$z_\mu z_\lambda z_N + f_{p-1}(x_\mu \otimes w) + f_{p-1}([x_\lambda, x_\mu] \otimes z_N).$$

Ainsi, f_p est définie de manière unique, et satisfait évidemment aux conditions (A_p) et (B_p). La condition (C_p) est satisfaite si $\mu < \lambda, \mu \leqslant N$. Comme $[x_\mu, x_\lambda] = -[x_\lambda, x_\mu]$, la condition (C_p) est aussi satisfaite pour $\lambda < \mu$, $\lambda \leqslant N$. Comme (C_p) est trivialement satisfaite pour $\lambda = \mu$, (C_p) est donc satisfaite si l'on a $\lambda \leqslant N$ ou $\mu \leqslant N$. Si aucune de ces inégalités n'est vérifiée, on a $N = (\nu, Q)$, où $\nu \leqslant Q$, $\nu < \lambda$, $\nu < \mu$. Posant désormais pour abréger $f_p(x \otimes z) = xz$ pour $x \in \mathfrak{g}$ et $z \in P_p$, on a, d'après l'hypothèse de récurrence :

$$x_\mu z_N = x_\mu(x_\nu z_Q) = x_\nu(x_\mu z_Q) + [x_\mu, x_\nu]z_Q.$$

Or, $x_\mu z_Q$ est de la forme $z_\mu z_Q + w$, où $w \in P_{p-2}$. On peut appliquer (C_p) à $x_\lambda(x_\nu(z_\mu z_Q))$ parce que $\nu \leqslant Q$ et $\nu < \mu$, et à $x_\lambda(x_\nu w)$ en vertu de l'hypothèse de récurrence, donc à $x_\lambda(x_\nu(x_\mu z_Q))$. D'où :

$$x_\lambda(x_\mu z_N) = x_\nu(x_\lambda(x_\mu z_Q)) + [x_\lambda, x_\nu](x_\mu z_Q) + [x_\mu, x_\nu](x_\lambda z_Q) + [x_\lambda, [x_\mu, x_\nu]]z_Q.$$

En échangeant λ et μ, et retranchant membre à membre :

$$\begin{aligned} x_\lambda(x_\mu z_N) - x_\mu(x_\lambda z_N) &= x_\nu(x_\lambda(x_\mu z_Q) - x_\mu(x_\lambda z_Q)) \\ &\qquad + [x_\lambda, [x_\mu, x_\nu]]z_Q - [x_\mu, [x_\lambda, x_\nu]]z_Q \\ &= x_\nu([x_\lambda, x_\mu]z_Q) + [x_\lambda, [x_\mu, x_\nu]]z_Q + [x_\mu, [x_\nu, x_\lambda]]z_Q \\ &= [x_\lambda, x_\mu](x_\nu z_Q) + ([x_\nu, [x_\lambda, x_\mu]] + [x_\lambda, [x_\mu, x_\nu]] + [x_\mu, [x_\nu, x_\lambda]])z_Q \end{aligned}$$

soit, en vertu de l'identité de Jacobi

$$x_\lambda(x_\mu z_N) - x_\mu(x_\lambda z_N) = [x_\lambda, x_\mu]z_N$$

ce qui achève la démonstration du lemme 1.

Lemme 2. — *Il existe une α-application σ de* $\mathfrak{g}$ *dans* $\mathcal{L}_K(P)$ *telle que* :

1° $\sigma(x_\lambda)z_M = z_\lambda z_M$ *pour* $\lambda \leqslant M$;

2° $\sigma(x_\lambda)z_M \equiv z_\lambda z_M$ (mod. P_p) *si* M *a* p *éléments.*

En effet, d'après le lemme 1, il existe un homomorphisme f du K-module $\mathfrak{g} \otimes_K P$ dans P vérifiant, quel que soit p, les conditions (A_p), (B_p), (C_p) (où l'on remplace f_p par f). Cet homomorphisme définit un homomorphisme σ du K-module $\mathfrak{g}$ dans le K-module $\mathcal{L}_K(P)$, et σ est une α-application à cause de la condition (C_p). Enfin, σ vérifie les propriétés 1° et 2° du lemme à cause des conditions (A_p) et (B_p).

Lemme 3. — *Soit t un tenseur de* $T_n \cap J$. *La composante homogène t_n d'ordre n de t est dans le noyau* I *de l'homomorphisme canonique* $T \to S$.

En effet, écrivons t_n sous la forme $\sum_{i=1}^{r} x_{M_i}$, où les M_i sont des suites de n éléments de Λ. L'application σ se prolonge en un homomorphisme de l'algèbre T dans l'algèbre $\mathcal{L}_K(P)$ (que nous noterons encore σ), qui s'annule sur J. D'après le lemme 2, $\sigma(t).1$ est un polynôme dont les termes de plus haut degré sont $\sum_{i=1}^{r} z_{M_i}$. Comme $t \in J$, on a $\sigma(t) = 0$, donc $\sum_{i=1}^{r} z_{M_i} = 0$ dans P. Or, P s'identifie canoniquement à S, grâce à la donnée de la base (x_λ) de $\mathfrak{g}$. Donc l'image canonique de t_n dans S est nulle, c'est-à-dire que $t_n \in I$.

Nous pouvons maintenant démontrer le théorème 1. Il faut prouver que l'homomorphisme canonique de S sur G est injectif. Autrement dit, si $t \in T^n$ et si ψ désigne l'homomorphisme canonique de T sur U, il faut montrer que la condition $\psi(t) \in U_{n-1}$ entraîne $t \in I$. Or $\psi(t) \in U_{n-1}$ signifie qu'il existe un tenseur $t' \in T_{n-1}$ tel que $t - t' \in J$. Le tenseur $t - t'$ admet t pour composante homogène d'ordre n, donc $t \in I$ d'après le lemme 3.

COROLLAIRE 1. — *Supposons que* $\mathfrak{g}$ *soit un* K-*module libre. Soit* W *un sous-*K-*module de* T^n. *Si, avec les notations du diagramme* (3), *la restriction de* τ_n *à* W *est un isomorphisme de* W *sur* S^n, *alors la restriction de* ψ_n *à* W *est un isomorphisme de* W *sur un supplémentaire de* U_{n-1} *dans* U_n.

En effet, la restriction à W de $\omega_n \circ \tau_n$ est une bijection de W sur G^n ; il en est donc de même de la restriction de $\theta_n \circ \psi_n$ à W. D'où le corollaire.

COROLLAIRE 2. — *Si* $\mathfrak{g}$ *est un* K-*module libre, l'application canonique de* $\mathfrak{g}$ *dans son algèbre enveloppante est injective.*

Ceci résulte du cor. 1, où l'on prend $W = T^1$.

Lorsque $\mathfrak{g}$ est un K-module libre (en particulier lorsque K est un corps), on identifie $\mathfrak{g}$ à un sous-module de U par l'application canonique de $\mathfrak{g}$ dans U. Cette convention est adoptée dès le corollaire suivant.

COROLLAIRE 3. — *Si* $\mathfrak{g}$ *admet une base totalement ordonnée* $(x_\lambda)_{\lambda \in \Lambda}$, *les éléments* $x_{\lambda_1} x_{\lambda_2} \ldots x_{\lambda_n}$ *de l'algèbre enveloppante* U, *où* $(\lambda_1, \ldots, \lambda_n)$ *est une suite finie croissante quelconque d'éléments de* Λ, *forment une base du* K-*module* U.

Soit Λ_n l'ensemble des suites croissantes de n éléments de Λ. Pour $M = (\lambda_1, \ldots, \lambda_n) \in \Lambda_n$, soit $y_M = x_{\lambda_1} \otimes x_{\lambda_2} \otimes \cdots \otimes x_{\lambda_n}$. Soit W le sous-module de T^n qui admet pour base $(y_M)_{M \in \Lambda_n}$. Le cor. 1 montre que la restriction de ψ_n à W est un isomorphisme de W sur un supplémentaire de U_{n-1} dans U_n. Or, $\psi_n(y_M) = x_{\lambda_1} x_{\lambda_2} \ldots x_{\lambda_n}$, d'où le corollaire.

COROLLAIRE 4. — *Soit* $S'^n \subset T^n$ *l'ensemble des tenseurs symétriques homogènes d'ordre* n. *Supposons que* K *soit un corps de caractéristique* 0. *Alors, l'application composée des applications canoniques*

$$S^n \longrightarrow S'^n \longrightarrow U_n$$

est un isomorphisme de l'espace vectoriel S^n *sur un supplémentaire de* U_{n-1} *dans* U_n.

Ceci résulte du cor. 1, où l'on prend $W = S'^n$.

Supposons toujours que K soit un corps de caractéristique 0.

Soit η_n l'application de S^n dans U_n qu'on vient de définir. Soit $U^n = \eta_n(S^n)$. L'espace vectoriel U est somme directe des U^n. Les η_n définissent un isomorphisme η de l'espace vectoriel $S = \sum_n S^n$ sur l'espace vectoriel $U = \sum_n U^n$, appelé *isomorphisme canonique de* S *sur* U ; ce n'est *pas* un isomorphisme d'algèbre. On a le diagramme commutatif :

(4)

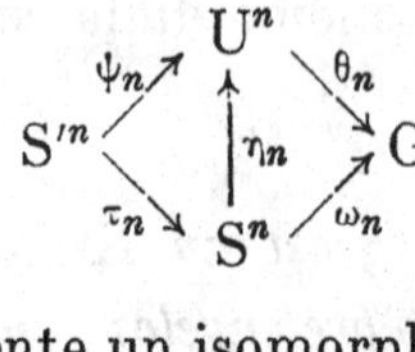

où chaque flèche représente un isomorphisme d'espaces vectoriels. Si $x_1, x_2, \ldots, x_n$ sont dans $\mathfrak{g}$, η_n transforme le produit $x_1 x_2 \ldots x_n$, calculé dans S, en l'élément $\frac{1}{n!} \sum_{\sigma \in \mathfrak{S}_n} x_{\sigma(1)} x_{\sigma(2)} \ldots x_{\sigma(n)}$ calculé dans U.

Corollaire 5. — *Soient $\mathfrak{h}$ une sous-algèbre de l'algèbre de Lie $\mathfrak{g}$ et* U′ *son algèbre enveloppante. Supposons que les* K*-modules $\mathfrak{h}$ et $\mathfrak{g}/\mathfrak{h}$ soient libres (par exemple que* K *soit un corps). Soit $(x_\alpha)_{\alpha \in L}$ une base de $\mathfrak{h}$, et $(y_\beta)_{\beta \in M}$ une famille d'éléments de $\mathfrak{g}$ dont les images canoniques dans $\mathfrak{g}/\mathfrak{h}$ forment une base de $\mathfrak{g}/\mathfrak{h}$.*

a) *L'homomorphisme canonique de* U′ *dans* U *est injectif.*

b) *Si* M *est totalement ordonné, les éléments $y_{\beta_1} \ldots y_{\beta_q}$, où $\beta_1 \leqslant \cdots \leqslant \beta_q$, forment une base de* U *considéré comme module à gauche ou à droite sur* U′.

Munissons $L \cup M$ d'une structure d'ordre total telle que tout élément de L soit majoré par tout élément de M. Les éléments $x_{\alpha_1} x_{\alpha_2} \ldots x_{\alpha_p}$ calculés dans U′ (où $\alpha_1 \leqslant \cdots \leqslant \alpha_p$) forment une base de U′ (cor. 3). Les éléments $x_{\alpha_1} \ldots x_{\alpha_p} y_{\beta_1} \ldots y_{\beta_q}$ calculés dans U (où $\alpha_1 \leqslant \cdots \leqslant \alpha_p \leqslant \beta_1 \leqslant \cdots \leqslant \beta_q$) forment de même une base de U. Donc l'homomorphisme canonique de U′ dans U transforme les éléments d'une base de U′ en éléments linéairement indépendants de U, et par suite est injectif. On voit en outre que les $y_{\beta_1} \ldots y_{\beta_q}$ (où $\beta_1 \leqslant \cdots \leqslant \beta_q$) forment une base de U considéré comme U′-module à gauche. En ordonnant $L \cup M$ de façon que tout élément de M soit majoré par tout élément de L, on voit de même que les $y_{\beta_1} \ldots y_{\beta_q}$ (où $\beta_1 \leqslant \cdots \leqslant \beta_q$) forment une base de U considéré comme U′-module à droite.

Dans les conditions du cor. 5, on identifie U' à la sous-algèbre de U engendrée par $\mathfrak{h}$ grâce à l'homomorphisme canonique de U' dans U.

COROLLAIRE 6. — *Supposons que le* K-*module* $\mathfrak{g}$ *soit somme directe de sous-algèbres* $\mathfrak{g}_1, \mathfrak{g}_2, \dots, \mathfrak{g}_n$, *et que chaque* $\mathfrak{g}_i$ *soit un* K-*module libre. Soit* U_i *l'algèbre enveloppante de* $\mathfrak{g}_i$ $(1 \leqslant i \leqslant n)$. *Soit* φ *l'application* K-*linéaire du* K-*module* $U_1 \otimes_K \cdots \otimes_K U_n$ *dans* U *définie par l'application multilinéaire* $(u_1, \dots, u_n) \to u_1 \dots u_n$ *de* $U_1 \times \cdots \times U_n$ *dans* U. *Alors* φ *est un isomorphisme de* K-*modules.*

Soit $(x^i_\lambda)_{\lambda \in L_i}$ une base de $\mathfrak{g}_i$. Ordonnons totalement $L_1 \cup \dots \cup L_n$ de telle manière que tout élément de L_i majore tout élément de L_j pour $i \geqslant j$. Alors les éléments :

$$(x^1_{\lambda_1} x^1_{\lambda_2} \dots x^1_{\lambda_p}) \otimes \cdots \otimes (x^n_{\nu_1} x^n_{\nu_2} \dots x^n_{\nu_q}),$$

où $\lambda_1 \leqslant \lambda_2 \leqslant \cdots \leqslant \lambda_p \leqslant \cdots \leqslant \nu_1 \leqslant \nu_2 \leqslant \cdots \leqslant \nu_q$, constituent une base de $U_1 \otimes_K \cdots \otimes_K U_n$. Ils sont transformés par φ en les éléments :

$$x^1_{\lambda_1} x^1_{\lambda_2} \dots x^1_{\lambda_p} \dots x^n_{\nu_1} x^n_{\nu_2} \dots x^n_{\nu_q}$$

qui constituent une base de U. D'où le corollaire.

COROLLAIRE 7. — *Si* K *est intègre, et si* $\mathfrak{g}$ *est un* K-*module libre, l'algèbre* U *est sans diviseur de zéro.*

En effet, G est isomorphe à une algèbre de polynômes sur K (th. 1), donc est intègre (*Alg.*, chap. IV, § 1, n° 4, th. 1). D'où le corollaire (*Alg. comm.*, chap. III, § 2, n° 3, prop. 1).

8. *Prolongement des dérivations*

Lemme 4. — *Soient* V *un* K-*module,* T *l'algèbre tensorielle de* V. *Soit* u *un endomorphisme de* V. *Il existe une dérivation de* T *et une seule qui prolonge* u. *Cette dérivation permute aux opérateurs de symétrie dans* T.

Soit $F = V \times V \times \cdots \times V$ (n facteurs). L'application

$$(x_1, \dots, x_n) \mapsto ux_1 \otimes x_2 \otimes \cdots \otimes x_n + x_1 \otimes ux_2 \otimes \cdots \otimes x_n + \cdots + x_1 \otimes x_2 \otimes \cdots \otimes ux_n$$

de F dans $\overset{n}{\otimes}V$ est multilinéaire. Donc il existe un endomorphisme u_n de $\overset{n}{\otimes}V$ tel que :

$$u_n(x_1 \otimes \cdots \otimes x_n) = ux_1 \otimes \cdots \otimes x_n + \cdots + x_1 \otimes \cdots \otimes ux_n$$

quels que soient $x_1, \ldots, x_n$ dans V. On a $u_1 = u$. Soit v l'endomorphisme du K-module T qui coïncide avec u_n sur chaque $T^n = \overset{n}{\otimes}V$, et qui s'annule dans $T^0 = K.1$. Montrons que v est une dérivation de T. Si $x_1, \ldots, x_n, y_1, \ldots, y_p$ sont des éléments de V, on a

$$v((x_1 \otimes \cdots \otimes x_n) \otimes (y_1 \otimes \cdots \otimes y_p))$$
$$= \sum_{i=1}^{n} x_1 \otimes \cdots \otimes x_{i-1} \otimes ux_i \otimes x_{i+1} \otimes \cdots \otimes x_n \otimes y_1 \otimes \cdots \otimes y_p$$
$$+ \sum_{j=1}^{p} x_1 \otimes \cdots \otimes x_n \otimes y_1 \otimes \cdots \otimes y_{j-1} \otimes uy_j \otimes y_{j+1} \otimes \cdots \otimes y_n$$
$$= v(x_1 \otimes \cdots \otimes x_n) \otimes (y_1 \otimes \cdots \otimes y_p) + (x_1 \otimes \cdots \otimes x_n) \otimes v(y_1 \otimes \cdots \otimes y_p).$$

Par linéarité, on en déduit bien que v est une dérivation. L'unicité de v est évidente. Enfin, il est clair que u_n permute aux opérateurs de symétrie dans $\overset{n}{\otimes}V$, d'où la dernière assertion.

PROPOSITION 7. — *Soient* $\mathfrak{g}$ *une algèbre de Lie,* U *son algèbre enveloppante,* σ *l'application canonique de* $\mathfrak{g}$ *dans* U, *et* D *une dérivation de* $\mathfrak{g}$.

a) *Il existe une dérivation* D_U *de* U *et une seule telle que* $\sigma \circ D = D_U \circ \sigma$ *(c'est-à-dire telle que* D_U *prolonge* D, *quand on peut identifier* $\mathfrak{g}$ *à un sous-module de* U *par* σ*).*

b) D_U *laisse stables* U_n *et l'ensemble* U^n *des images dans* U *des tenseurs symétriques homogènes d'ordre n sur* $\mathfrak{g}$.

c) D_U *commute à l'antiautomorphisme principal de* U.

d) *Si* D *est la dérivation intérieure de* $\mathfrak{g}$ *définie par un élément* x *de* $\mathfrak{g}$, D_U *est la dérivation intérieure de* U *définie par* $\sigma(x)$.

En effet, soit D_T la dérivation de l'algèbre tensorielle T de $\mathfrak{g}$ qui prolonge D (lemme 4). L'idéal bilatère J de T engendré par les $x \otimes y - y \otimes x - [x, y]$ (x, y dans $\mathfrak{g}$) est stable pour D_T. En effet :

$$D_T(x \otimes y - y \otimes x - [x, y]) = Dx \otimes y - y \otimes Dx - [Dx, y] + x \otimes Dy - Dy \otimes x - [x, Dy].$$

Par passage aux quotients, D_T définit une dérivation D_U de U, telle que $\sigma \circ D = D_U \circ \sigma$. L'unicité de D_U est immédiate, puisque 1 et $\sigma(\mathfrak{g})$ engendrent l'algèbre U. L'assertion *b*) est évidente. Soit A l'antiautomorphisme principal de U, et prouvons *c*). Si $x_1, \ldots, x_n$ sont dans $\mathfrak{g}$, on a

$$\begin{aligned}
D_U A(\sigma(x_1) \ldots \sigma(x_n)) &= D_U((-1)^n \sigma(x_n) \ldots \sigma(x_1)) \\
&= (-1)^n \sum_{i=1}^{n} \sigma(x_n) \ldots D_U(\sigma(x_i)) \ldots \sigma(x_1) \\
&= (-1)^n \sum_{i=1}^{n} \sigma(x_n) \ldots \sigma(Dx_i) \ldots \sigma(x_1) \\
&= A(\sum_{i=1}^{n} \sigma(x_1) \ldots \sigma(Dx_i) \ldots \sigma(x_n)) \\
&= AD_U(\sigma(x_1) \ldots \sigma(x_n)).
\end{aligned}$$

Enfin, soit $x \in \mathfrak{g}$. Soit Δ la dérivation intérieure $y \mapsto \sigma(x)y - y\sigma(x)$ de U (*Alg.*, chap. IV, § 4, n° 3, exemple 2). On a, pour $x' \in \mathfrak{g}$, $(\Delta \circ \sigma)(x') = \sigma(x)\sigma(x') - \sigma(x')\sigma(x) = \sigma([x, x']) = (\sigma \circ \mathrm{ad}\, x)(x')$, d'où $\Delta \circ \sigma = \sigma \circ \mathrm{ad}\, x$. Ceci achève la démonstration.

Appliquant la prop. 7 au cas d'une algèbre de Lie commutative, on voit que tout endomorphisme u d'un K-module se prolonge de manière unique en une dérivation de l'algèbre symétrique de ce module ; cette dérivation se déduit par passage aux quotients de la dérivation de l'algèbre tensorielle qui prolonge u.

Reprenons une algèbre de Lie $\mathfrak{g}$ sur K, et soit D une dérivation de $\mathfrak{g}$. Utilisons les notations T, S, U, G antérieures. Soient D_T, D_S les dérivations de T, S qui prolongent D, et soit D_U la dérivation unique de U telle que $\sigma \circ D = D_U \circ \sigma$. Puisque D_U laisse stables les U_n, D_U définit par passage aux quotients une dérivation D_G de G. Puisque D_U et D_S se déduisent de D_T par passage aux quotients, le diagramme commutatif (3) prouve que D_G peut aussi se déduire de D_S par l'homomorphisme ω défini au n° 6. Si en outre K est un corps de caractéristique 0, les isomorphismes du diagramme (4) transforment entre elles les restrictions de D_T, D_S, D_U, D_G à S'^n, S^n, U^n, G^n. Donc l'*isomorphisme canonique de* S *sur* U *transforme* D_S *en* D_U.

9. *Extension de l'anneau de base*

Soient $\mathfrak{g}$ une algèbre de Lie sur K, T son algèbre tensorielle, J l'idéal bilatère de T engendré par les $x \otimes y - y \otimes x - [x, y]$ (x, y dans $\mathfrak{g}$), et U = T/J. Soit K_1 un anneau commutatif à élément unité, et soit σ un homomorphisme de K dans K_1 transformant 1 en 1. Alors, l'algèbre tensorielle de $\mathfrak{g}_{(K_1)}$ s'identifie canoniquement à $T_{(K_1)}$. Soit J′ l'idéal bilatère de $T_{(K_1)}$ engendré par les $x' \otimes y' - y' \otimes x' - [x', y']$ (x', y' dans $\mathfrak{g}_{(K_1)}$). Il est clair que l'image canonique de $J_{(K_1)}$ dans $T_{(K_1)}$ est contenue dans J′. Pour voir qu'elle est *égale* à J′, il suffit de montrer que, si x' et y' désignent deux éléments de $\mathfrak{g}_{(K_1)}$, $x' \otimes y' - y' \otimes x' - [x', y']$ appartient à cette image. Or $x' = \sum_i x_i \otimes \lambda_i$, $y' = \sum_j y_j \otimes \mu_j$ (x_i, y_j dans $\mathfrak{g}$, λ_i, μ_j dans K_1) ; d'où $x' \otimes y' - y' \otimes x' - [x', y'] = \sum_{i,j} (x_i \otimes y_j - y_j \otimes x_i - [x_i, y_j]) \otimes \lambda_i \mu_j$, ce qui prouve notre assertion. Ceci posé, on voit que $U_{(K_1)} = (T/J)_{(K_1)}$ s'identifie canoniquement à $T_{(K_1)}/J'$: *l'algèbre enveloppante de* $\mathfrak{g}_{(K_1)}$ *s'identifie canoniquement à* $U_{(K_1)}$, et l'application canonique de $\mathfrak{g}_{(K_1)}$ dans son algèbre enveloppante s'identifie à $\sigma \otimes 1$ (en désignant par σ l'application canonique de $\mathfrak{g}$ dans U).

§ 3. Représentations

1. *Représentations*

Définition 1. — *Soient* $\mathfrak{g}$ *une algèbre de Lie sur* K, *et* M *un* K-*module. Un homomorphisme de* $\mathfrak{g}$ *dans l'algèbre de Lie* $\mathfrak{gl}(M)$ *s'appelle une représentation de* $\mathfrak{g}$ *dans le module* M. *Une représentation injective est dite fidèle. Si* K *est un corps, la dimension (finie ou infinie) de* M *sur* K *s'appelle la dimension de la représentation. La représentation* $x \mapsto \operatorname{ad} x$ *de* $\mathfrak{g}$ *dans le* K-*module* $\mathfrak{g}$ *s'appelle la représentation adjointe de* $\mathfrak{g}$.

Une représentation de $\mathfrak{g}$ dans M est donc une application K-linéaire ρ de $\mathfrak{g}$ dans le module des endomorphismes de M telle que

$$\rho([x, y]).m = \rho(x)\rho(y).m - \rho(y)\rho(x).m$$

quels que soient $x \in \mathfrak{g}$, $y \in \mathfrak{g}$, $m \in M$.

**Exemple.* — Soient G un groupe de Lie réel, $\mathfrak{g}$ son algèbre de Lie, θ une représentation analytique de G dans un espace vectoriel réel E de dimension finie. Alors l'homomorphisme correspondant de $\mathfrak{g}$ dans $\mathfrak{gl}(E)$ est une représentation de $\mathfrak{g}$ dans E.$_*$

Soit U l'algèbre enveloppante de $\mathfrak{g}$. La proposition 1 du § 2, n° 1 définit une correspondance biunivoque entre l'ensemble des représentations de $\mathfrak{g}$ dans M et l'ensemble des représentations de U dans M. On sait d'autre part (*Alg.*, chap. VIII, § 13, n° 1) qu'il y a équivalence entre la notion de représentation de l'algèbre associative U et celle de U-module à gauche.

DÉFINITION 2. — *Soient* $\mathfrak{g}$ *une algèbre de Lie sur* K, *et* U *son algèbre enveloppante. Un module unitaire à gauche sur* U *est appelé un* $\mathfrak{g}$-*module à gauche, ou simplement un* $\mathfrak{g}$-*module.*

Si M est un $\mathfrak{g}$-module, et si $x \in U$, on notera x_M l'homothétie de M définie par x (cf. *Alg.*, chap. VIII, § 1, n° 2).

Un module unitaire à droite sur U s'appelle un $\mathfrak{g}$-module à droite. Un tel module s'identifie à un U^0-module à gauche, c'est-à-dire (§ 2, n° 4) à un $\mathfrak{g}^0$-module à gauche.

Soit φ l'antiautomorphisme principal de U. Si M est un $\mathfrak{g}$-module à droite, on définit sur M une structure de $\mathfrak{g}$-module à gauche en posant $a . m = m . \varphi(a)$ pour $m \in M$ et $a \in U$.

On peut traduire en langage de représentations les notions et résultats de la théorie des modules :

1) Deux représentations ρ et ρ' de $\mathfrak{g}$ dans M et M' sont dites *semblables* ou *isomorphes* si les $\mathfrak{g}$-modules M et M' sont isomorphes. Pour cela, il faut et il suffit qu'il existe un isomorphisme u du K-module M sur le K-module M' tel que :

$$\rho'(x) = u \circ \rho(x) \circ u^{-1}$$

quel que soit $x \in \mathfrak{g}$.

2) Pour tout $i \in I$, soit ρ_i une représentation de $\mathfrak{g}$ dans M_i. Soit M le $\mathfrak{g}$-module somme directe des $\mathfrak{g}$-modules M_i. Il lui correspond une représentation ρ de $\mathfrak{g}$ dans M, appelée *somme directe* des

ρ_i et notée $\sum_{i \in I} \rho_i$ (où $\rho_1 + \cdots + \rho_n$ dans le cas de n représentations $\rho_1, \ldots, \rho_n$). Si $m = (m_i)_{i \in I}$ est un élément de M, et si $x \in \mathfrak{g}$, on a $\rho(x).m = (\rho_i(x).m_i)_{i \in I}$.

3) Une représentation ρ de $\mathfrak{g}$ dans M est dite *simple* ou *irréductible* si le $\mathfrak{g}$-module associé est simple. Il revient au même de dire qu'il n'existe pas de sous-K-module de M (autre que $\{0\}$ et M) stable pour tous les $\rho(x)$, $x \in \mathfrak{g}$. Une classe de $\mathfrak{g}$-modules simples (*Alg.*, chap. VIII, § 3, n° 2) définit une *classe de représentations simples de* $\mathfrak{g}$.

4) Une représentation ρ de $\mathfrak{g}$ dans M est dite *semi-simple* ou *complètement réductible* si le $\mathfrak{g}$-module associé est semi-simple. Il revient au même de dire que ρ est semblable à une somme directe de représentations simples, ou que tout sous-K-module de M stable pour les $\rho(x)$ ($x \in \mathfrak{g}$) possède un supplémentaire stable pour les $\rho(x)$ ($x \in \mathfrak{g}$) (cf. *Alg.*, chap. VIII, § 3, n° 3).

5) Soit $\mathcal{S}$ une classe de représentations simples de $\mathfrak{g}$, correspondant à une classe C de $\mathfrak{g}$-modules simples. Soit d'autre part ρ une représentation de $\mathfrak{g}$ dans M. Le composant isotypique M_C d'espèce C du $\mathfrak{g}$-module M (*Alg.*, chap. VIII, § 3, n° 4) s'appelle aussi le *composant isotypique d'espèce* $\mathcal{S}$ *de* M. Ce composant est la somme des sous-K-modules de M stables pour les $\rho(x)$ et dans lesquels les $\rho(x)$ induisent une représentation de classe $\mathcal{S}$; il est somme directe de certains de ces sous-modules ; si M_C est de longueur n, on dit que ρ *contient* n *fois* $\mathcal{S}$. La somme des différents M_C est directe ; elle est égale à M si et seulement si ρ est semi-simple.

6) Soient ρ, ρ' deux représentations de $\mathfrak{g}$. On dit que ρ' est une *sous-représentation* (resp. une *représentation quotient*) de ρ si le module de ρ' est un sous-module (resp. un module quotient) du module de ρ.

Soit M un K-module. La représentation nulle de $\mathfrak{g}$ dans M définit sur M une structure de $\mathfrak{g}$-module. Muni de cette structure, M est appelé un $\mathfrak{g}$-module *trivial*.

Soit M un $\mathfrak{g}$-module. Les $\mathfrak{g}$-modules quotients des sous-$\mathfrak{g}$-modules de M sont aussi les sous-$\mathfrak{g}$-modules des modules quotients de M : ils s'obtiennent en considérant deux sous-$\mathfrak{g}$-modules U, U′ de M tels que $U \supset U'$ et en formant le $\mathfrak{g}$-module U/U'. Ceci posé, si tous les modules simples du type précédent sont isomorphes à un $\mathfrak{g}$-module simple donné N, on dit que M est un $\mathfrak{g}$-module *pur d'espèce* N. Si ρ et σ sont les représentations de $\mathfrak{g}$ correspondant à M et N, on dit aussi que ρ est *pure d'espèce* σ.

Soit M′ un sous-$\mathfrak{g}$-module de M. Pour que M soit pur d'espèce N, il faut et il suffit que M′ et M/M' soient purs d'espèce N. En effet, la condition est évidemment nécessaire. Supposons-la vérifiée, et soient U, U′ des sous-$\mathfrak{g}$-modules de M tels que $U' \subset U$ et que U/U' soit simple ; soit φ l'homomorphisme canonique de M sur M/M' ; si $\varphi(U) \neq \varphi(U')$, U/U' est isomorphe à $\varphi(U)/\varphi(U')$, donc isomorphe à N ; si $\varphi(U) = \varphi(U')$, on a $U \subset U' + M'$, donc U/U' est isomorphe à un sous-module simple de $(U' + M')/U'$, et ce dernier module est lui-même isomorphe à $M'/(U' \cap M')$; donc U/U' est encore isomorphe à N, de sorte que M est pur d'espèce N.

Soit toujours M un $\mathfrak{g}$-module, et supposons que l'ensemble des sous-$\mathfrak{g}$-modules de M qui sont purs d'espèce N admette un élément maximal M′. Alors, tout sous-module M″ de M qui est pur d'espèce N est contenu dans M′. En effet, $M''/(M' \cap M'')$ et M′ sont purs d'espèce N, donc $M' + M''$ est pur d'espèce N d'après ce qui précède, donc $M' + M'' \subset M'$.

Supposons que le $\mathfrak{g}$-module M admette une suite de Jordan-Hölder $(M_i)_{0 \leqslant i \leqslant n}$. Pour que M soit pur d'espèce N, il faut et il suffit que $M_0/M_1, M_1/M_2, \ldots, M_{n-1}/M_n$ soient isomorphes à N ; en effet, la condition est évidemment nécessaire ; sa suffisance résulte aussitôt, par récurrence sur n, de ce qu'on a vu plus haut.

Proposition 1. — *Soient* $\mathfrak{g}$ *une algèbre de Lie sur* K, *et* $\mathfrak{a}$ *un idéal de* $\mathfrak{g}$. *Soient* M *un* $\mathfrak{g}$-*module, et* N *un* $\mathfrak{a}$-*module simple. Considérons* M *comme un* $\mathfrak{a}$-*module et supposons que l'ensemble des sous-*$\mathfrak{a}$-*modules de* M *qui sont purs d'espèce* N *admette un élément maximal* M′. *Alors* M′ *est un sous-*$\mathfrak{g}$-*module de* M.

Soit $y \in \mathfrak{g}$. Soient φ l'application canonique de M sur M/M', et f l'application $m \mapsto \varphi(y_M . m)$ de M′ dans M/M'. Il suffit de montrer que $f(M') = \{0\}$. Soit $x \in \mathfrak{a}$. Pour $m \in M$, on a

$$x_{M/M'} . f(m) = \varphi(x_M y_M . m) = \varphi(y_M x_M . m) + \varphi([x, y]_M . m).$$

Or, $[x, y] \in \mathfrak{a}$, d'où $\varphi([x, y]_{\mathrm{M}} . m) = 0$; par ailleurs, $\varphi(y_{\mathrm{M}} x_{\mathrm{M}} . m) = f(x_{\mathrm{M}} . m)$. Donc $x_{\mathrm{M/M'}} . f(m) = f(x_{\mathrm{M}} . m)$. Il en résulte que $f(\mathrm{M}')$ est un sous-$\mathfrak{a}$-module de M/M' isomorphe à un quotient de M', donc pur d'espèce N ; d'où $f(\mathrm{M}') = \{ 0 \}$.

Corollaire. — *Soient* $\mathfrak{g}$ *une algèbre de Lie sur* K, *et* $\mathfrak{a}$ *un idéal de* $\mathfrak{g}$. *Soit* M *un* $\mathfrak{g}$*-module simple, de longueur finie en tant que* K*-module. Il existe un* $\mathfrak{a}$*-module simple* N *tel que* M *soit un* $\mathfrak{a}$*-module pur d'espèce* N.

Puisque le $\mathfrak{a}$-module M est de longueur finie, il existe un élément minimal N dans l'ensemble des sous-$\mathfrak{a}$-modules de M : c'est un sous-$\mathfrak{a}$-module simple de M. Le plus grand sous-$\mathfrak{a}$-module de M qui est pur d'espèce N est alors $\neq \{0\}$, et est un sous-$\mathfrak{g}$-module de M (prop. 1), donc est identique à M.

2. *Produit tensoriel de représentations*

Nous avons défini, au nº 1, la somme directe d'une famille de représentations de $\mathfrak{g}$. Nous allons maintenant définir d'autres opérations sur les représentations.

Soient $\mathfrak{g}_1$, $\mathfrak{g}_2$ deux algèbres de Lie sur K, et M_i un $\mathfrak{g}_i$-module ($i = 1, 2$). Soient U_i l'algèbre enveloppante de $\mathfrak{g}_i$, et σ_i l'application canonique de $\mathfrak{g}_i$ dans U_i. Alors M_i est un U_i -module à gauche, donc $\mathrm{M}_1 \otimes_{\mathrm{K}} \mathrm{M}_2$ est canoniquement muni d'une structure de $(\mathrm{U}_1 \otimes_{\mathrm{K}} \mathrm{U}_2)$-module à gauche. Or $\mathrm{U}_1 \otimes_{\mathrm{K}} \mathrm{U}_2$ est l'algèbre enveloppante de $\mathfrak{g}_1 \times \mathfrak{g}_2$, et l'application $(x_1, x_2) \mapsto \sigma_1(x_1) \otimes 1 + 1 \otimes \sigma_2(x_2)$ est l'application canonique de $\mathfrak{g}_1 \times \mathfrak{g}_2$ dans cette algèbre enveloppante (§ 2, nº 2). Donc il existe une structure de $(\mathfrak{g}_1 \times \mathfrak{g}_2)$-module sur $\mathrm{M} = \mathrm{M}_1 \otimes_{\mathrm{K}} \mathrm{M}_2$ telle que :

$$
\begin{aligned}
(1)\quad (x_1, x_2)_{\mathrm{M}} . (m_1 \otimes m_2) &= (\sigma_1(x_1) \otimes 1 + 1 \otimes \sigma_2(x_2)) . (m_1 \otimes m_2) \\
&= ((x_1)_{\mathrm{M}_1} . m_1) \otimes m_2 + m_1 \otimes ((x_2)_{\mathrm{M}_2} . m_2).
\end{aligned}
$$

Cette structure définit une représentation de $\mathfrak{g}_1 \times \mathfrak{g}_2$ dans M.

Si maintenant $\mathfrak{g}_1 = \mathfrak{g}_2 = \mathfrak{g}$, l'homomorphisme $x \mapsto (x, x)$ de $\mathfrak{g}$ dans $\mathfrak{g} \times \mathfrak{g}$, composé avec la représentation précédente, définit une représentation de $\mathfrak{g}$ dans M, donc une structure de $\mathfrak{g}$-module sur M, telle que :

(2) $$x_{\mathrm{M}}.(m_1 \otimes m_2) = (x_{\mathrm{M}_1}.m_1) \otimes m_2 + m_1 \otimes (x_{\mathrm{M}_2}.m_2).$$

Par un raisonnement analogue, on voit que :

PROPOSITION 2. — *Soient* $\mathfrak{g}$ *une algèbre de Lie sur* K, *et* M_i *un* $\mathfrak{g}$-*module* ($1 \leqslant i \leqslant n$). *Dans le produit tensoriel* $\mathrm{M}_1 \otimes_{\mathrm{K}} \mathrm{M}_2 \otimes \cdots \otimes_{\mathrm{K}} \mathrm{M}_n$ *il existe une structure de* $\mathfrak{g}$-*module et une seule telle que*

(3) $$x_{\mathrm{M}}.(m_1 \otimes \cdots \otimes m_n) = \sum_{i=1}^{n} m_1 \otimes \cdots \otimes (x_{\mathrm{M}_i}.m_i) \otimes \cdots \otimes m_n$$

quels que soient $x \in \mathfrak{g}$, $m_1 \in \mathrm{M}_1, \ldots, x_n \in \mathrm{M}_n$.

La représentation correspondante s'appelle le *produit tensoriel* des représentations données de $\mathfrak{g}$ dans les M_i.

En particulier, si M est un $\mathfrak{g}$-module, la prop. 2 définit une structure de $\mathfrak{g}$-module sur chaque $\mathrm{M}_p = \overset{p}{\bigotimes} \mathrm{M}$, donc dans l'algèbre tensorielle T de M.

La formule (3) montre que, pour tout $x \in \mathfrak{g}$, x_{T} est l'unique *dérivation* de l'algèbre T qui prolonge x_{M}. On sait (§ 2, n° 8) que x_{T} définit par passage aux quotients une dérivation de l'algèbre symétrique S de M. Donc S peut être considéré comme un $\mathfrak{g}$-module quotient de T, et les x_{S} sont des dérivations de S.

Plus particulièrement encore, considérons $\mathfrak{g}$ comme un $\mathfrak{g}$-module grâce à la représentation adjointe de $\mathfrak{g}$. Soit U l'algèbre enveloppante de $\mathfrak{g}$. D'après la prop. 7 du § 2, x_{M} définit par passage aux quotients une dérivation de U qui n'est autre que la dérivation intérieure définie par $\sigma(x)$ (σ désignant l'application canonique de $\mathfrak{g}$ dans U). Donc U peut être considéré comme un $\mathfrak{g}$-module quotient de T. Si K est un corps de caractéristique 0, l'isomorphisme canonique de S sur U est un isomorphisme de $\mathfrak{g}$-modules (§ 2, n° 8).

3. *Représentations dans des modules d'homomorphismes*

Soient encore $\mathfrak{g}_1$ et $\mathfrak{g}_2$ deux algèbres de Lie sur K, et M_i un $\mathfrak{g}_i$-module ($i = 1, 2$). Soient U_i l'algèbre enveloppante de $\mathfrak{g}_i$, et σ_i l'application canonique de $\mathfrak{g}_i$ dans U_i. Alors M_i est un U_i-module à gauche, donc $\mathcal{L}_K(M_1, M_2)$ est canoniquement muni d'une structure de $(U_1^0 \otimes U_2)$-module à gauche. Or, $U_1^0 \otimes_K U_2$ est l'algèbre enveloppante de $\mathfrak{g}_1^0 \times \mathfrak{g}_2$, et l'application

$$(x_1, x_2) \mapsto \sigma_1(x_1) \otimes 1 + 1 \otimes \sigma_2(x_2)$$

est l'application canonique de $\mathfrak{g}_1^0 \times \mathfrak{g}_2$ dans cette algèbre enveloppante. Donc il existe une structure de $(\mathfrak{g}_1^0 \times \mathfrak{g}_2)$-module sur $M = \mathcal{L}_K(M_1, M_2)$ telle que

$$\begin{aligned} ((x_1, x_2)_M . u) . m_1 &= ((\sigma_1(x_1) \otimes 1 + 1 \otimes \sigma_2(x_2)) . u) . m_1 \\ &= u((x_1)_{M_1} . m_1) + (x_2)_{M_2} . u(m_1) \end{aligned} \tag{4}$$

quels que soient $u \in \mathcal{L}_K(M_1, M_2)$, $m_1 \in M_1$. Cette structure définit une représentation de $\mathfrak{g}_1^0 \times \mathfrak{g}_2$ dans M.

Si maintenant $\mathfrak{g}_1 = \mathfrak{g}_2 = \mathfrak{g}$, l'homomorphisme $x \mapsto (-x, x)$ de $\mathfrak{g}$ dans $\mathfrak{g}^0 \times \mathfrak{g}$, composé avec la représentation précédente, définit une représentation de $\mathfrak{g}$ dans M, donc une structure de $\mathfrak{g}$-module sur M, telle que

$$(x_M . u) . m_1 = x_{M_2} . u(m_1) - u(x_{M_1} . m_1) \tag{5}$$

ou

$$x_M . u = x_{M_2} u - u x_{M_1}. \tag{6}$$

En combinant ce résultat avec la prop. 2, on voit que :

PROPOSITION 3. — *Soient* $\mathfrak{g}$ *une algèbre de Lie sur* K, *et* M_i *un* $\mathfrak{g}$-*module* $(1 \leqslant i \leqslant n + 1)$. *Soit* N *le* K-*module* $\mathcal{L}_K(M_1, \ldots, M_n ; M_{n+1})$ *des applications multilinéaires de* $\prod_{i=1}^{n} M_i$ *dans* M_{n+1}. *Il existe une structure de* $\mathfrak{g}$-*module et une seule sur* N *telle que*

$$\begin{aligned} (x_N . u)(m_1, \ldots, m_n) = &-\sum_{i=1}^{n} u(m_1, \ldots, x_{M_i} . m_i, \ldots, m_n) \\ &+ x_{M_{n+1}} . u(m_1, \ldots, m_n) \end{aligned} \tag{7}$$

quels que soient $x \in \mathfrak{g}$, $u \in N$ *et les* $m_i \in M_i$ $(1 \leqslant i \leqslant n)$.

En particulier, soient $\mathfrak{g}$ une algèbre de Lie sur K, M un $\mathfrak{g}$-module. Considérons d'autre part K comme un $\mathfrak{g}$-module trivial.

La prop. 3 définit dans $\mathscr{L}_K(M, K) = M^*$ une structure de g-module. La représentation correspondante est appelée représentation *duale* de la représentation $x \mapsto x_M$. On a :

$$(x_{M^*}.f)(m) = -f(x_M.m) \tag{8}$$

quels que soient $x \in \mathfrak{g}$, $f \in M^*$, $m \in M$. Autrement dit :

$$x_{M^*} = -{}^t x_M. \tag{9}$$

Lorsque K est un corps et que M est de dimension finie, le g-module M est simple (resp. semi-simple) si et seulement si le g-module M^* est simple (resp. semi-simple).

PROPOSITION 4. — *Soient* M_1, M_2 *deux* g-*modules. Les applications* K-*linéaires canoniques* (*Alg.*, chap. II, 3e éd., § 4, n° 2, prop. 2 et n° 1, prop. 1) :

$$M_1^* \otimes_K M_2 \xrightarrow{\varphi} \mathscr{L}_K(M_1, M_2), \qquad \mathscr{L}_K(M_1, M_2^*) \xrightarrow{\psi} (M_1 \otimes_K M_2)^*$$

(*où la deuxième est bijective*) *sont des homomorphismes de* g-*modules*.

Posons

$$N = M_1^* \otimes M_2, \ P = \mathscr{L}(M_1, M_2), \ Q = \mathscr{L}(M_1, M_2^*), \ R = (M_1 \otimes M_2)^*.$$

On a, pour $x \in \mathfrak{g}$, $f \in M_1^*$, $m_1 \in M_1$, $m_2 \in M_2$,

$$\begin{aligned}
((\varphi x_N)(f \otimes m_2)).m_1 &= (\varphi(x_{M_1^*}f \otimes m_2 + f \otimes x_{M_2}m_2)).m_1 \\
&= \langle x_{M_1^*}f, m_1 \rangle m_2 + \langle f, m_1 \rangle x_{M_2}m_2 \\
((x_P\varphi)(f \otimes m_2)).m_1 &= x_{M_2}(\varphi(f \otimes m_2).m_1) - \varphi(f \otimes m_2)(x_{M_1}m_1) \\
&= \langle f, m_1 \rangle x_{M_2}m_2 - \langle f, x_{M_1}m_1 \rangle m_2
\end{aligned}$$

donc $\varphi x_N = x_P \varphi$. D'autre part, pour $x \in \mathfrak{g}$, $u \in \mathscr{L}(M_1, M_2^*)$, $m_1 \in M_1$, $m_2 \in M_2$, on a :

$$\begin{aligned}
(\psi x_Q u)(m_1 \otimes m_2) &= \langle (x_Q u).m_1, m_2 \rangle = \langle x_{M_2^*}um_1 - ux_{M_1}m_1, m_2 \rangle \\
(x_R \psi u)(m_1 \otimes m_2) &= -\langle \psi u, x_{M_1}m_1 \otimes m_2 + m_1 \otimes x_{M_2}m_2 \rangle \\
&= -\langle ux_{M_1}m_1, m_2 \rangle - \langle um_1, x_{M_2}m_2 \rangle
\end{aligned}$$

donc $\psi x_Q = x_R \psi$, ce qui achève la démonstration.

On identifie les g-modules $\mathscr{L}(M_1, M_2^*)$ et $(M_1 \otimes M_2)^*$ par l'isomorphisme ψ. Si M_1 et M_2 ont des bases finies, φ est un isomorphisme (*Alg.*, chap. II, 3e éd., § 4, nº 2, prop. 2), qui permet d'identifier les $\mathfrak{g}$-modules $M_1^* \otimes M_2$ et $\mathscr{L}(M_1, M_2)$; dans ce cas, on peut donc identifier les $\mathfrak{g}$-modules $M_1^* \otimes M_2^*$, $\mathfrak{L}(M_1, M_2^*)$ et $(M_1 \otimes M_2)^*$.

4. *Exemples*

Exemple 1. — Soient $\mathfrak{g}$ une algèbre de Lie sur K, M un $\mathfrak{g}$-module. La structure de $\mathfrak{g}$-module de M et la structure de $\mathfrak{g}$-module trivial de K définissent une structure de $\mathfrak{g}$-module sur le K-module $N = \mathfrak{L}(M, M; K)$ des formes bilinéaires sur M. On a

$$(x_N.\beta)(m, m') = -\beta(x_M.m, m') - \beta(m, x_M.m') \tag{10}$$

quels que soient $x \in \mathfrak{g}$, m, m' dans M, $\beta \in N$. Si β est un élément donné de N, l'ensemble des $x \in \mathfrak{g}$ tels que $x_N.\beta = 0$ est une sous-algèbre de $\mathfrak{g}$.

Soient M un K-module, β une forme bilinéaire sur M. D'après ce qui précède, l'ensemble des $x \in \mathfrak{gl}(M)$ tels que

$$\beta(x.m, m') + \beta(m, x.m') = 0$$

quels que soient $m \in M$ et $m' \in M$ est une sous-algèbre de Lie de $\mathfrak{gl}(M)$. Supposons que K soit un corps, que M soit de dimension finie sur K, et que β soit non dégénérée. Alors, tout $x \in \mathfrak{gl}(M)$ admet un adjoint à gauche x^* partout défini (relativement à β), et la sous-algèbre considérée est l'ensemble des $x \in \mathfrak{gl}(M)$ tels que $x^* = -x$. On peut construire par ce procédé deux exemples importants d'algèbres de Lie :

a) Prenons $M = K^n$, et

$$\beta((\xi_1, \ldots, \xi_n), (\eta_1, \ldots, \eta_n)) = \xi_1\eta_1 + \cdots + \xi_n\eta_n.$$

Identifions canoniquement $\mathfrak{gl}(K^n)$ à $\mathbf{M}_n(K)$. Alors, l'algèbre de Lie obtenue est l'algèbre de Lie des matrices antisymétriques. *(Lorsque $K = \mathbf{R}$, cette algèbre est l'algèbre de Lie du groupe orthogonal $\mathbf{O}(n, \mathbf{R})$).*

b) Prenons $M = K^{2m}$, et

$$\beta((\xi_1, \ldots, \xi_{2m}), (\eta_1, \ldots, \eta_{2m})) = \xi_1\eta_{m+1} - \eta_1\xi_{m+1} + \cdots + \xi_m\eta_{2m} - \eta_m\xi_{2m}.$$

La matrice de β par rapport à la base canonique de K^{2m} est la matrice $\begin{pmatrix} 0 & I_m \\ -I_m & 0 \end{pmatrix}$. Soit $U = \begin{pmatrix} A & B \\ C & D \end{pmatrix}$ la matrice par rapport à la base canonique de K^{2m} d'un élément u de $\mathfrak{gl}(M)$ (A, B, C, D dans $\mathbf{M}_m(K)$). D'après la formule (50) d'*Alg.*, chap. IX, § 1, n° 10, u^* admet par rapport à la même base la matrice

$$\begin{pmatrix} 0 & -I_m \\ I_m & 0 \end{pmatrix}\begin{pmatrix} {}^tA & {}^tC \\ {}^tB & {}^tD \end{pmatrix}\begin{pmatrix} 0 & I_m \\ -I_m & 0 \end{pmatrix} = \begin{pmatrix} {}^tD & -{}^tB \\ -{}^tC & {}^tA \end{pmatrix}.$$

La condition $u^* = -u$ équivaut donc aux conditions

$$D = -{}^tA \qquad B = {}^tB \qquad C = {}^tC.$$

Lorsque $K = \mathbf{R}$, l'algèbre de Lie obtenue est l'algèbre de Lie du groupe symplectique $\mathbf{Sp}(2m, \mathbf{R})$.

Exemple 2. — Conservons les notations de l'exemple 1.

La structure de $\mathfrak{g}$-module de M définit dans le K-module $P = \mathcal{L}_K(M, M)$ des endomorphismes de M une structure de $\mathfrak{g}$-module. D'après (6), on a, quels que soient $x \in \mathfrak{g}$, et $u \in P$:

(11) $$x_P . u = [x_M, u] = (\operatorname{ad} x_M) . u$$

ad x_M désignant l'image de x_M dans la représentation adjointe de $\mathfrak{gl}(M)$. Autrement dit :

(12) $$x_P = \operatorname{ad} x_M$$

dans $\mathcal{L}(\mathcal{L}(M, M)) = \mathcal{L}(\mathfrak{gl}(M))$.

5. *Éléments invariants*

DÉFINITION 3. — *Soient* $\mathfrak{g}$ *une algèbre de Lie,* M *un* $\mathfrak{g}$*-module. Un élément* $m \in M$ *est dit invariant (pour la structure de* $\mathfrak{g}$*-module de* M*, ou pour la représentation correspondante de* $\mathfrak{g}$*) si* $x_M . m = 0$ *pour tout* $x \in \mathfrak{g}$.

Soient G un groupe de Lie réel connexe, $\mathfrak{g}$ son algèbre de Lie, θ une représentation analytique de G dans un espace vectoriel réel E de dimension finie, ρ la représentation correspondante de $\mathfrak{g}$ dans E. Soit $m \in E$. L'élément m est invariant pour ρ si et seulement si $\theta(g) . m = m$ quel que soit $g \in G$. Ceci justifie l'emploi du mot « invariant ».

Exemple 1. — Soient M, N deux $\mathfrak{g}$-modules, et $P = \mathcal{L}_K(M, N)$. Pour qu'un élément f de P soit invariant, il faut et il suffit, d'après (6), que f soit un homomorphisme du $\mathfrak{g}$-module M dans le $\mathfrak{g}$-module N. En particulier, si $M = N$ et $x_M = x_N$ pour tout $x \in \mathfrak{g}$, f est invariant si et seulement si f est permutable aux x_M.

Exemple 2. — Soit M un K-module admettant une base finie. Si M est muni d'une structure de $\mathfrak{g}$-module, $\mathcal{L}(M, M)$ et $M^* \otimes M$ sont munis de structures de $\mathfrak{g}$-modules, et l'application canonique de $M^* \otimes M$ dans $\mathcal{L}(M, M)$ est un isomorphisme de $\mathfrak{g}$-modules (prop. 4). Comme $1 \in \mathcal{L}(M, M)$ est évidemment un invariant (cf. exemple 1), l'élément correspondant u de $M^* \otimes M$ est un invariant. Si $(e_i)_{1 \leqslant i \leqslant n}$ est une base de M, et si $(e_i^*)_{1 \leqslant i \leqslant n}$ est la base duale, on a $u = \sum_{i=1}^{n} e_i^* \otimes e_i$.

Exemple 3. — Soit M un $\mathfrak{g}$-module. Soit β une forme bilinéaire sur M, et soit f l'élément correspondant de $\mathcal{L}(M, M^*)$. Pour que β soit invariante, il faut et il suffit que f soit un homomorphisme de $\mathfrak{g}$-modules (prop. 4 et exemple 1). Supposons que K soit un corps, et que $\dim_K M < +\infty$. Une forme bilinéaire β sur M invariante et *non dégénérée* définit un *isomorphisme* du $\mathfrak{g}$-module M sur le $\mathfrak{g}$-module M^*, donc un isomorphisme du $\mathfrak{g}$-module $M \otimes M$ sur le $\mathfrak{g}$-module $M^* \otimes M$. Ainsi, compte tenu de l'exemple 2, la donnée de β définit canoniquement un élément invariant c dans le $\mathfrak{g}$-module $M \otimes M$, qu'on peut construire de la manière suivante : soit $(e_i)_{1 \leqslant i \leqslant n}$ une base de M, $(e'_i)_{1 \leqslant i \leqslant n}$ la base de M telle que $\beta(e_i, e'_j) = \delta_{ij}$; alors $c = \sum_{i=1}^{n} e_i \otimes e'_i$.

PROPOSITION 5. — *Soient* $\mathfrak{g}$ *une* K-*algèbre de Lie,* $\mathfrak{h}$ *un idéal de* $\mathfrak{g}$, ρ *une représentation de* $\mathfrak{g}$ *dans* M, *et* ρ' *la restriction de* ρ *à* $\mathfrak{h}$. *Alors l'ensemble* N *des éléments de* M *invariants pour* ρ' *est stable pour* $\rho(\mathfrak{g})$.

En effet, soient $n \in N$ et $y \in \mathfrak{g}$; quel que soit $x \in \mathfrak{h}$, on a $[x, y] \in \mathfrak{h}$, donc $\rho(x)\rho(y)n = \rho([x, y])n + \rho(y)\rho(x)n = 0$; donc $\rho(y)n \in N$.

PROPOSITION 6. — *Soit* M *un* $\mathfrak{g}$-*module semi-simple. Alors le sous-module* M_0 *des éléments invariants de* M *admet un et un seul* *supplémentaire stable pour les x_M, à savoir le sous-module* M_1 *engendré par les* $x_M . m$ ($x \in \mathfrak{g}$, $m \in M$).

En effet, soit M′ un sous-module de M stable pour les x_M et supplémentaire de M_0 dans M. Pour tout $m \in M$, on a $m = m_0 + m'$ avec $m_0 \in M_0$, $m' \in M'$, donc $x_M m = x_M m' \in M'$. Donc $M_1 \subset M'$. Soit M_2 un sous-module de M′ stable pour les x_M et supplémentaire de M_1 dans M′. Pour tout $m \in M_2$, on a $x_M m \in M_2 \cap M_1 = \{0\}$ quel que soit $x \in \mathfrak{g}$, donc $m \in M_0$, donc $m = 0$. Donc $M_2 = \{0\}$, ce qui prouve que $M_1 = M'$.

6. Formes bilinéaires invariantes

Soit $\mathfrak{g}$ une algèbre de Lie sur K. La représentation adjointe de $\mathfrak{g}$ dans $\mathfrak{g}$ et la représentation nulle de $\mathfrak{g}$ dans K définissent dans le K-module $N = \mathfrak{L}(\mathfrak{g}, \mathfrak{g}\,;\, K)$ des formes bilinéaires sur $\mathfrak{g}$ une structure de $\mathfrak{g}$-module. On dit brièvement qu'une forme bilinéaire β sur $\mathfrak{g}$ est *invariante* si elle est invariante pour la représentation $x \mapsto x_N$. D'après la formule (10), la condition nécessaire et suffisante pour qu'il en soit ainsi est que :

$$\beta([x, y], z) = \beta(x, [y, z]) \tag{13}$$

quels que soient x, y, z dans $\mathfrak{g}$.

Maintenant, soit $\mathfrak{d}$ l'algèbre de Lie des dérivations de $\mathfrak{g}$. La représentation identique de $\mathfrak{d}$ et la représentation nulle de $\mathfrak{d}$ dans K définissent une représentation $D \mapsto D_N$ de $\mathfrak{d}$ dans N. On dit brièvement qu'une forme bilinéaire sur $\mathfrak{g}$ est *complètement invariante* si elle est invariante pour la représentation $D \mapsto D_N$. Une forme bilinéaire complètement invariante est invariante. Pour qu'une forme bilinéaire β sur $\mathfrak{g}$ soit complètement invariante, il faut et il suffit qu'on ait :

$$\beta(Dx, y) + \beta(x, Dy) = 0 \tag{14}$$

quels que soient x, y dans $\mathfrak{g}$ et $D \in \mathfrak{d}$.

PROPOSITION 7. — *Soient* $\mathfrak{g}$ *une algèbre de Lie,* β *une forme bilinéaire symétrique invariante sur* $\mathfrak{g}$, *et* $\mathfrak{a}$ *un idéal de* $\mathfrak{g}$.

a) *L'orthogonal* $\mathfrak{a}'$ *de* $\mathfrak{a}$ *pour* β *est un idéal de* $\mathfrak{g}$.

b) *Si* $\mathfrak{a}$ *est caractéristique, et si* β *est complètement invariante,* $\mathfrak{a}'$ *est caractéristique.*

c) *Si* β *est non dégénérée,* $\mathfrak{a} \cap \mathfrak{a}'$ *est commutatif.*

Soit D une dérivation de $\mathfrak{g}$. Supposons que $\mathfrak{a}$ soit stable pour D et que $\beta(\mathrm{D}x, y) + \beta(x, \mathrm{D}y) = 0$ pour x, y dans $\mathfrak{g}$. Alors, $z \in \mathfrak{a}'$ entraîne $\mathrm{D}z \in \mathfrak{a}'$, car pour tout $t \in \mathfrak{a}$, on a $\mathrm{D}t \in \mathfrak{a}$, donc $\beta(\mathrm{D}z, t) = -\beta(z, \mathrm{D}t) = 0$. Ainsi, $\mathfrak{a}'$ est stable pour D. Ceci établit *a*) et *b*).

Soit maintenant $\mathfrak{b}$ un idéal de $\mathfrak{g}$, et supposons que la restriction de β à $\mathfrak{b}$ soit nulle. Pour x, y dans $\mathfrak{b}$ et $z \in \mathfrak{g}$, on a $\beta([x, y], z) = \beta(x, [y, z]) = 0$, car $[y, z] \in \mathfrak{b}$. Ainsi, $[\mathfrak{b}, \mathfrak{b}]$ est orthogonal à $\mathfrak{g}$. Si β est non dégénérée, $\mathfrak{b}$ est donc commutatif. Ce résultat, appliqué à $\mathfrak{a} \cap \mathfrak{a}'$, prouve *c*).

Définition 4. — *Soient* $\mathfrak{g}$ *une* K*-algèbre de Lie,* M *un* $\mathfrak{g}$*-module. Supposons que* M*, considéré comme* K*-module, admette une base finie. On appelle forme bilinéaire associée au* $\mathfrak{g}$*-module* M *(ou à la représentation correspondante) la forme bilinéaire symétrique* $(x, y) \mapsto \mathrm{Tr}(x_{\mathrm{M}} y_{\mathrm{M}})$ *sur* $\mathfrak{g}$*. Si la représentation considérée est la représentation adjointe, la forme bilinéaire associée s'appelle la forme de Killing de* $\mathfrak{g}$.

Proposition 8. — *Soient* $\mathfrak{g}$ *une algèbre de Lie,* M *un* $\mathfrak{g}$*-module. Supposons que* M*, considéré comme* K*-module, admette une base finie. La forme bilinéaire associée à* M *est invariante.*

En effet, pour x, y, z dans $\mathfrak{g}$, on a :

$$\mathrm{Tr}([x, y]_{\mathrm{M}} z_{\mathrm{M}}) = \mathrm{Tr}(x_{\mathrm{M}} y_{\mathrm{M}} z_{\mathrm{M}}) - \mathrm{Tr}(y_{\mathrm{M}} x_{\mathrm{M}} z_{\mathrm{M}}) = \mathrm{Tr}(x_{\mathrm{M}} y_{\mathrm{M}} z_{\mathrm{M}}) - \mathrm{Tr}(x_{\mathrm{M}} z_{\mathrm{M}} y_{\mathrm{M}})$$
$$= \mathrm{Tr}(x_{\mathrm{M}} [y, z]_{\mathrm{M}}).$$

Proposition 9. — *Supposons que* K *soit un corps et que l'algèbre de Lie* $\mathfrak{g}$ *soit de dimension finie sur* K*. Soient* $\mathfrak{a}$ *un idéal de* $\mathfrak{g}$, β *la forme de Killing de* $\mathfrak{g}$*, et* β' *celle de* $\mathfrak{a}$*. Alors,* β' *est la restriction de* β *à* $\mathfrak{a}$.

En effet, soit u un endomorphisme de l'espace vectoriel $\mathfrak{g}$ qui laisse stable $\mathfrak{a}$. Soient v la restriction de u à $\mathfrak{a}$, et w l'endomorphisme de l'espace vectoriel $\mathfrak{g}/\mathfrak{a}$ déduit de u par passage au quotient. On a $\mathrm{Tr}\, u = \mathrm{Tr}\, v + \mathrm{Tr}\, w$ comme on le voit en prenant une base $(x_1, \ldots, x_n)$ de $\mathfrak{g}$ dont les p premiers éléments constituent une base de $\mathfrak{a}$. Ceci posé, soient $x \in \mathfrak{a}$, $y \in \mathfrak{a}$, et appliquons la formule précédente au cas où $u = (\mathrm{ad}_{\mathfrak{g}}\, x)(\mathrm{ad}_{\mathfrak{g}}\, y)$. On a $v = (\mathrm{ad}_{\mathfrak{a}}\, x)(\mathrm{ad}_{\mathfrak{a}}\, y)$, et $w = 0$. Donc $\beta(x, y) = \beta'(x, y)$.

PROPOSITION 10. — *Supposons que* K *soit un corps, et que l'algèbre de Lie* $\mathfrak{g}$ *soit de dimension finie sur* K. *La forme de Killing* β *de* $\mathfrak{g}$ *est complètement invariante.*

Soit D une dérivation de $\mathfrak{g}$. Il existe une algèbre de Lie $\mathfrak{g}'$ contenant $\mathfrak{g}$ comme idéal de codimension 1, et un élément x_0 de $\mathfrak{g}'$, tels que $\mathrm{D}x = [x_0, x]$ pour tout $x \in \mathfrak{g}$ (§ 1, n° 8, exemple 1). Soit β' la forme de Killing de $\mathfrak{g}'$. Pour x, y dans $\mathfrak{g}$, on a $\beta'([x, x_0], y) = \beta'(x, [x_0, y])$, c'est-à-dire $\beta'(\mathrm{D}x, y) + \beta'(x, \mathrm{D}y) = 0$. Or, la restriction de β' à $\mathfrak{g}$ est β (prop. 9). D'où la proposition.

7. *Élément de Casimir*

PROPOSITION 11. — *Soient* $\mathfrak{g}$ *une algèbre de Lie sur un corps* K, U *son algèbre enveloppante,* $\mathfrak{h}$ *un idéal de dimension finie de* $\mathfrak{g}$, *et* β *une forme bilinéaire invariante sur* $\mathfrak{g}$, *dont la restriction à* $\mathfrak{h}$ *soit non dégénérée. Soient* $(e_i)_{1 \leqslant i \leqslant n}$, $(e'_j)_{1 \leqslant j \leqslant n}$ *deux bases de* $\mathfrak{h}$ *telles que* $\beta(e_i, e'_j) = \delta_{ij}$. *Alors l'élément* $c = \sum_{i=1}^{n} e_i e'_i$ *de* U *appartient au centre de* U *et est indépendant du choix de la base* (e_i).

Pour $x \in \mathfrak{g}$, soit $x_{\mathfrak{h}}$ la restriction à $\mathfrak{h}$ de $\mathrm{ad}_{\mathfrak{g}}\, x$. Alors, $x \mapsto x_{\mathfrak{h}}$ est une représentation de $\mathfrak{g}$ dans l'espace $\mathfrak{h}$, et la restriction β' de β à $\mathfrak{h}$ est invariante pour cette représentation. D'après le n° 5, exemple 3, le tenseur $\sum_{i=1}^{n} e_i \otimes e'_i$ est indépendant du choix de la base (e_i), et est un élément invariant de l'algèbre tensorielle de $\mathfrak{h}$. C'est aussi un élément de l'algèbre tensorielle T de $\mathfrak{g}$, invariant pour la représentation déduite de la représentation adjointe de $\mathfrak{g}$. Son image canonique dans U, c'est-à-dire c, est donc indépendante du choix de la base (e_i), et est un invariant pour la représentation de $\mathfrak{g}$ dans U considérée à la fin du n° 2. Cet élément est donc permutable à tout élément de $\mathfrak{g}$, et par suite appartient au centre de U.

Lorsque β est la forme bilinéaire associée à un $\mathfrak{g}$-module M, on dit que l'élément c de la proposition 11 est l'*élément de Casimir* associé à M (ou à la représentation correspondante). Cet élément existe si la restriction de β à $\mathfrak{h}$ est non dégénérée.

Proposition 12. — *Soient* $\mathfrak{g}$ *une algèbre de Lie sur un corps* K, $\mathfrak{h}$ *un idéal de dimension finie* n *de* $\mathfrak{g}$, *et* M *un* $\mathfrak{g}$*-module de dimension finie sur* K. *Soit* c *l'élément de Casimir (supposé exister) associé à* M *et* $\mathfrak{h}$.

a) *On a* $\mathrm{Tr}\,(c_M) = n$.

b) *Si* M *est simple, et si* n *n'est pas divisible par la caractéristique de* K, c_M *est un automorphisme de* M.

Reprenant les notations de la prop. 11, on a $\mathrm{Tr}\,(c_M) = \sum_{i=1}^{n} \mathrm{Tr}\,((e_i)_M(e'_i)_M) = \sum_{i=1}^{n} \beta(e_i, e'_i) = n$. Donc, si n n'est pas divisible par la caractéristique de K, $c_M \neq 0$. D'autre part, comme c appartient au centre de U, c_M est permutable à tous les x_M, $x \in \mathfrak{g}$. Si de plus M est simple, c_M est donc inversible dans $\mathcal{L}(M)$ (*Alg.*, chap. VIII, § 4, n° 3, prop. 2).

8. *Extension de l'anneau de base*

Soient K_1 un anneau commutatif à élément unité, φ un homomorphisme de K dans K_1 transformant 1 en 1. Soient $\mathfrak{g}$ une K-algèbre de Lie, U son algèbre enveloppante, et M un $\mathfrak{g}$-module à gauche, c'est-à-dire un U-module à gauche. Alors, $M_{(K_1)}$ est canoniquement muni d'une structure de $U_{(K_1)}$-module à gauche, donc de $\mathfrak{g}_{(K_1)}$-module à gauche. Soient ρ et $\rho_{(K_1)}$ les représentations de $\mathfrak{g}$ et $\mathfrak{g}_{(K_1)}$ correspondant à M et $M_{(K_1)}$: on dit que $\rho_{(K_1)}$ se déduit de ρ par *extension de l'anneau de base*, et on peut appliquer les résultats d'*Alg.*, chap. VIII, § 13, n° 4. Si $x \in \mathfrak{g}$, $\rho_{(K_1)}(x)$ n'est autre que l'endomorphisme $\rho(x) \otimes 1$ de $M_{(K_1)} = M \otimes_K K_1$.

Supposons que K soit un corps, que K_1 soit une extension de K, et que φ soit l'injection canonique de K dans K_1. Soient V et V′ des sous-espaces vectoriels de M. Soit $\mathfrak{a}$ le sous-espace vectoriel de $\mathfrak{g}$ formé des $x \in \mathfrak{g}$ tels que $\rho(x)(V) \subset V'$. Soit $\mathfrak{a}'$ le sous-espace vectoriel de $\mathfrak{g}_{(K_1)}$ formé des $x' \in \mathfrak{g}_{(K_1)}$ tels que $\rho_{(K_1)}(x')(V_{(K_1)}) \subset V'_{(K_1)}$. Alors, $\mathfrak{a}' = \mathfrak{a}_{(K_1)}$. Il est clair en effet que $\mathfrak{a}_{(K_1)} \subset \mathfrak{a}'$. Soit maintenant

$x' \in \mathfrak{a}'$. On peut écrire $x' = \sum_{i=1}^{n} \lambda_i x_i$, où les x_i sont dans $\mathfrak{g}$, et où les λ_i sont des éléments de K_1 linéairement indépendants sur K. Pour tout $u \in V$, on a $\rho(x').u \in V'_{(K_1)}$, c'est-à-dire $\sum_{i=1}^{n} \lambda_i \rho(x_i).u \in V'_{(K_1)}$, d'où $\rho(x_i).u \in V'$, donc $x_i \in \mathfrak{a}$ et $x' \in \mathfrak{a}_{(K_1)}$. Ceci montre bien que $\mathfrak{a}' = \mathfrak{a}_{(K_1)}$. En particulier, le *centre* de $\mathfrak{g}_{(K_1)}$ se déduit du centre de $\mathfrak{g}$ par extension de K à K_1 : il suffit d'appliquer ce qui précède à la représentation adjointe de $\mathfrak{g}$. Il en résulte que $\mathcal{C}_p(\mathfrak{g}_{(K_1)}) = (\mathcal{C}_p\mathfrak{g})_{(K_1)}$ pour tout p. De même, soient $\mathfrak{h}$ une sous-algèbre de $\mathfrak{g}$, et $\mathfrak{n}$ le *normalisateur* de $\mathfrak{h}$ dans $\mathfrak{g}$. Alors, le normalisateur de $\mathfrak{h}_{(K_1)}$ dans $\mathfrak{g}_{(K_1)}$ est $\mathfrak{n}_{(K_1)}$.

Soient K, K_1, $\mathfrak{g}$, ρ, M comme dans l'alinéa précédent. Soient $\mathfrak{b}$ un sous-espace vectoriel de $\mathfrak{g}$, et W un sous-espace vectoriel de M. Soit V le sous-espace vectoriel de M formé des $m \in M$ tels que $\rho(\mathfrak{b}).m \subset W$. Soit V' le sous-espace vectoriel de $M_{(K_1)}$ formé des $m' \in M_{(K_1)}$ tels que $\rho_{(K_1)}(\mathfrak{b}_{(K_1)}).m' \subset W_{(K_1)}$. On voit comme ci-dessus que $V' = V_{(K_1)}$. En particulier, le sous-espace vectoriel des *invariants* de $M_{(K_1)}$ se déduit du sous-espace vectoriel des invariants de M par extension du corps de base de K à K_1.

Soient K, K_1 et φ comme au début de ce n°. Soient $\mathfrak{g}$ une K-algèbre de Lie, M et N des $\mathfrak{g}$-modules. Si M et N sont des $\mathfrak{g}$-modules isomorphes, $M_{(K_1)}$ et $N_{(K_1)}$ sont des $\mathfrak{g}_{(K_1)}$-modules isomorphes. Inversement :

PROPOSITION 13. — *Soient* K *un corps*, K_1 *une extension de* K, $\mathfrak{g}$ *une* K*-algèbre de Lie*, M, N *deux* $\mathfrak{g}$*-modules de dimension finie sur* K. *Si* $M_{(K_1)}$ *et* $N_{(K_1)}$ *sont des* $\mathfrak{g}_{(K_1)}$*-modules isomorphes*, M *et* N *sont des* $\mathfrak{g}$*-modules isomorphes*.

La démonstration se fait en deux étapes.

1° Supposons d'abord que K_1 soit une extension de K de *degré fini n*. Soit U l'algèbre enveloppante de $\mathfrak{g}$, de sorte que l'algèbre enveloppante de $\mathfrak{g}_{(K_1)}$ est $U_{(K_1)} = U \otimes_K K_1$ (§ 2, n° 9). Étant isomorphes en tant que $U_{(K_1)}$-modules, $M_{(K_1)}$ et $N_{(K_1)}$ le sont *a fortiori* en tant que U-modules ; mais en tant que U-modules, ils sont respectivement isomorphes à M^n et N^n. Or, M et N sont des U-modules de longueur finie ; M (resp. N) est donc somme directe d'une famille $(P_i^{r_i})_{1 \leqslant i \leqslant p}$ (resp. $(Q_j^{s_j})_{1 \leqslant j \leqslant q}$) de sous-modules tels que les P_i (resp. Q_j) soient indécomposables et deux P_i (resp. Q_j) d'indices distincts non isomorphes (*Alg.*, chap. VIII, § 2, nº 2, th. 1). Alors M^n (resp. N^n) est isomorphe à la somme directe des $P_i^{nr_i}$ (resp. $Q_j^{ns_j}$) ; on en conclut (*loc. cit.*) que $p = q$ et qu'après permutation éventuelle des Q_j on a $nr_i = ns_i$ et P_i est isomorphe à Q_i pour $1 \leqslant i \leqslant p$, donc M isomorphe à N.

2º *Cas général.* Soient P le $\mathfrak{g}$-module $\mathcal{L}_K(M, N)$ et Q le sous-espace des invariants de P, c'est-à-dire l'ensemble des homomorphismes du $\mathfrak{g}$-module M dans le $\mathfrak{g}$-module N. Dans le $\mathfrak{g}_{(K_1)}$-module $\mathcal{L}_{K_1}(M_{(K_1)}, N_{(K_1)}) = (\mathcal{L}_K(M, N))_{(K_1)}$, le sous-espace des invariants est $Q_{(K_1)}$. L'hypothèse que $M_{(K_1)}$ et $N_{(K_1)}$ sont isomorphes entraîne que M et N ont même dimension sur K, et qu'il existe dans $Q_{(K_1)}$ un élément g qui est un isomorphisme de $M_{(K_1)}$ sur $N_{(K_1)}$. Soit $(f_1, \ldots, f_d)$ une base de Q sur K. Choisissons d'autre part des bases de M et N sur K. Si $\lambda_k \in K_1$ pour $1 \leqslant k \leqslant d$, la matrice de $f = \sum_{k=1}^{d} \lambda_k f_k$ par rapport à ces bases a un déterminant qui est un polynôme $D(\lambda_1, \ldots, \lambda_d)$ à coefficients *dans* K. Lorsque $f = g$, ce déterminant est non nul, donc les coefficients de D ne sont pas tous nuls. Par suite, si Ω est la clôture algébrique de K, il existe (puisque Ω est infini) des éléments $\mu_k \in \Omega$ $(1 \leqslant k \leqslant d)$ tels que $D(\mu_1, \ldots, \mu_d) \neq 0$ (*Alg.*, chap. IV, § 2, nº 5, prop. 8). Si K_2 est l'extension algébrique de K engendrée par les μ_k $(1 \leqslant k \leqslant d)$, on en conclut que $\sum_{k=1}^{d} \mu_k f_k$ est un isomorphisme de $M_{(K_2)}$ sur $N_{(K_2)}$; mais K_2 est de degré fini sur K (*Alg.*, chap. V, § 3, nº 2, prop. 5), donc M et N sont isomorphes en vertu de la première partie du raisonnement.

Soient à nouveau K, K_1 et φ comme au début de ce nº. Soit ρ une représentation de $\mathfrak{g}$ dans un K-module M possédant une base finie $(x_1, \ldots, x_n)$. Alors, la forme bilinéaire sur $\mathfrak{g}_{(K_1)}$ associée à $\rho_{(K_1)}$ se déduit de la forme bilinéaire associée à ρ par extension à K_1 de l'anneau de base (car, si $u \in \mathcal{L}_K(M)$, u a même matrice par rapport à $(x_1, \ldots, x_n)$ que $u \otimes 1$ par rapport à $(x_1 \otimes 1, \ldots, x_n \otimes 1)$, donc u et $u \otimes 1$ ont même trace). En particulier, si le K-module $\mathfrak{g}$ possède une base finie, la *forme de Killing* de $\mathfrak{g}_{(K_1)}$ se déduit de celle de $\mathfrak{g}$ par extension à K_1 de l'anneau de base.

§ 4. Algèbres de Lie nilpotentes

On rappelle que K *désigne désormais un corps commutatif. Dans toute la fin du chapitre, les algèbres de Lie sont supposées de dimension finie sur* K.

1. *Définition des algèbres de Lie nilpotentes*

Définition 1. — *Une algèbre de Lie* $\mathfrak{g}$ *est dite nilpotente s'il existe une suite finie décroissante d'idéaux* $(\mathfrak{g}_i)_{0 \leqslant i \leqslant p}$ *de* $\mathfrak{g}$, *avec* $\mathfrak{g}_0 = \mathfrak{g}$, $\mathfrak{g}_p = \{0\}$, *telle que* $[\mathfrak{g}, \mathfrak{g}_i] \subset \mathfrak{g}_{i+1}$ *pour* $0 \leqslant i < p$.

Une algèbre de Lie commutative est nilpotente.

Proposition 1. — *Soit* $\mathfrak{g}$ *une algèbre de Lie. Les conditions suivantes sont équivalentes :*

a) $\mathfrak{g}$ *est nilpotente ;*

b) $\mathcal{C}^k\mathfrak{g} = \{0\}$ *pour* k *assez grand ;*

c) $\mathcal{C}_k\mathfrak{g} = \mathfrak{g}$ *pour* k *assez grand ;*

d) *il existe un entier* k *tel que* $\mathrm{ad}\, x_1 \circ \mathrm{ad}\, x_2 \circ \cdots \circ \mathrm{ad}\, x_k = 0$ *quels que soient les éléments* $x_1, x_2, \ldots, x_k$ *dans* $\mathfrak{g}$;

e) *il existe une suite décroissante d'idéaux* $(\mathfrak{g}_i)_{0 \leqslant i \leqslant n}$ *de* $\mathfrak{g}$, *avec* $\mathfrak{g}_0 = \mathfrak{g}$, $\mathfrak{g}_n = \{0\}$, *telle que* $[\mathfrak{g}, \mathfrak{g}_i] \subset \mathfrak{g}_{i+1}$ *et* $\dim \mathfrak{g}_i/\mathfrak{g}_{i+1} = 1$ *pour* $0 \leqslant i < n$.

Si $\mathcal{C}^k\mathfrak{g} = \{0\}$ (resp. $\mathcal{C}_k\mathfrak{g} = \mathfrak{g}$), il est clair que la suite $\mathcal{C}^1\mathfrak{g}, \ldots, \mathcal{C}^k\mathfrak{g}$ (resp. $\mathcal{C}_k\mathfrak{g}, \mathcal{C}_{k-1}\mathfrak{g}, \ldots, \mathcal{C}_0\mathfrak{g}$) possède les propriétés de la définition 1, donc que $\mathfrak{g}$ est nilpotente. Réciproquement, supposons qu'il existe une suite $(\mathfrak{g}_i)_{0 \leqslant i \leqslant p}$ possédant les propriétés de la définition 1. On voit par récurrence sur i que $\mathfrak{g}_i \supset \mathcal{C}^{i+1}\mathfrak{g}$ et $\mathfrak{g}_{p-i} \subset \mathcal{C}_i\mathfrak{g}$. Donc $\mathcal{C}^{p+1}\mathfrak{g} = \{0\}$ et $\mathcal{C}_p\mathfrak{g} = \mathfrak{g}$. On a ainsi prouvé que les conditions *a*), *b*), *c*) sont équivalentes. D'autre part, $\mathcal{C}^i\mathfrak{g}$ est l'ensemble des combinaisons linéaires d'éléments de la forme

$$[x_1, [x_2, \ldots, [x_{i-2}, [x_{i-1}, x_i]] \ldots]]$$

quand $x_1, x_2, \ldots, x_i$ parcourent $\mathfrak{g}$. Donc les conditions *b*) et *d*) sont équivalentes. Enfin, s'il existe une suite $(\mathfrak{g}_i)_{0 \leqslant i \leqslant p}$ d'idéaux possédant les propriétés de la déf. 1, il existe une suite décroissante

$(\mathfrak{h}_i)_{0 \leqslant i \leqslant n}$ de sous-espaces vectoriels de $\mathfrak{g}$ de dimension n, $n-1$, $n-2, \ldots, 0$, et une suite d'indices $i_0 < i_1 < \cdots < i_p$ avec $\mathfrak{g}_0 = \mathfrak{h}_{i_0}$, $\mathfrak{g}_1 = \mathfrak{h}_{i_1}, \ldots, \mathfrak{g}_p = \mathfrak{h}_{i_p}$; alors, comme $[\mathfrak{g}, \mathfrak{h}_{i_k}] \subset \mathfrak{h}_{i_{k+1}}$, les $\mathfrak{h}_i$ sont des idéaux et $[\mathfrak{g}, \mathfrak{h}_i] \subset \mathfrak{h}_{i+1}$ pour tout i. Donc les conditions *a*) et *e*) sont équivalentes.

Corollaire 1. — *Le centre d'une algèbre de Lie nilpotente non nulle est non nul.*

Corollaire 2. — *La forme de Killing d'une algèbre de Lie nilpotente est nulle.*

En effet, quels que soient x et y dans une algèbre de Lie nilpotente, $\operatorname{ad} x \circ \operatorname{ad} y$ est nilpotent, donc de trace nulle.

Proposition 2. — *Une sous-algèbre, une algèbre quotient, une extension* centrale *d'une algèbre de Lie nilpotente sont nilpotentes. Un produit fini d'algèbres de Lie nilpotentes est une algèbre de Lie nilpotente.*

Soient $\mathfrak{g}$ une algèbre de Lie, $\mathfrak{g}'$ une sous-algèbre de $\mathfrak{g}$, $\mathfrak{h}$ un idéal de $\mathfrak{g}$, $\mathfrak{k} = \mathfrak{g}/\mathfrak{h}$, et φ l'application canonique de $\mathfrak{g}$ sur $\mathfrak{k}$. Si $\mathfrak{g}$ est nilpotente, on a $\mathcal{C}^k\mathfrak{g} = \{0\}$ pour un entier k, donc $\mathcal{C}^k\mathfrak{g}' \subset \mathcal{C}^k\mathfrak{g} = \{0\}$ et $\mathcal{C}^k\mathfrak{k} = \varphi(\mathcal{C}^k\mathfrak{g}) = \{0\}$, donc $\mathfrak{g}'$ et $\mathfrak{k}$ sont nilpotentes. Si $\mathfrak{k}$ est nilpotente et $\mathfrak{h}$ contenu dans le centre de $\mathfrak{g}$, on a $\mathcal{C}^k\mathfrak{k} = \{0\}$ pour un entier k, donc $\mathcal{C}^k\mathfrak{g} \subset \mathfrak{h}$, et par suite $\mathcal{C}^{k+1}\mathfrak{g} \subset [\mathfrak{h}, \mathfrak{g}] = \{0\}$, de sorte que $\mathfrak{g}$ est nilpotente. Enfin, l'assertion relative aux produits résulte par exemple de l'assertion *a*) $\Leftrightarrow$ *d*) de la prop. 1.

La définition 1 et la proposition 2 montrent que les algèbres de Lie nilpotentes sont exactement les algèbres obtenues à partir des algèbres de Lie commutatives par une suite d'extensions centrales.

Proposition 3. — *Soient* $\mathfrak{g}$ *une algèbre de Lie nilpotente,* $\mathfrak{h}$ *une sous-algèbre de* $\mathfrak{g}$ *distincte de* $\mathfrak{g}$. *Le normalisateur de* $\mathfrak{h}$ *dans* $\mathfrak{g}$ *est distinct de* $\mathfrak{h}$.

Soit k le plus grand entier tel que $\mathcal{C}^k\mathfrak{g} + \mathfrak{h} \neq \mathfrak{h}$. Alors, $[\mathcal{C}^k\mathfrak{g} + \mathfrak{h}, \mathfrak{h}] \subset \mathcal{C}^{k+1}\mathfrak{g} + \mathfrak{h} \subset \mathfrak{h}$, donc le normalisateur de $\mathfrak{h}$ dans $\mathfrak{g}$ contient $\mathcal{C}^k\mathfrak{g} + \mathfrak{h}$.

2. *Le théorème d'Engel*

Lemme 1. — *Soit* V *un espace vectoriel sur* K. *Si x est un endomorphisme nilpotent de* V, *l'application* $y \mapsto [x, y]$ *de* $\mathcal{L}(V)$ *dans* $\mathcal{L}(V)$ *est nilpotente.*

En effet, si f désigne cette application, $f^m(y)$ est une somme de termes de la forme $\pm x^i y x^j$ avec $i + j = m$. Si $x^k = 0$, on a donc $f^{2k-1}(y) = 0$ pour tout y.

Théorème 1 (*Engel*). — *Soient* V *un espace vectoriel sur* K, *et* $\mathfrak{g}$ *une sous-algèbre de dimension finie de* $\mathfrak{gl}(V)$, *dont les éléments sont des endomorphismes nilpotents de* V. *Si* $V \neq \{0\}$, *il existe un* $u \neq 0$ *dans* V *tel que* $x.u = 0$ *pour tout* $x \in \mathfrak{g}$.

La démonstration procède par récurrence sur la dimension n de $\mathfrak{g}$. Le théorème est évident si $n = 0$. Supposons-le vrai pour les algèbres de dimension $< n$.

Soit $\mathfrak{h}$ une sous-algèbre de Lie de $\mathfrak{g}$ de dimension $m < n$. Si $x \in \mathfrak{h}$, $\mathrm{ad}_{\mathfrak{g}}\, x$ applique $\mathfrak{h}$ dans lui-même et définit par passage au quotient un endomorphisme $\sigma(x)$ de l'espace $\mathfrak{g}/\mathfrak{h}$. D'après le lemme 1, $\mathrm{ad}_{\mathfrak{g}}\, x$ est nilpotent, donc $\sigma(x)$ est nilpotent. En vertu de l'hypothèse de récurrence, il existe un élément non nul de $\mathfrak{g}/\mathfrak{h}$ qui est annulé par tous les $\sigma(x)$, $x \in \mathfrak{h}$. Autrement dit, il existe $y \in \mathfrak{g}$, $y \notin \mathfrak{h}$, tel que $[x, y] \in \mathfrak{h}$ pour tout $x \in \mathfrak{h}$. Il en résulte que $\mathfrak{h}$ est un idéal dans une certaine sous-algèbre de dimension $m + 1$ de $\mathfrak{g}$.

On en conclut (par itération à partir de $\mathfrak{h} = \{0\}$) que $\mathfrak{g}$ possède un idéal $\mathfrak{h}$ de dimension $n - 1$. Soit $a \in \mathfrak{g}$, $a \notin \mathfrak{h}$. Faisons usage à nouveau de l'hypothèse de récurrence : les $u \in V$ tels que $x.u = 0$ pour tout $x \in \mathfrak{h}$ forment un sous-espace vectoriel non nul U de V. Ce sous-espace est stable pour a (§ 3, n° 5, prop. 5). Puisque a est un endomorphisme nilpotent de V, il existe un élément non nul de U qui est annulé par a, donc par tout élément de $\mathfrak{g}$.

Corollaire 1. — *Pour qu'une algèbre de Lie* $\mathfrak{g}$ *soit nilpotente, il faut et il suffit que, pour tout* $x \in \mathfrak{g}$, $\mathrm{ad}\, x$ *soit nilpotent.*

La condition est nécessaire (prop. 1). Supposons démontrée sa suffisance pour les algèbres de Lie de dimension $< n$ ($n \neq 0$). Soit $\mathfrak{g}$ une algèbre de Lie de dimension n telle que, pour tout

$x \in \mathfrak{g}$, ad x soit nilpotent. Le théorème 1, appliqué à l'ensemble des ad x ($x \in \mathfrak{g}$), prouve que le centre $\mathfrak{c}$ de $\mathfrak{g}$ est non nul. Alors, $\mathfrak{g}$ est extension centrale de l'algèbre de Lie $\mathfrak{g}/\mathfrak{c}$, qui est nilpotente d'après notre hypothèse de récurrence. On conclut en appliquant la prop. 2.

Corollaire 2. — *Soient* $\mathfrak{g}$ *une algèbre de Lie,* $\mathfrak{h}$ *un idéal de* $\mathfrak{g}$. *On suppose que* $\mathfrak{g}/\mathfrak{h}$ *est nilpotente et que, pour tout* $x \in \mathfrak{g}$, *la restriction à* $\mathfrak{h}$ *de* ad x *est nilpotente. Alors* $\mathfrak{g}$ *est nilpotente.*

Soit $x \in \mathfrak{g}$. Comme $\mathfrak{g}/\mathfrak{h}$ est nilpotente, il existe un entier k tel que $(\mathrm{ad}\, x)^k(\mathfrak{g}) \subset \mathfrak{h}$. Par hypothèse, il existe un entier k' tel que $(\mathrm{ad}\, x)^{k'}(\mathfrak{h}) = \{0\}$. Donc $(\mathrm{ad}\, x)^{k+k'} = \{0\}$. Le cor. 2 est donc une conséquence du cor. 1.

Corollaire 3. — *Soient* V *un espace vectoriel, et* $\mathfrak{g}$ *une sous-algèbre de dimension finie de* $\mathfrak{gl}(V)$ *dont les éléments sont des endomorphismes nilpotents de* V. *Alors,* $\mathfrak{g}$ *est une algèbre de Lie nilpotente.*

Ceci résulte aussitôt du lemme 1 et du cor. 1.

Exemple. — L'algèbre $\mathfrak{n}(n, K)$ (§ 1, nº 2, ex. 2, 3º) est nilpotente.

3. Le plus grand idéal de nilpotence d'une représentation

Lemme 2. — *Soient* $\mathfrak{g}$ *une algèbre de Lie,* $\mathfrak{a}$ *un idéal de* $\mathfrak{g}$, M *un* $\mathfrak{g}$*-module simple. Si, pour tout* $x \in \mathfrak{a}$, x_M *est nilpotent, alors* $x_M = 0$ *pour tout* $x \in \mathfrak{a}$.

En effet, soit N le sous-espace de M formé des $m \in M$ tels que $x_M . m = 0$ pour tout $x \in \mathfrak{a}$. D'après le th. 1, $N \neq \{0\}$. D'autre part, pour tout $y \in \mathfrak{g}$, N est stable pour y_M (§ 3, nº 5, prop. 5). Donc $N = M$, ce qui prouve le lemme.

Lemme 3. — *Soient* $\mathfrak{g}$ *une algèbre de Lie,* $\mathfrak{a}$ *un idéal de* $\mathfrak{g}$, M *un* $\mathfrak{g}$*-module de dimension finie sur* K *et* $(M_i)_{0 \leqslant i \leqslant n}$ *une suite de Jordan-Hölder du* $\mathfrak{g}$*-module* M. *Les conditions suivantes sont équivalentes :*

a) *pour tout* $x \in \mathfrak{a}$, x_M *est nilpotent ;*

b) *pour tout* $x \in \mathfrak{a}$, x_M *est dans le radical de l'algèbre associative* A *engendrée par* 1 *et les* y_M, *où* $y \in \mathfrak{g}$;

c) *pour tout* $x \in \mathfrak{a}$, *on a*

$$x_M(M_0) \subset M_1,\ x_M(M_1) \subset M_2, \ldots, x_M(M_{n-1}) \subset M_n.$$

Si ces conditions sont remplies, $\mathfrak{a}$ *est orthogonal à* $\mathfrak{g}$ *pour la forme bilinéaire associée au* $\mathfrak{g}$*-module* M.

b) ⇒ *a*) : comme A est de dimension finie sur K, le radical de A est un idéal nilpotent (*Alg.*, chap. VIII, § 6, n° 4, th. 3), donc tout élément de ce radical est nilpotent.

a) ⇒ *c*) : chaque $Q_i = M_i/M_{i+1}$ $(0 \leqslant i < n)$ est un $\mathfrak{g}$-module simple. Pour tout $x \in \mathfrak{a}$, l'endomorphisme x_{Q_i} (qui se déduit de x_M par restriction à M_i et passage au quotient) est nilpotent si la condition *a*) est satisfaite, donc nul d'après le lemme 2 ; autrement dit, $x_M(M_i) \subset M_{i+1}$.

c) ⇒ *b*) : supposons satisfaite la condition *c*) ; soient $x \in \mathfrak{a}$ et $z \in A$. On a $z(M_i) \subset M_i$ $(0 \leqslant i < n)$, donc $(zx_M)^n(M) = \{0\}$; ainsi Ax_M est un nilidéal à gauche de A, donc est contenu dans le radical de A (*Alg.*, chap. VIII, § 6, n° 3, cor. 3 du th. 1).

Enfin, supposons satisfaites les conditions *a*), *b*), *c*). Soient $x \in \mathfrak{a}$ et $y \in \mathfrak{g}$. On vient de voir que $y_M x_M$ est nilpotent, donc $\mathrm{Tr}(y_M x_M) = 0$, ce qui prouve la dernière assertion du lemme.

Proposition 4. — *Soient* $\mathfrak{g}$ *une algèbre de Lie,* M *un* $\mathfrak{g}$*-module de dimension finie sur* K, A *l'algèbre associative engendrée par* 1 *et l'ensemble des* x_M $(x \in \mathfrak{g})$.

a) *Les idéaux* $\mathfrak{a}$ *de* $\mathfrak{g}$, *tels que* x_M *soit nilpotent pour tout* $x \in \mathfrak{a}$, *sont tous contenus dans l'un d'eux,* $\mathfrak{n}$.

b) *L'idéal* $\mathfrak{n}$ *est l'ensemble des* $x \in \mathfrak{g}$ *tels que* x_M *appartienne au radical de* A.

c) *Soit* $(M_i)_{0 \leqslant i \leqslant n}$ *une suite de Jordan-Hölder du* $\mathfrak{g}$*-module* M ; *alors* $\mathfrak{n}$ *est aussi l'ensemble des* $x \in \mathfrak{g}$ *tels que* $(x)_{M_i/M_{i+1}} = 0$ *pour tout* i.

d) $\mathfrak{n}$ *est orthogonal à* $\mathfrak{g}$ *pour la forme bilinéaire associée à* ρ.

L'ensemble des $x \in \mathfrak{g}$ tels que x_M appartienne au radical de A est évidemment un idéal de $\mathfrak{g}$. La proposition résulte alors aussitôt du lemme 3.

Définition 2. — *L'idéal* $\mathfrak{n}$ *de la prop. 4 s'appelle le plus grand idéal de nilpotence pour le* $\mathfrak{g}$*-module* M, *ou le plus grand idéal de nilpotence de la représentation correspondante.*

Il est clair que $\mathfrak{n}$ contient le noyau de cette représentation. Il lui est égal quand M est semi-simple (prop. 4 *c*)), mais non en général. On prendra garde qu'un élément x de $\mathfrak{g}$ tel que x_M soit nilpotent n'appartient pas nécessairement à $\mathfrak{n}$.

Notons par ailleurs qu'un cas particulier du lemme 3 fournit aussitôt le résultat suivant :

Proposition 5. — *Soient* V *un espace vectoriel de dimension finie n sur* K, *et* $\mathfrak{g}$ *une sous-algèbre de Lie de* $\mathfrak{gl}(V)$ *dont les éléments sont des endomorphismes nilpotents de* V. *Alors, il existe une suite décroissante de sous-espaces vectoriels* $V_0, V_1, \ldots, V_n$ *de* V, *de dimensions* $n, n-1, \ldots, 0$, *tels que* $x(V_i) \subset V_{i+1}$ *pour tout* $x \in \mathfrak{g}$ *et tout* $i = 0, 1, \ldots, n-1$.

4. Le plus grand idéal nilpotent d'une algèbre de Lie

Soient $\mathfrak{g}$ une algèbre de Lie, $\mathfrak{a}$ un idéal de $\mathfrak{g}$. Pour que $\mathfrak{a}$ soit nilpotent, il faut et il suffit que, pour tout $x \in \mathfrak{a}$, $\mathrm{ad}_{\mathfrak{g}}\, x$ soit nilpotent ; la condition, évidemment suffisante, est nécessaire, car, si $\mathfrak{a}$ est nilpotent, et si $x \in \mathfrak{a}$, $\mathrm{ad}_{\mathfrak{a}}\, x$ est nilpotent et $\mathrm{ad}_{\mathfrak{g}}\, x$ applique $\mathfrak{g}$ dans $\mathfrak{a}$, donc $\mathrm{ad}_{\mathfrak{g}}\, x$ est nilpotent. Ceci posé, la prop. 4, appliquée à la représentation adjointe de $\mathfrak{g}$, fournit le résultat suivant :

Proposition 6. — *Soient* $\mathfrak{g}$ *une algèbre de Lie,* E *la sous-algèbre associative de* $\mathcal{L}(\mathfrak{g})$ *engendrée par* 1 *et les* $\mathrm{ad}_{\mathfrak{g}}\, x$ $(x \in \mathfrak{g})$. *Soit* R *le radical de* E.

a) *L'ensemble* $\mathfrak{n}$ *des* $y \in \mathfrak{g}$ *tels que* $\mathrm{ad}_{\mathfrak{g}}\, y \in R$ *est le plus grand idéal nilpotent de* $\mathfrak{g}$.

b) *Il est orthogonal à* $\mathfrak{g}$ *pour la forme de Killing.*

On prendra garde que $\mathfrak{g}/\mathfrak{n}$ peut avoir des idéaux nilpotents non nuls.

5. *Extension du corps de base*

Soient $\mathfrak{g}$ une K-algèbre de Lie, K_1 une extension de K, et $\mathfrak{g}' = \mathfrak{g}_{(K_1)}$. Comme $\mathcal{C}^k\mathfrak{g}' = (\mathcal{C}^k\mathfrak{g})_{(K_1)}$, $\mathfrak{g}$ est nilpotente si et seulement si $\mathfrak{g}'$ est nilpotente.

Soient M un $\mathfrak{g}$-module de dimension finie sur K, $\mathfrak{n}$ le plus grand idéal de nilpotence pour M, et $M' = M_{(K_1)}$. Soit $(M_i)_{0 \leqslant i \leqslant n}$ une suite de Jordan-Hölder du $\mathfrak{g}$-module M. On a $x_M(M_i) \subset M_{i+1}$ pour tout i et tout $x \in \mathfrak{n}$, donc $x'_{M'}((M_i)_{(K_1)}) \subset (M_{i+1})_{(K_1)}$ pour tout i et tout $x' \in \mathfrak{n}_{(K_1)}$; donc $x'_{M'}$ est nilpotent pour $x' \in \mathfrak{n}_{(K_1)}$, de sorte que $\mathfrak{n}_{(K_1)}$ est contenu dans le plus grand idéal de nilpotence $\mathfrak{n}'$ pour M'. Nous allons voir que, *si* K_1 *est séparable sur* K, *alors* $\mathfrak{n}' = \mathfrak{n}_{(K_1)}$. Soient E la K-algèbre associative engendrée par 1 et les x_M ($x \in \mathfrak{g}$), E' la K-algèbre associative engendrée par 1 et les $x'_{M'}$ ($x' \in \mathfrak{g}'$), R et R' les radicaux de E et E'. L'algèbre E' s'identifie canoniquement à $E_{(K_1)}$. On a $R' = R_{(K_1)}$ (*Alg.*, chap. VIII, § 7, n° 2, cor. 2 *c*) de la prop. 3). Ceci posé, soit $y' \in \mathfrak{n}'$, et écrivons $y' = \sum_{i=1}^{n} \lambda_i y_i$, où les y_i sont dans $\mathfrak{g}$ et où les $\lambda_i \in K_1$ sont linéairement indépendants sur K. On a $y'_{M'} = \sum_{i=1}^{n} \lambda_i (y_i)_{M'}$, et $y'_{M'} \in R' = R_{(K_1)}$. Donc $(y_i)_M \in R$, et par suite $y_i \in \mathfrak{n}$ pour tout i. On en conclut que $y' \in \mathfrak{n}_{(K_1)}$, d'où $\mathfrak{n}' \subset \mathfrak{n}_{(K_1)}$.

En particulier, si K_1 est séparable sur K, le plus grand idéal nilpotent de $\mathfrak{g}_{(K_1)}$ se déduit de celui de $\mathfrak{g}$ par extension de K à K_1 du corps de base.

§ 5. Algèbres de Lie résolubles

On rappelle que K *désigne désormais un corps de caractéristique* 0 *et que toutes les algèbres de Lie sont supposées de dimension finie sur* K [1].

[1] Le lecteur remarquera que l'hypothèse sur la caractéristique de K n'est pas employée dans les numéros 1 et 2 du présent paragraphe.

1. *Définition des algèbres de Lie résolubles*

DÉFINITION 1. — *Une algèbre de Lie* $\mathfrak{g}$ *est dite résoluble si sa* $k^{\text{ième}}$ *algèbre dérivée* $\mathcal{D}^k\mathfrak{g}$ *est nulle pour* k *assez grand.*

Une algèbre de Lie nilpotente est résoluble.

PROPOSITION 1. — *Une sous-algèbre, une algèbre quotient d'une algèbre de Lie résoluble sont résolubles. Toute extension d'une algèbre résoluble par une algèbre résoluble est résoluble. Tout produit fini d'algèbres résolubles est résoluble.*

Soient $\mathfrak{g}$ une algèbre de Lie, $\mathfrak{g}'$ une sous-algèbre, $\mathfrak{h}$ un idéal de $\mathfrak{g}$, $\mathfrak{k} = \mathfrak{g}/\mathfrak{h}$, et φ l'application canonique de $\mathfrak{g}$ sur $\mathfrak{k}$. Si $\mathfrak{g}$ est résoluble, on a $\mathcal{D}^k\mathfrak{g} = \{0\}$ pour un entier k, donc $\mathcal{D}^k\mathfrak{g}' \subset \mathcal{D}^k\mathfrak{g} = \{0\}$, et $\mathcal{D}^k\mathfrak{k} = \varphi(\mathcal{D}^k\mathfrak{g}) = \{0\}$, donc $\mathfrak{g}'$ et $\mathfrak{k}$ sont résolubles. Si $\mathfrak{h}$ et $\mathfrak{k}$ sont résolubles, il existe des entiers s, t tels que $\mathcal{D}^s\mathfrak{h} = \mathcal{D}^t\mathfrak{k} = \{0\}$; on a alors $\mathcal{D}^t\mathfrak{g} \subset \mathfrak{h}$, donc $\mathcal{D}^{s+t}\mathfrak{g} = \mathcal{D}^s(\mathcal{D}^t\mathfrak{g}) \subset \mathcal{D}^s\mathfrak{h} = \{0\}$, et $\mathfrak{g}$ est résoluble. La dernière assertion résulte de la deuxième par récurrence sur le nombre des facteurs.

PROPOSITION 2. — *Soit* $\mathfrak{g}$ *une algèbre de Lie. Les conditions suivantes sont équivalentes :*

a) $\mathfrak{g}$ *est résoluble* ;

b) *il existe une suite décroissante* $\mathfrak{g} = \mathfrak{g}_0 \supset \mathfrak{g}_1 \supset \cdots \supset \mathfrak{g}_n = \{0\}$ *d'idéaux de* $\mathfrak{g}$ *tels que les algèbres* $\mathfrak{g}_i/\mathfrak{g}_{i+1}$ *soient commutatives* $(i = 0, 1, \ldots, n-1)$;

c) *il existe une suite décroissante* $\mathfrak{g} = \mathfrak{g}'_0 \supset \mathfrak{g}'_1 \supset \cdots \supset \mathfrak{g}'_p = \{0\}$ *de sous-algèbres de* $\mathfrak{g}$ *telles que* $\mathfrak{g}'_{i+1}$ *soit un idéal dans* $\mathfrak{g}'_i$ *et que* $\mathfrak{g}'_i/\mathfrak{g}'_{i+1}$ *soit commutative* $(i = 0, 1, \ldots, p-1)$.

d) *Il existe une suite décroissante* $\mathfrak{g} = \mathfrak{g}''_0 \supset \mathfrak{g}''_1 \supset \cdots \supset \mathfrak{g}''_q = \{0\}$ *de sous-algèbres de* $\mathfrak{g}$ *telles que* $\mathfrak{g}''_{i+1}$ *soit un idéal de codimension* 1 *dans* $\mathfrak{g}''_i$ $(i = 0, 1, \ldots, q-1)$.

a) $\Rightarrow$ *b*) : il suffit de considérer la suite des idéaux dérivés de $\mathfrak{g}$.

b) $\Rightarrow$ *c*) : c'est évident.

c) $\Rightarrow$ *d*) : supposons la condition *c*) satisfaite ; tout sous-espace vectoriel de $\mathfrak{g}'_i$ contenant $\mathfrak{g}'_{i+1}$ est un idéal de $\mathfrak{g}'_i$, d'où aussitôt *d*).

d) $\Rightarrow$ *a*) ; ceci résulte du fait qu'une extension d'une algèbre résoluble par une algèbre résoluble est résoluble.

Exemples d'algèbres de Lie résolubles.

I. Soient $\mathfrak{g}$ un espace vectoriel de dimension 2 sur K, (e_1, e_2) une base de $\mathfrak{g}$. Il existe une multiplication bilinéaire alternée $(x, y) \mapsto [x, y]$ et une seule sur $\mathfrak{g}$ telle que $[e_1, e_2] = e_2$. On vérifie facilement que $\mathfrak{g}$ est ainsi muni d'une structure d'algèbre de Lie résoluble. Maintenant, soit $\mathfrak{h}$ une algèbre de Lie non commutative de dimension 2 sur K. On va montrer que $\mathfrak{h}$ est isomorphe à $\mathfrak{g}$. Soit (f_1, f_2) une base de $\mathfrak{h}$. L'élément $[f_1, f_2]$ n'est pas nul (sinon $\mathfrak{h}$ serait commutative), donc il engendre un sous-espace $\mathfrak{k}$ de dimension 1 de $\mathfrak{h}$. On a $[\mathfrak{h}, \mathfrak{h}] = \mathfrak{k}$. Soit (e'_1, e'_2) une base de $\mathfrak{h}$ telle que $e'_2 \in \mathfrak{k}$. On a $[e'_1, e'_2] = \lambda e'_2$ avec $\lambda \neq 0$. Remplaçant e'_1 par $\lambda^{-1}e_1$, on voit qu'on peut supposer $\lambda = 1$, d'où notre assertion.

II. Les formules (5) du § 1 prouvent que $\mathscr{D}\mathfrak{t}(n, \mathrm{K}) = \mathfrak{n}(n, \mathrm{K})$. Comme $\mathfrak{n}(n, \mathrm{K})$ est nilpotente donc résoluble, $\mathfrak{t}(n, \mathrm{K})$ est résoluble. Par suite, $\mathfrak{st}(n, \mathrm{K})$ est résoluble. En particulier, $\mathfrak{st}(2, \mathrm{K})$ est isomorphe à l'algèbre de l'exemple I.

2. *Radical d'une algèbre de Lie*

Soient $\mathfrak{a}$, $\mathfrak{b}$ deux idéaux résolubles d'une algèbre de Lie $\mathfrak{g}$. L'algèbre $(\mathfrak{a} + \mathfrak{b})/\mathfrak{b}$ est isomorphe à $\mathfrak{a}/(\mathfrak{a} \cap \mathfrak{b})$, donc est résoluble, et $\mathfrak{a} + \mathfrak{b}$, qui est extension de $(\mathfrak{a} + \mathfrak{b})/\mathfrak{b}$ par $\mathfrak{b}$, l'est aussi (prop. 1). Il s'ensuit qu'un idéal résoluble maximal de $\mathfrak{g}$ contient tout idéal résoluble de $\mathfrak{g}$, donc que $\mathfrak{g}$ possède un plus grand idéal résoluble. Ceci légitime la définition suivante :

DÉFINITION 2. — *On appelle radical d'une algèbre de Lie son plus grand idéal résoluble.*

PROPOSITION 3. — *Le radical $\mathfrak{r}$ d'une algèbre de Lie $\mathfrak{g}$ est le plus petit idéal de $\mathfrak{g}$ tel que $\mathfrak{g}/\mathfrak{r}$ ait pour radical $\{0\}$.*

Soient $\mathfrak{a}$ un idéal de $\mathfrak{g}$, et φ l'application canonique de $\mathfrak{g}$ sur $\mathfrak{g}/\mathfrak{a}$. Si le radical de $\mathfrak{g}/\mathfrak{a}$ est nul, alors $\varphi(\mathfrak{r})$, qui est un idéal résoluble de $\mathfrak{g}/\mathfrak{a}$, est nul ; donc $\mathfrak{r} \subset \mathfrak{a}$. D'autre part, l'image réciproque $\overset{-1}{\varphi}(\mathfrak{r}')$ du radical $\mathfrak{r}'$ de $\mathfrak{g}/\mathfrak{r}$ est un idéal de $\mathfrak{g}$ qui est résoluble d'après la prop. 1, donc est égal à $\mathfrak{r}$; par suite $\mathfrak{r}' = \{0\}$.

PROPOSITION 4. — *Soient* $\mathfrak{g}_1, \ldots, \mathfrak{g}_n$ *des algèbres de Lie. Le radical* $\mathfrak{r}$ *du produit des* $\mathfrak{g}_i$ *est le produit des radicaux* $\mathfrak{r}_i$ *des* $\mathfrak{g}_i$.

Le produit $\mathfrak{r}'$ des $\mathfrak{r}_i$ est un idéal résoluble (prop. 1), donc $\mathfrak{r}' \subset \mathfrak{r}$. L'image canonique de $\mathfrak{r}$ dans $\mathfrak{g}_i$ est un idéal résoluble de $\mathfrak{g}_i$, donc est contenue dans $\mathfrak{r}_i$; donc $\mathfrak{r} \subset \mathfrak{r}'$.

3. *Radical nilpotent d'une algèbre de Lie*

DÉFINITION 3. — *Soit* $\mathfrak{g}$ *une algèbre de Lie. On appelle radical nilpotent de* $\mathfrak{g}$ *l'intersection des noyaux des représentations simples de dimension finie de* $\mathfrak{g}$.

Remarques. — 1) Soit $\mathfrak{s}$ le radical nilpotent de $\mathfrak{g}$. Comme tout suite décroissante de sous-espaces vectoriels de $\mathfrak{g}$ est stationnaire, il existe un nombre fini de représentations simples de dimension finie de $\mathfrak{g}$ dont les noyaux ont pour intersection $\mathfrak{s}$. La somme directe de ces représentations est semi-simple et a pour noyau $\mathfrak{s}$. Il en résulte que l'ensemble des noyaux des représentations semi-simples de dimension finie de $\mathfrak{g}$ a un plus petit élément, à savoir $\mathfrak{s}$.

2) Compte tenu de la prop. 4 *c*) du § 4, nº 3, $\mathfrak{s}$ est aussi l'*intersection des plus grands idéaux de nilpotence* des représentations de dimension finie de $\mathfrak{g}$. En particulier, $\mathfrak{s}$ est contenu dans le plus grand idéal nilpotent de $\mathfrak{g}$, donc est un *idéal nilpotent* de $\mathfrak{g}$.

3) Toute forme linéaire λ sur $\mathfrak{g}$ qui est nulle sur $\mathcal{D}\mathfrak{g}$ est une représentation simple (d'espace K) de $\mathfrak{g}$, d'où $\lambda(\mathfrak{s}) = \{0\}$. Il en résulte que $\mathfrak{s} \subset \mathcal{D}\mathfrak{g}$. Par ailleurs, $\mathfrak{s}$ est contenu dans le radical $\mathfrak{r}$ de $\mathfrak{g}$ d'après la remarque 2. Nous allons démontrer que $\mathfrak{s} = \mathfrak{r} \cap \mathcal{D}\mathfrak{g}$.

Lemme 1. — *Soient* V *un espace vectoriel de dimension finie sur* K, $\mathfrak{g}$ *une sous-algèbre de* $\mathfrak{gl}(\mathrm{V})$ *telle que* V *soit un* $\mathfrak{g}$*-module simple,* $\mathfrak{a}$ *un idéal commutatif de* $\mathfrak{g}$. *On a alors* $\mathfrak{a} \cap \mathcal{D}\mathfrak{g} = \{0\}$.

Soit $(\mathrm{V}_i)_{0 \leqslant i \leqslant r}$ une suite de Jordan-Hölder du $\mathfrak{a}$-module V. Soit S la sous-algèbre de $\mathscr{L}(\mathrm{V})$ engendrée par 1 et $\mathfrak{a}$.

Si $\mathfrak{b}$ est un idéal de $\mathfrak{g}$ contenu dans $\mathfrak{a}$ et tel que l'on ait $\mathrm{Tr}\, bs = 0$ pour tout $b \in \mathfrak{b}$ et tout $s \in \mathrm{S}$, on a en particulier, par définition de S, $\mathrm{Tr}(b^n) = 0$ pour tout entier $n > 0$, donc b est nilpotent

(*Alg.*, chap. VII, § 5, n° 5, cor. 4 de la prop. 13) ; comme les éléments de $\mathfrak{b}$ sont tous nilpotents, on a $\mathfrak{b} = \{0\}$ (§ 4, n° 3, lemme 2). Appliquons d'abord ceci à l'idéal $[\mathfrak{g}, \mathfrak{a}]$ de $\mathfrak{g}$. Si $x \in \mathfrak{g}$, $a \in \mathfrak{a}$, $s \in S$, on a $\mathrm{Tr}\,[x, a]s = \mathrm{Tr}\,(xas - axs) = \mathrm{Tr}\,x(as - sa) = 0$ puisque $as = sa$; on a donc $[\mathfrak{g}, \mathfrak{a}] = \{0\}$. Les éléments de $\mathfrak{g}$ commutent donc à ceux de $\mathfrak{a}$, donc aussi à ceux de S. Si x, y appartiennent à $\mathfrak{g}$, et si $s \in S$, on a $\mathrm{Tr}\,[x, y]s = \mathrm{Tr}\,(xys - yxs) = \mathrm{Tr}\,x(ys - sy) = 0$ puisque $ys = sy$; prenant alors pour $\mathfrak{b}$ l'idéal $\mathcal{D}\mathfrak{g} \cap \mathfrak{a}$, on a $\mathcal{D}\mathfrak{g} \cap \mathfrak{a} = \{0\}$.

THÉORÈME 1. — *Soient* $\mathfrak{g}$ *une algèbre de Lie,* $\mathfrak{r}$ *son radical, et* $\mathfrak{s}$ *son radical nilpotent. On a alors* $\mathfrak{s} = \mathcal{D}\mathfrak{g} \cap \mathfrak{r}$.

On sait déjà que $\mathfrak{s} \subset \mathcal{D}\mathfrak{g} \cap \mathfrak{r}$. Il suffira donc de montrer que, si ρ est une représentation simple de dimension finie de $\mathfrak{g}$, on a $\rho(\mathcal{D}\mathfrak{g} \cap \mathfrak{r}) = \{0\}$. Soit k le plus petit entier $\geqslant 0$ tel que $\rho(\mathcal{D}^{k+1}\mathfrak{r}) = \{0\}$; posons $\mathfrak{g}' = \rho(\mathfrak{g})$, $\mathfrak{a}' = \rho(\mathcal{D}^k\mathfrak{r})$; comme $\mathcal{D}^k\mathfrak{r}$ est un idéal de $\mathfrak{g}$, $\mathfrak{a}'$ est un idéal de $\mathfrak{g}'$; cet idéal est commutatif puisque $\rho(\mathcal{D}^{k+1}\mathfrak{r}) = \{0\}$. Si V est l'espace de ρ, on a $\mathfrak{g}' \subset \mathfrak{gl}(V)$ et V est un $\mathfrak{g}'$-module simple. Alors, $\rho(\mathcal{D}\mathfrak{g} \cap \mathcal{D}^k\mathfrak{r}) \subset \mathcal{D}\mathfrak{g}' \cap \mathfrak{a}' = \{0\}$. Si on avait $k > 0$, on aurait $\mathcal{D}^k\mathfrak{r} \subset \mathcal{D}\mathfrak{g}$, $\rho(\mathcal{D}^k\mathfrak{r}) = \{0\}$, contrairement à la définition de k. Donc $k = 0$, c'est-à-dire que $\rho(\mathcal{D}\mathfrak{g} \cap \mathfrak{r}) = \{0\}$.

COROLLAIRE 1. — *Soit* $\mathfrak{g}$ *une algèbre de Lie résoluble. Le radical nilpotent de* $\mathfrak{g}$ *est* $\mathcal{D}\mathfrak{g}$. *Si* ρ *est une représentation simple de dimension finie de* $\mathfrak{g}$, $\rho(\mathfrak{g})$ *est commutative, et l'algèbre associative* L *engendrée par* 1 *et* $\rho(\mathfrak{g})$ *est un corps de degré fini sur* K.

On a ici $\mathfrak{r} = \mathfrak{g}$, d'où $\mathfrak{s} = \mathcal{D}\mathfrak{g}$. Donc $\rho(\mathcal{D}\mathfrak{g}) = \{0\}$, ce qui montre que $\mathfrak{g}' = \rho(\mathfrak{g})$ est commutative. Tout élément $\neq 0$ de L est inversible en vertu du lemme de Schur ; L est donc un corps.

COROLLAIRE 2 (théorème de Lie). — *Soit* $\mathfrak{g}$ *une algèbre de Lie résoluble ; supposons* K *algébriquement clos. Soit* M *un* $\mathfrak{g}$*-module de dimension finie sur* K, *et soit* $(M_i)_{0 \leqslant i \leqslant r}$ *une suite de Jordan-Hölder de* M. *Alors,* M_{i-1}/M_i *est de dimension* 1 *sur* K *pour* $1 \leqslant i \leqslant r$, *et, pour tout* $x \in \mathfrak{g}$, *on a* $x_{M_{i-1}/M_i} = \lambda_i(x).1$, λ_i *étant une forme linéaire sur* $\mathfrak{g}$ *nulle sur* $\mathcal{D}\mathfrak{g}$. *En particulier, tout* $\mathfrak{g}$*-module simple de dimension finie sur* K *est en fait de dimension* 1.

Soit ρ_i la représentation de $\mathfrak{g}$ dans M_{i-1}/M_i. L'algèbre associative L_i engendrée par 1 et $\rho_i(\mathfrak{g})$ est un corps, extension de degré fini de K, donc égal à K ; et M_{i-1}/M_i est un L_i-module simple, d'où $\dim M_{i-1}/M_i = 1$. Le reste du corollaire est évident.

Remarques. — 1) Si on remplace $(M_i)_{0 \leqslant i \leqslant r}$ par une autre suite de Jordan-Hölder de M, la suite $(\lambda_1, \ldots, \lambda_r)$ est remplacée par une suite de la forme $(\lambda_{\pi(1)}, \ldots, \lambda_{\pi(r)})$, où π est une permutation de $\{1, \ldots, r\}$, comme il résulte du théorème de Jordan-Hölder.

2) Soit $(e_1, \ldots, e_r)$ une base de M telle que $e_i \in M_{i-1}$, $e_i \notin M_i$ $(1 \leqslant i \leqslant r)$. Si $x \in \mathfrak{g}$, l'endomorphisme de M qui correspond à x est représenté par rapport à cette base par une matrice triangulaire dont les coefficients diagonaux sont $\lambda_1(x), \ldots, \lambda_r(x)$.

Corollaire 3. — *Supposons* K *algébriquement clos. Si* $\mathfrak{g}$ *est une algèbre de Lie résoluble de dimension* r, *tout idéal de* $\mathfrak{g}$ *est un terme d'une suite décroissante d'idéaux de dimensions* $r, r-1, \ldots, 0$.

En effet, tout idéal fait partie d'une suite de Jordan-Hölder de $\mathfrak{g}$, considéré comme espace de la représentation adjointe (*Alg.*, chap. I, § 6, n° 14, cor. du th. 8) ; il suffit alors d'appliquer le cor. 2.

Corollaire 4. — *Supposons que* $K = \mathbf{R}$. *Soit* $\mathfrak{g}$ *une algèbre de Lie résoluble. Toute représentation simple de* $\mathfrak{g}$ *est de dimension* $\leqslant 2$. *Tout idéal de* $\mathfrak{g}$ *est un terme d'une suite décroissante* $(\mathfrak{g}_i)_{0 \leqslant i \leqslant m}$ *d'idéaux telle que* $\mathfrak{g}_0 = \mathfrak{g}$, $\mathfrak{g}_m = \{0\}$, $\dim \mathfrak{g}_{i-1}/\mathfrak{g}_i \leqslant 2$ $(1 \leqslant i \leqslant m)$.

Cela se démontre de la même manière que les cor. 2 et 3, tenant compte de ce que toute extension algébrique de **R** est de degré $\leqslant 2$.

Corollaire 5. — *Pour qu'une algèbre de Lie* $\mathfrak{g}$ *soit résoluble, il faut et suffit que* $\mathcal{D}\mathfrak{g}$ *soit nilpotente.*

La condition est nécessaire en vertu du cor. 1. Elle est suffisante puisque $\mathfrak{g}/\mathcal{D}\mathfrak{g}$ est commutative.

Corollaire 6. — *Soit* ρ *une représentation de dimension finie d'une algèbre de Lie* $\mathfrak{g}$. *Soit* $\mathfrak{r}$ *le radical de* $\mathfrak{g}$. *Tout élément* $x \in \mathfrak{r}$ *tel que* $\rho(x)$ *soit nilpotent appartient au plus grand idéal de nilpotence* $\mathfrak{n}$ *de* ρ.

Soit V l'espace de ρ ; soit $(V_i)_{0 \leqslant i \leqslant r}$ une suite de Jordan-Hölder pour la structure de $\mathfrak{r}$-module de V, et soit ρ_i la représentation de $\mathfrak{r}$ d'espace V_i/V_{i-1} $(1 \leqslant i \leqslant r)$. Si $\rho(x)$ est nilpotent, il en est de même des $\rho_i(x)$; comme, pour tout i, l'algèbre engendrée par $\rho_i(\mathfrak{r})$ est un corps, on a $\rho_i(x) = 0$. Réciproquement, si $\rho_i(x) = 0$ pour tout i, $\rho(x) = 0$. Ceci montre que l'ensemble $\mathfrak{a}$ des $x \in \mathfrak{r}$ tels que $\rho(x)$ soit nilpotent est un idéal de $\mathfrak{r}$. D'autre part, $[\mathfrak{g}, \mathfrak{a}] \subset \mathcal{D}\mathfrak{g} \cap \mathfrak{r} \subset \mathfrak{n} \cap \mathfrak{r} \subset \mathfrak{a}$, donc $\mathfrak{a}$ est un idéal de $\mathfrak{g}$. Ceci prouve que $\mathfrak{a} \subset \mathfrak{n}$.

COROLLAIRE 7. — *Soient* $\mathfrak{g}$ *une algèbre de Lie,* $\mathfrak{r}$ *son radical. Les quatre ensembles suivants sont identiques* : a) *le plus grand idéal nilpotent de* $\mathfrak{g}$; b) *le plus grand idéal nilpotent de* $\mathfrak{r}$; c) *l'ensemble des* $x \in \mathfrak{r}$ *tels que* $\mathrm{ad}_{\mathfrak{g}}\, x$ *soit nilpotent* ; d) *l'ensemble des* $x \in \mathfrak{r}$ *tels que* $\mathrm{ad}_{\mathfrak{r}}\, x$ *soit nilpotent.*

Désignons par $\mathfrak{a}$, $\mathfrak{b}$, $\mathfrak{c}$, $\mathfrak{d}$ ces quatre ensembles. Les inclusions $\mathfrak{a} \subset \mathfrak{b} \subset \mathfrak{d} \subset \mathfrak{c}$ sont claires. On a $\mathfrak{c} \subset \mathfrak{a}$ d'après le cor. 6 appliqué à la représentation adjointe de $\mathfrak{g}$.

4. *Un critère de résolubilité*

Lemme 2. — *Soient* x *un endomorphisme d'un espace vectoriel* V *de dimension finie, et* s (resp. n) *sa composante semi-simple* (resp. *nilpotente*) (cf. *Alg.*, chap. VIII, § 9, n° 4, déf. 4). *Soient* $\mathrm{ad}\, x$, $\mathrm{ad}\, s$, $\mathrm{ad}\, n$ *les images respectives de* x, s, n *dans la représentation adjointe de* $\mathfrak{gl}(V)$. *Alors* $\mathrm{ad}\, s$ (resp. $\mathrm{ad}\, n$) *est la composante semi-simple* (resp. *nilpotente*) *de* $\mathrm{ad}\, x$, *et est égal à un polynôme en* $\mathrm{ad}\, x$, *à coefficients dans* K, *sans terme constant.*

On a $\mathrm{ad}\, x = \mathrm{ad}\, s + \mathrm{ad}\, n$, $[\mathrm{ad}\, s, \mathrm{ad}\, n] = 0$, et $\mathrm{ad}\, n$ est nilpotent (§ 4, lemme 1). Montrons que $\mathrm{ad}\, s$ est semi-simple. Il suffit de le faire pour K algébriquement clos (cf. *Alg.*, chap. VIII, § 9, n° 2, prop. 3). Soit alors $(e_i)_{1 \leqslant i \leqslant n}$ une base de V telle que $s(e_i) = \lambda_i e_i$ $(\lambda_i \in K)$. Soit (E_{ij}) la base canonique de $\mathbf{M}_n(K) = \mathfrak{gl}(V)$. D'après les formules (5) du § 1, on a $(\mathrm{ad}\, s).E_{ij} = (\lambda_i - \lambda_j)E_{ij}$, donc $\mathrm{ad}\, s$ est semi-simple. La dernière assertion du lemme résulte d'*Alg.*, chap. VIII, § 9, n° 4, prop. 8.

Lemme 3. — *Soient* M *un espace vectoriel de dimension finie,* A *et* B *deux sous-espaces vectoriels de* $\mathfrak{gl}(M)$ *tels que* $B \subset A$ *et* T *l'ensemble des* $t \in \mathfrak{gl}(M)$ *tels que* $[t, A] \subset B$. *Si* $z \in T$ *est tel que* $\mathrm{Tr}(zu) = 0$ *pour tout* $u \in T$, *alors z est nilpotent.*

Il suffit de faire la démonstration lorsque K est algébriquement clos, ce que nous supposerons désormais. Soient s et n les composantes semi-simple et nilpotente de z, et soit (e_i) une base de M telle que $s(e_i) = \lambda_i e_i$ ($\lambda_i \in K$). Soit $V \subset K$ l'espace vectoriel sur $\mathbf{Q}$ engendré par les λ_i. Il s'agit de montrer que $V = \{0\}$. Soit f une forme $\mathbf{Q}$-linéaire sur V, et soit t l'endomorphisme de M tel que $te_i = f(\lambda_i)e_i$. Si (E_{ij}) est la base canonique de $\mathfrak{gl}(M)$ définie par $E_{ij}e_k = \delta_{jk}e_i$, on a

$$(\mathrm{ad}\, s)E_{ij} = (\lambda_i - \lambda_j)E_{ij}$$
$$(\mathrm{ad}\, t)E_{ij} = (f(\lambda_i) - f(\lambda_j))E_{ij}.$$

Il existe un polynôme P, sans terme constant, à coefficients dans K, tel que $P(\lambda_i - \lambda_j) = f(\lambda_i) - f(\lambda_j)$ quels que soient i et j (car, si $\lambda_i - \lambda_j = \lambda_h - \lambda_k$, on a $f(\lambda_i) - f(\lambda_j) = f(\lambda_h) - f(\lambda_k)$, et, si $\lambda_i - \lambda_j = 0$, $f(\lambda_i) - f(\lambda_j) = 0$). Alors, $\mathrm{ad}\, t = P(\mathrm{ad}\, s)$. D'autre part, $\mathrm{ad}\, s$ est un polynôme sans terme constant en $\mathrm{ad}\, z$. Or $(\mathrm{ad}\, z)(A) \subset B$, d'où aussi $(\mathrm{ad}\, t)(A) \subset B$. Vu l'hypothèse, on a $0 = \mathrm{Tr}(zt) = \sum \lambda_i f(\lambda_i)$, d'où $0 = f(\mathrm{Tr}(zt)) = \sum f(\lambda_i)^2$. Puisque les $f(\lambda_i)$ sont des nombres rationnels, $f = 0$, ce qui achève la démonstration.

Théorème 2 (*critère de Cartan*). — *Soient* $\mathfrak{g}$ *une algèbre de Lie,* M *un espace vectoriel de dimension finie,* ρ *une représentation de* $\mathfrak{g}$ *dans* M, *et* β *la forme bilinéaire sur* $\mathfrak{g}$ *associée à* ρ. *Alors,* $\rho(\mathfrak{g})$ *est résoluble si et seulement si* $\mathscr{D}\mathfrak{g}$ *est orthogonal à* $\mathfrak{g}$ *pour* β.

On peut évidemment se ramener au cas où $\mathfrak{g}$ est une sous-algèbre de Lie de $\mathfrak{gl}(M)$ et où ρ est l'application identique. Si $\mathfrak{g}$ est résoluble, $\mathscr{D}\mathfrak{g}$ est contenu dans le plus grand idéal de nilpotence de la représentation identique de $\mathfrak{g}$ (th. 1), donc est orthogonal à $\mathfrak{g}$ pour β (§ 4, prop. 4 *d*)). Supposons $\mathscr{D}\mathfrak{g}$ orthogonal à $\mathfrak{g}$ pour β, et prouvons que $\mathfrak{g}$ est résoluble. Soit T l'ensemble des $t \in \mathfrak{gl}(M)$ tels que $[t, \mathfrak{g}] \subset \mathscr{D}\mathfrak{g}$. Si $t \in T$ et si x, y appartiennent à $\mathfrak{g}$, on a $[t, x] \in \mathscr{D}\mathfrak{g}$, donc

$$\mathrm{Tr}(t[x, y]) = \beta([t, x], y) = 0$$

d'où par linéarité $\mathrm{Tr}(tu) = 0$ pour tout $u \in \mathcal{D}\mathfrak{g}$. Par ailleurs, il est clair que $\mathcal{D}\mathfrak{g} \subset T$. Donc (lemme 3) tout élément de $\mathcal{D}\mathfrak{g}$ est nilpotent. Il est résulte que $\mathcal{D}\mathfrak{g}$ est nilpotente (§ 4, cor. 3 du th. 1), donc que $\mathfrak{g}$ est résoluble (n° 3, cor. 5 du th. 1).

5. *Nouvelles propriétés du radical*

Proposition 5. — *Soient $\mathfrak{g}$ une algèbre de Lie, $\mathfrak{r}$ son radical.*

a) *Si ρ est une représentation de dimension finie de $\mathfrak{g}$, et si β est la forme bilinéaire associée, $\mathfrak{r}$ et $\mathcal{D}\mathfrak{g}$ sont orthogonaux pour β.*

b) *$\mathfrak{r}$ est l'orthogonal de $\mathcal{D}\mathfrak{g}$ pour la forme de Killing.*

Soient x, y dans $\mathfrak{g}$, $z \in \mathfrak{r}$. On a $[y, z] \in \mathcal{D}\mathfrak{g} \cap \mathfrak{r}$, donc $\beta([x, y], z) = \beta(x, [y, z]) = 0$ (th. 1). D'où *a*).

Soit $\mathfrak{r}'$ l'orthogonal de $\mathcal{D}\mathfrak{g}$ pour la forme de Killing. C'est un idéal de $\mathfrak{g}$ (§ 3, n° 6, prop. 7 *a*)) qui contient $\mathfrak{r}$ d'après ce qui précède. D'autre part, l'image $\mathfrak{s}$ de $\mathfrak{r}'$ par la représentation adjointe de $\mathfrak{g}$ est résoluble (th. 2), donc $\mathfrak{r}'$ est résoluble comme extension centrale de $\mathfrak{s}$. Donc $\mathfrak{r}' \subset \mathfrak{r}$.

Corollaire 1. — *Soit $\mathfrak{g}$ une algèbre de Lie. Alors, $\mathfrak{g}$ est résoluble si et seulement si $\mathcal{D}\mathfrak{g}$ est orthogonal à $\mathfrak{g}$ pour la forme de Killing.*

C'est une conséquence immédiate de la prop. 5 *b*).

Corollaire 2. — *Le radical $\mathfrak{r}$ d'une algèbre de Lie $\mathfrak{g}$ est un idéal caractéristique.*

En effet, $\mathcal{D}\mathfrak{g}$ est un idéal caractéristique, et la forme de Killing est complètement invariante (§ 3, n° 6, prop. 10). Donc l'orthogonal de $\mathcal{D}\mathfrak{g}$ pour la forme de Killing est un idéal caractéristique (§ 3, n° 6, prop. 7 *b*)).

Corollaire 3. — *Soient $\mathfrak{g}$ une algèbre de Lie, $\mathfrak{r}$ son radical, $\mathfrak{a}$ un idéal de $\mathfrak{g}$. Alors, le radical de $\mathfrak{a}$ est égal à $\mathfrak{r} \cap \mathfrak{a}$.*

En effet, $\mathfrak{r} \cap \mathfrak{a}$ est un idéal résoluble de $\mathfrak{a}$, donc est contenu dans le radical $\mathfrak{r}'$ de $\mathfrak{a}$. Réciproquement, $\mathfrak{r}'$ est un idéal de $\mathfrak{g}$ (cor. 2, et § 1, n° 4, prop. 2), donc $\mathfrak{r}' \subset \mathfrak{r}$.

Le cor. 2 peut être précisé de la manière suivante :

Proposition 6. — *Soient* $\mathfrak{g}$ *une algèbre de Lie,* $\mathfrak{r}$ *son radical,* $\mathfrak{n}$ *son plus grand idéal nilpotent. Toute dérivation de* $\mathfrak{g}$ *applique* $\mathfrak{r}$ *dans* $\mathfrak{n}$.

Soit D une dérivation de $\mathfrak{g}$. Soit $\mathfrak{g}' = \mathfrak{g} + Kx_0$ une algèbre de Lie dans laquelle $\mathfrak{g}$ est un idéal de codimension 1, telle que $Dx = [x_0, x]$ pour tout $x \in \mathfrak{g}$ (§ 1, nº 8, exemple 1). D'après le cor. 3 de la prop. 5, $\mathfrak{r}$ est contenu dans le radical $\mathfrak{r}'$ de $\mathfrak{g}'$. On a $D(\mathfrak{r}) = [x_0, \mathfrak{r}] \subset [\mathfrak{g}', \mathfrak{g}'] \cap \mathfrak{r}' = \mathfrak{s}'$. Pour tout $x \in \mathfrak{s}'$, $\mathrm{ad}_{\mathfrak{g}'}\, x$ est nilpotent (th. 1). Donc, pour tout $x \in \mathfrak{s}' \cap \mathfrak{g}$, $\mathrm{ad}_{\mathfrak{g}}\, x$ est nilpotent. Donc $D(\mathfrak{r})$ est contenu dans l'idéal nilpotent $\mathfrak{s}' \cap \mathfrak{g}$ de $\mathfrak{g}$.

Corollaire. — *Le plus grand idéal nilpotent d'une algèbre de Lie est un idéal caractéristique.*

Remarque. — Pour résumer certains des résultats antérieurs, notons que, si on désigne respectivement par $\mathfrak{r}$, $\mathfrak{n}$, $\mathfrak{s}$, $\mathfrak{k}$, le radical de $\mathfrak{g}$, le plus grand idéal nilpotent de $\mathfrak{g}$, le radical nilpotent de $\mathfrak{g}$, et l'orthogonal de $\mathfrak{g}$ pour la forme de Killing, on a

$$\mathfrak{r} \supset \mathfrak{k} \supset \mathfrak{n} \supset \mathfrak{s}.$$

L'inclusion $\mathfrak{r} \supset \mathfrak{k}$ résulte de la prop. 5 *b*). L'inclusion $\mathfrak{k} \supset \mathfrak{n}$ résulte du § 4, nº 4, prop. 6 *b*). L'inclusion $\mathfrak{n} \supset \mathfrak{s}$ a été signalée à la remarque 2 du nº 3.

6. Extension du corps de base

Soient $\mathfrak{g}$ une K-algèbre de Lie, et K_1 une extension de K. Il est clair que $\mathfrak{g}_{(K_1)}$ est résoluble si et seulement si $\mathfrak{g}$ est résoluble, puisque $\mathcal{D}^n(\mathfrak{g}_{(K_1)}) = (\mathcal{D}^n \mathfrak{g})_{(K_1)}$.

Soit $\mathfrak{r}$ le radical de $\mathfrak{g}$. Alors, $\mathfrak{r}_{(K_1)}$ *est le radical de* $\mathfrak{g}_{(K_1)}$. En effet, soit β la forme de Killing de $\mathfrak{g}$. Comme $\mathfrak{r}$ est l'orthogonal de $\mathcal{D}\mathfrak{g}$ pour β (prop. 5 *b*)), $\mathfrak{r}_{(K_1)}$ est l'orthogonal de $(\mathcal{D}\mathfrak{g})_{(K_1)} = \mathcal{D}(\mathfrak{g}_{(K_1)})$ pour la forme déduite de β par extension de K à K_1, c'est-à-dire pour la forme de Killing de $\mathfrak{g}_{(K_1)}$ (§ 3, nº 8). Notre assertion résulte alors d'une nouvelle application de la prop. 5 *b*).

§ 6. Algèbres de Lie semi-simples

On rappelle que K *désigne un corps de caractéristique* 0 *et que toutes les algèbres de Lie sont supposées de dimension finie sur* K.

1. *Définition des algèbres de Lie semi-simples*

Définition 1. — *Soit* $\mathfrak{g}$ *une algèbre de Lie. On dit que* $\mathfrak{g}$ *est semi-simple si le seul idéal commutatif de* $\mathfrak{g}$ *est* $\{0\}$.

Remarques. — 1) L'algèbre $\{0\}$ est semi-simple. Une algèbre de dimension 1 ou 2 est non semi-simple (cf. § 5, n° 1, exemple 1). Il existe des algèbres semi-simples de dimension 3 (cf. n° 7).

2) Une algèbre semi-simple a un centre nul, donc sa représentation adjointe est fidèle.

3) Si $\mathfrak{g}_1, \ldots, \mathfrak{g}_n$ sont semi-simples, $\mathfrak{g} = \mathfrak{g}_1 \times \cdots \times \mathfrak{g}_n$ est semi-simple ; car, si $\mathfrak{a}$ est un idéal commutatif de $\mathfrak{g}$, les projections de $\mathfrak{a}$ sur $\mathfrak{g}_1, \ldots, \mathfrak{g}_n$ sont réduites à $\{0\}$.

Théorème 1. — *Soit* $\mathfrak{g}$ *une algèbre de Lie. Les conditions suivantes sont équivalentes :*

a) $\mathfrak{g}$ *est semi-simple.*

b) *Le radical* $\mathfrak{r}$ *de* $\mathfrak{g}$ *est nul.*

c) *La forme de Killing* β *de* $\mathfrak{g}$ *est non dégénérée.*

En outre, une algèbre de Lie semi-simple est égale à son idéal dérivé.

a) $\Rightarrow$ *b*) : car, si $\mathfrak{r} \neq \{0\}$, la dernière algèbre dérivée non nulle de $\mathfrak{r}$ est un idéal commutatif de $\mathfrak{g}$.

b) $\Rightarrow$ *c*) : ceci résulte de la prop. 5 *b*) du § 5, n° 5 (qui prouve en même temps la dernière assertion du théorème).

c) $\Rightarrow$ *a*) : ceci résulte de la prop. 6 *b*) du § 4, n° 4.

Corollaire. — *Soient* $\mathfrak{g}$ *une algèbre de Lie semi-simple,* ρ *une représentation de* $\mathfrak{g}$ *dans un espace* V *de dimension finie. Alors,* $\rho(\mathfrak{g}) \subset \mathfrak{sl}(V)$.

En effet, la forme linéaire $x \mapsto \operatorname{Tr} \rho(x)$ $(x \in \mathfrak{g})$ s'annule quand x est de la forme $[y, z]$ $(y \in \mathfrak{g}, z \in \mathfrak{g})$, donc sur $\mathscr{D}\mathfrak{g} = \mathfrak{g}$.

PROPOSITION 1. — *Soient* $\mathfrak{g}$ *une algèbre de Lie semi-simple,* ρ *une représentation fidèle de dimension finie de* $\mathfrak{g}$. *Alors la forme bilinéaire sur* $\mathfrak{g}$ *associée à* ρ *est non dégénérée.*

En effet, l'orthogonal de $\mathfrak{g}$ pour cette forme est un idéal résoluble (§ 5, nº 4, th. 2), donc est nul.

COROLLAIRE 1. — *Soient* $\mathfrak{g}$ *une algèbre de Lie,* β *sa forme de Killing,* $\mathfrak{a}$ *une sous-algèbre semi-simple de* $\mathfrak{g}$. *L'orthogonal* $\mathfrak{h}$ *de* $\mathfrak{a}$ *par rapport à* β *est un sous-espace supplémentaire de* $\mathfrak{a}$ *dans* $\mathfrak{g}$, *et on a* $[\mathfrak{a}, \mathfrak{h}] \subset \mathfrak{h}$. *Si* $\mathfrak{a}$ *est un idéal de* $\mathfrak{g}$, *il en est de même de* $\mathfrak{h}$, *qui est alors le commutant de* $\mathfrak{a}$ *dans* $\mathfrak{g}$.

Soit β' la restriction de β à $\mathfrak{a}$: c'est la forme bilinéaire associée à la représentation $x \rightarrow \mathrm{ad}_{\mathfrak{g}}\, x$ de $\mathfrak{a}$ dans l'espace $\mathfrak{g}$. Cette représentation est fidèle, donc β' est non dégénérée (prop. 1). Donc $\mathfrak{h}$ est supplémentaire de $\mathfrak{a}$ dans $\mathfrak{g}$. Par ailleurs, si x, y sont dans $\mathfrak{a}$ et $z \in \mathfrak{h}$, on a $\beta(x, [y, z]) = \beta([x, y], z) = 0$, car $[x, y] \in \mathfrak{a}$, donc $[y, z] \in \mathfrak{h}$, ce qui prouve que $[\mathfrak{a}, \mathfrak{h}] \subset \mathfrak{h}$. Si $\mathfrak{a}$ est un idéal de $\mathfrak{g}$, on sait que $\mathfrak{h}$ est un idéal de $\mathfrak{g}$ (§ 3, prop. 7) et $\mathfrak{g}$ s'identifie à $\mathfrak{a} \times \mathfrak{h}$. Comme le centre de $\mathfrak{a}$ est nul, le commutant de $\mathfrak{a}$ dans $\mathfrak{g}$ est $\mathfrak{h}$.

COROLLAIRE 2. — *Toute extension d'une algèbre de Lie semi-simple par une algèbre de Lie semi-simple est semi-simple et triviale.*

Ceci résulte aussitôt du cor. 1.

COROLLAIRE 3. — *Si* $\mathfrak{g}$ *est semi-simple, toute dérivation de* $\mathfrak{g}$ *est intérieure.*

En effet, ad $\mathfrak{g}$ est isomorphe à $\mathfrak{g}$, donc semi-simple, et est un idéal de l'algèbre de Lie $\mathfrak{d}$ des dérivations de $\mathfrak{g}$ (§ 1, prop. 1). Si $D \in \mathfrak{d}$ commute aux éléments de ad $\mathfrak{g}$, on a, pour tout $x \in \mathfrak{g}$, $\mathrm{ad}\, D(x) = [D, \mathrm{ad}\, x] = 0$, d'où $D(x) = 0$; donc $D = 0$. Le cor. 3 résulte donc du cor. 1.

2. *Semi-simplicité des représentations*

Lemme 1. — *Soit* $\mathfrak{g}$ *une algèbre de Lie semi-simple. La représentation adjointe de* $\mathfrak{g}$ *est semi-simple. Tout idéal et toute algèbre quotient de* $\mathfrak{g}$ *est semi-simple.*

En effet, soit $\mathfrak{a}$ un idéal de $\mathfrak{g}$. L'orthogonal $\mathfrak{b}$ de $\mathfrak{a}$ dans $\mathfrak{g}$ pour la forme de Killing est un idéal de $\mathfrak{g}$, et $\mathfrak{a} \cap \mathfrak{b}$ est un idéal commutatif (§ 3, n° 6, prop. 7), donc nul. Donc $\mathfrak{b}$ est supplémentaire de $\mathfrak{a}$ dans $\mathfrak{g}$. En outre, comme la forme de Killing de $\mathfrak{g}$ est non dégénérée, il en est de même de ses restrictions à $\mathfrak{a}$ et $\mathfrak{b}$ (*Alg.*, chap. IX, § 4, n° 1, cor. de la prop. 1), donc $\mathfrak{a}$ et $\mathfrak{b}$ sont semi-simples (n° 1, th. 1, et § 3, n° 6, prop. 9).

Lemme 2. — *Soit* $\mathfrak{g}$ *une algèbre de Lie. Alors les deux conditions suivantes sont équivalentes :*

a) *Toutes les représentations linéaires de dimension finie de* $\mathfrak{g}$ *sont semi-simples.*

b) *Etant donnés une représentation linéaire* ρ *de* $\mathfrak{g}$ *dans un espace vectoriel* V *de dimension finie et un sous-espace vectoriel* W *de codimension* 1 *tel que* $\rho(x)(\mathrm{V}) \subset \mathrm{W}$ *pour tout* $x \in \mathfrak{g}$, *il existe une droite supplémentaire de* W *stable pour* $\rho(\mathfrak{g})$ (*donc annulée par* $\rho(\mathfrak{g})$).

Il est clair que *a*) entraîne *b*). Supposons *b*) vraie. Soient σ une représentation de dimension finie de $\mathfrak{g}$ dans un espace vectoriel M, et N un sous-espace vectoriel stable pour $\sigma(\mathfrak{g})$. Soit μ la représentation de $\mathfrak{g}$ dans $\mathscr{L}(\mathrm{M})$ canoniquement déduite de σ (§ 3, n° 3) : rappelons que $\mu(x) = \mathrm{ad}_{\mathscr{L}(\mathrm{M})}\, \sigma(x)$. Soit V (resp. W) le sous-espace de $\mathscr{L}(\mathrm{M})$ formé des applications linéaires de M dans N dont la restriction à N est une homothétie (resp. est nulle) ; alors W est de codimension 1 dans V, et $\mu(x)(\mathrm{V}) \subset \mathrm{W}$ pour tout $x \in \mathfrak{g}$. D'après la condition *b*), il existe un $u \in \mathrm{V}$ annulé par $\mu(x)$ pour tout $x \in \mathfrak{g}$, et dont la restriction à N est une homothétie non nulle. En multipliant u par un scalaire convenable, on peut supposer que u est un projecteur de M sur N. Dire que $\mu(x).u = 0$ signifie que u est permutable à $\sigma(x)$. Donc le noyau de u est un supplémentaire de N dans M stable pour $\sigma(x)$, quel que soit $x \in \mathfrak{g}$. Donc σ est semi-simple.

Lemme 3. — *Soient* $\mathfrak{g}$ *une algèbre de Lie semi-simple,* ρ *une représentation linéaire de* $\mathfrak{g}$ *dans un espace vectoriel* V *de dimension finie et* W *un sous-espace de* V *de codimension* 1 *tel que* $\rho(x)(\mathrm{V}) \subset \mathrm{W}$ *pour tout* $x \in \mathfrak{g}$. *Alors il existe une droite supplémentaire de* W *stable pour* $\rho(\mathfrak{g})$.

Pour tout $x \in \mathfrak{g}$, soit $\sigma(x)$ la restriction de $\rho(x)$ à W. Supposons d'abord que σ soit simple. Si $\sigma = 0$, alors $\rho(x)\rho(y) = 0$ quels que soient x, y dans $\mathfrak{g}$, donc $\rho(\mathfrak{g}) = \rho(\mathscr{D}\mathfrak{g}) = \{0\}$, et notre assertion est évidente. Si $\sigma \neq 0$, soit $\mathfrak{n}$ le noyau de σ, et soit $\mathfrak{m}$ un idéal supplémentaire de $\mathfrak{n}$ dans $\mathfrak{g}$ (lemme 1) ; on a $\mathfrak{m} \neq \{0\}$, et la restriction de σ à $\mathfrak{m}$ est fidèle ; la restriction à $\mathfrak{m}$ de la forme bilinéaire associée à σ est non dégénérée (prop. 1), donc on peut former l'élément de Casimir c associé à $\mathfrak{m}$ et σ. D'après la prop. 12 du § 3, nº 7, $\sigma(c)$ est un automorphisme de W. D'autre part, $\rho(c)(\mathrm{V}) \subset \mathrm{W}$. Donc le noyau Z de $\rho(c)$ est une droite supplémentaire de W ; puisque c appartient au centre de l'algèbre enveloppante de $\mathfrak{g}$, $\rho(c)$ est permutable à $\rho(x)$ pour tout $x \in \mathfrak{g}$, donc Z est stable pour $\rho(\mathfrak{g})$.

Dans le cas général, on raisonne par récurrence sur la dimension de V. Soit T un sous-espace stable non nul minimal de W. Soit ρ' la représentation quotient dans $\mathrm{V}' = \mathrm{V}/\mathrm{T}$. On a, pour tout $x \in \mathfrak{g}$, $\rho'(x)(\mathrm{V}') \subset \mathrm{W}'$, où $\mathrm{W}' = \mathrm{W}/\mathrm{T}$ est de codimension 1 dans V'. Par l'hypothèse de récurrence, il existe une droite Z' supplémentaire de W' et stable pour $\rho'(\mathfrak{g})$. Son image réciproque Z dans V est stable pour $\rho(\mathfrak{g})$, contient T comme sous-espace de codimension 1, et on a $\mathrm{Z} \cap \mathrm{W} = \mathrm{T}$, donc $\rho(x)(\mathrm{Z}) \subset \mathrm{T}$ pour tout $x \in \mathfrak{g}$. D'après ce qui a été démontré plus haut, il existe une droite supplémentaire de T dans Z, stable pour $\rho(\mathfrak{g})$; cette droite est supplémentaire de W dans V, ce qui achève la démonstration.

THÉORÈME 2 (H. Weyl). — *Toute représentation linéaire de dimension finie d'une algèbre de Lie semi-simple est complètement réductible.*

Ceci résulte des lemmes 2 et 3.

DÉFINITION 2. — *Une algèbre de Lie* $\mathfrak{g}$ *est dite simple si les seuls idéaux de* $\mathfrak{g}$ *sont* $\{0\}$ *et* $\mathfrak{g}$ *et si en outre* $\mathfrak{g}$ *est non commutative.*

Une algèbre de Lie simple est semi-simple. L'algèbre $\{0\}$ n'est pas simple.

PROPOSITION 2. — *Pour qu'une algèbre de Lie* $\mathfrak{g}$ *soit semi-simple, il faut et il suffit qu'elle soit produit d'algèbres simples.*

La condition est suffisante (nº 1, remarque 3). Réciproquement, supposons $\mathfrak{g}$ semi-simple. Puisque la représentation adjointe de $\mathfrak{g}$ est semi-simple, $\mathfrak{g}$ est somme directe d'idéaux non nuls minimaux $\mathfrak{a}_1, \ldots, \mathfrak{a}_m$. Alors $\mathfrak{g}$ s'identifie à l'algèbre produit des $\mathfrak{a}_i$ (§ 1, n° 1). Tout idéal de $\mathfrak{a}_i$ est alors un idéal de $\mathfrak{g}$, donc nul ou égal à $\mathfrak{a}_i$. Par ailleurs, $\mathfrak{a}_i$ est non commutatif. Donc les $\mathfrak{a}_i$ sont des algèbres de Lie simples.

Corollaire 1. — *Une algèbre de Lie semi-simple est le produit de ses idéaux simples* $\mathfrak{g}_i$. *Tout idéal de* $\mathfrak{g}$ *est produit de certains des* $\mathfrak{g}_i$.

On a $\mathfrak{g} = \mathfrak{a}_1 \times \cdots \times \mathfrak{a}_m$, où les $\mathfrak{a}_i$ sont simples. Comme le centre de $\mathfrak{a}_i$ est nul, le commutant de $\mathfrak{a}_i$ dans $\mathfrak{g}$ est le produit des $\mathfrak{a}_j$ pour $j \neq i$. Soit alors $\mathfrak{a}$ un idéal de $\mathfrak{g}$. S'il ne contient pas $\mathfrak{a}_i$, on a $\mathfrak{a} \cap \mathfrak{a}_i = \{0\}$, donc $[\mathfrak{a}, \mathfrak{a}_i] = \{0\}$, et $\mathfrak{a}$ est contenu dans le produit des $\mathfrak{a}_j$ pour $j \neq i$. Il s'ensuit que $\mathfrak{a}$ est produit de certains des $\mathfrak{a}_i$. Donc les idéaux simples de $\mathfrak{g}$ sont exactement les $\mathfrak{a}_i$.

Les idéaux simples d'une algèbre de Lie semi-simple sont appelés les *composants simples* de $\mathfrak{g}$.

Corollaire 2. — *Soient* $\mathfrak{g}$, $\mathfrak{g}'$ *deux algèbres de Lie,* $\mathfrak{r}$ *et* $\mathfrak{r}'$ *leurs radicaux, et* f *un homomorphisme de* $\mathfrak{g}$ *sur* $\mathfrak{g}'$. *Alors* $\mathfrak{r}' = f(\mathfrak{r})$.

Comme $f(\mathfrak{r})$ est résoluble, on a $f(\mathfrak{r}) \subset \mathfrak{r}'$. D'autre part, $\mathfrak{g}/\mathfrak{r}$ est semi-simple (§ 5, n° 2, prop. 3), donc $\mathfrak{g}'/f(\mathfrak{r})$, qui est isomorphe à un quotient de $\mathfrak{g}/\mathfrak{r}$, est semi-simple (lemme 1), donc $f(\mathfrak{r}) \supset \mathfrak{r}'$ (§ 5, n° 2, prop. 3).

Remarques. — 1) Le th. 2 admet une réciproque : si toute représentation de dimension finie de $\mathfrak{g}$ est semi-simple, $\mathfrak{g}$ est semi-simple. En effet, puisque la représentation adjointe est semi-simple, tout idéal de $\mathfrak{g}$ admet un idéal supplémentaire, donc peut être considéré comme un quotient de $\mathfrak{g}$. Si $\mathfrak{g}$ n'est pas semi-simple, $\mathfrak{g}$ admet donc un quotient commutatif non nul, et par suite un quotient de dimension 1. Or l'algèbre de Lie K de dimension 1 admet des représentations non semi-simples, par exemple

$$\lambda \mapsto \begin{pmatrix} 0 & 0 \\ \lambda & 0 \end{pmatrix}.$$

2) Soient $\mathfrak{g}$ une algèbre de Lie sur K, et σ une représentation de $\mathfrak{g}$ dans un espace vectoriel M. Soit d'autre part f une applica-

tion K-linéaire de $\mathfrak{g}$ dans M telle que :

$$(1) \qquad f([x, y]) = \sigma(x).f(y) - \sigma(y).f(x)$$

quels que soient x, y dans $\mathfrak{g}$. D'après le § 1, n° 8, exemple 2, la donnée de σ et f équivaut à la donnée d'un homomorphisme $x \mapsto (f(x), \sigma(x))$ de $\mathfrak{g}$ dans $\mathfrak{af}(M)$. On a vu d'autre part (*loc. cit.*) que l'élément $(f(x), \sigma(x))$ de $\mathfrak{af}(M)$ s'identifie canoniquement à l'élément $\rho(x)$ de $\mathfrak{gl}(N)$ (où $N = M \times K$) qui induit $\sigma(x)$ sur M et transforme l'élément (0, 1) de N en $f(x)$. Et ρ est alors une représentation de $\mathfrak{g}$ dans N telle que $\rho(x)(N) \subset M$ pour tout $x \in \mathfrak{g}$.

Ceci posé, si $\mathfrak{g}$ est *semi-simple*, il existe (lemme 3) une droite Z supplémentaire de M dans N et annulée par $\rho(\mathfrak{g})$. Autrement dit, *il existe un élément* $m_0 \in M$ tel que $(-m_0, 1) \in N$ soit annulé par $\rho(x)$ pour tout $x \in \mathfrak{g}$, c'est-à-dire *tel que*

$$(2) \qquad f(x) = \sigma(x).m_0$$

pour tout $x \in \mathfrak{g}$.

Supposons $K = \mathbf{R}$. Soit G un groupe de Lie connexe d'algèbre de Lie $\mathfrak{g}$. Considérons un homomorphisme analytique φ de G dans le groupe affine A de M, correspondant à un homomorphisme $x \rightarrow (f(x), \sigma(x))$ de $\mathfrak{g}$ dans $\mathfrak{af}(M)$. Les résultats précédents peuvent s'interpréter en disant que, si $\mathfrak{g}$ est semi-simple, $\varphi(G)$ laisse fixe un point de M. En effet, soit H l'ensemble des éléments de $\mathbf{GL}(N)$ qui laissent stables toutes les variétés linéaires de N parallèles à M. Il existe (§ 1, n° 8, exemple 2) un isomorphisme canonique ψ de A sur H. Soit Z une droite supplémentaire de M dans N. Dire que $\rho(\mathfrak{g})$ annule Z revient à dire que $(\psi \circ \varphi)(G)$ laisse fixes les points de Z, donc (compte tenu de la définition de ψ) que $\varphi(G)$ laisse fixe la projection sur M du point d'intersection de Z et de $M \times \{1\}$.

3. *Éléments semi-simples et éléments nilpotents dans les algèbres de Lie semi-simples*

PROPOSITION 3. — *Soient* M *un espace vectoriel de dimension finie sur* K, *et* $\mathfrak{g}$ *une sous-algèbre semi-simple de* $\mathfrak{gl}(M)$. *Alors* $\mathfrak{g}$ *contient les composantes semi-simples et nilpotentes de ses éléments.*

Si K_1 est une extension de K, la forme de Killing de $\mathfrak{g}_{(K_1)}$ est l'extension à $\mathfrak{g}_{(K_1)}$ de celle de $\mathfrak{g}$ (§ 3, n° 8), donc est non dégénérée ; par suite, $\mathfrak{g}_{(K_1)}$ est semi-simple. Il suffit donc de démontrer la prop. 3 lorsque le corps de base est algébriquement clos, ce que nous supposons désormais.

Pour tout sous-espace N de M, soit $\mathfrak{g}_N$ la sous-algèbre de $\mathfrak{gl}(M)$ formée des éléments qui laissent N stable, et dont la restriction à N est de trace nulle. Comme $\mathfrak{g} = \mathcal{D}\mathfrak{g}$, on a $\mathfrak{g} \subset \mathfrak{g}_N$ si N est stable par $\mathfrak{g}$. Soit alors $\mathfrak{g}^*$ l'intersection du normalisateur de $\mathfrak{g}$ dans $\mathfrak{gl}(M)$ et des algèbres $\mathfrak{g}_N$ où N parcourt l'ensemble des sous-espaces de M stables par $\mathfrak{g}$. Comme la composante semi-simple s (resp. nilpotente n) de $x \in \mathfrak{gl}(M)$ est un polynôme sans terme constant en x, et que ad s (resp. ad n) est la partie semi-simple (resp. nilpotente) de ad x (§ 5, n° 4, lemme 2), il est clair que $x \in \mathfrak{g}^*$ implique $s \in \mathfrak{g}^*$ et $n \in \mathfrak{g}^*$; il suffit donc de faire voir que $\mathfrak{g}^* = \mathfrak{g}$. Puisque $\mathfrak{g}$ et un idéal semi-simple de $\mathfrak{g}^*$, on a $\mathfrak{g}^* = \mathfrak{a} \times \mathfrak{g}$ (n° 1, cor. 1 de la prop. 1). Soit $a \in \mathfrak{a}$ et soit N un sous-espace minimal parmi les sous-espaces non nuls de M stables par $\mathfrak{g}$. La restriction de a à N est un multiple scalaire de l'identité d'après le th. de Burnside, de trace nulle par construction, donc est nulle puisque K est de caractéristique 0. Comme M est somme directe de sous-espaces tels que N, il s'ensuit que $a = 0$, donc $\mathfrak{g}^* = \mathfrak{g}$.

Corollaire. — *Un élément x de $\mathfrak{g}$ est un endomorphisme semi-simple* (resp. *nilpotent*) *de* M *si et seulement si* $\mathrm{ad}_{\mathfrak{g}}\, x$ *est un endomorphisme semi-simple* (resp. *nilpotent*) *de* $\mathfrak{g}$.

Soit s (resp. n) la composante semi-simple (resp. nilpotente) de $x \in \mathfrak{g}$. On a $s \in \mathfrak{g}$ et $n \in \mathfrak{g}$ (prop. 3). Alors $\mathrm{ad}_{\mathfrak{g}}\, s$ (resp. $\mathrm{ad}_{\mathfrak{g}}\, n$) est la composante semi-simple (resp. nilpotente) de $\mathrm{ad}_{\mathfrak{g}}\, x$, d'après le lemme 2 du § 5, n° 4. Si x est semi-simple (resp. nilpotent), il en est donc de même de $\mathrm{ad}_{\mathfrak{g}}\, x$. Si maintenant $\mathrm{ad}_{\mathfrak{g}}\, x$ est semi-simple (resp. nilpotent), il est égal à $\mathrm{ad}_{\mathfrak{g}}\, s$ (resp. $\mathrm{ad}_{\mathfrak{g}}\, n$), donc $x = s$ (resp. $x = n$) puisque la représentation adjointe de $\mathfrak{g}$ est fidèle.

Définition 3. — *Soit $\mathfrak{g}$ une algèbre de Lie semi-simple. Un élément x de $\mathfrak{g}$ est dit semi-simple* (resp. *nilpotent*) *si, pour tout*

$\mathfrak{g}$-*module* M *de dimension finie sur* K, x_M *est un endomorphisme semi-simple* (resp. *nilpotent*) *de* M.

PROPOSITION 4. — *Soient* $\mathfrak{g}$, $\mathfrak{g}'$ *des algèbres de Lie semi-simples, et* f *un homomorphisme de* $\mathfrak{g}$ *dans* $\mathfrak{g}'$. *Si* $x \in \mathfrak{g}$ *est semi-simple* (resp. *nilpotent*), $f(x)$ *l'est aussi. Si* f *est surjectif, tout élément semi-simple* (resp. *nilpotent*) *de* $\mathfrak{g}'$ *est image par* f *d'un élément semi-simple* (resp. *nilpotent*) *de* $\mathfrak{g}$.

Si ρ est une représentation de $\mathfrak{g}'$, $\rho \circ f$ est une représentation de $\mathfrak{g}$, d'où la première assertion. Si f est surjectif, il existe un homomorphisme g de $\mathfrak{g}'$ dans $\mathfrak{g}$ tel que $f \circ g$ soit l'homomorphisme identique de $\mathfrak{g}'$ (nº 1, cor. 2 de la prop. 1), et la deuxième assertion résulte donc de la première.

THÉORÈME 3. — *Soit* $\mathfrak{g}$ *une algèbre de Lie semi-simple.*

a) *Soit* $x \in \mathfrak{g}$. *S'il existe une représentation fidèle de* ρ *de* $\mathfrak{g}$ *telle que* $\rho(x)$ *soit un endomorphisme semi-simple* (resp. *nilpotent*), *alors* x *est semi-simple* (resp. *nilpotent*).

b) *Tout élément de* $\mathfrak{g}$ *s'écrit de manière unique comme somme d'un élément semi-simple et d'un élément nilpotent commutant entre eux.*

Supposons satisfaite l'hypothèse de *a*). Soient σ une représentation de $\mathfrak{g}$, $\mathfrak{b}$ l'idéal supplémentaire du noyau de σ, et α la projection de $\mathfrak{g}$ sur $\mathfrak{b}$. Alors, $\mathrm{ad}_{\mathfrak{g}}\, x$ est semi-simple (resp. nilpotent) d'après le cor. de la prop. 3, donc $\mathrm{ad}_{\mathfrak{b}}\, \alpha(x)$ est semi-simple (resp. nilpotent). Comme $\sigma(x) = \sigma(\alpha(x))$, la première assertion résulte du cor. de la prop. 3. La deuxième résulte alors de la prop. 3 appliquée à une représentation fidèle.

4. *Algèbres de Lie réductives*

DÉFINITION 4. — *Une algèbre de Lie est dite réductive si sa représentation adjointe est semi-simple.*

PROPOSITION 5. — *Soient* $\mathfrak{g}$ *une algèbre de Lie,* $\mathfrak{r}$ *son radical. Les conditions suivantes sont équivalentes :*

a) $\mathfrak{g}$ *est réductive.*

b) $\mathscr{D}\mathfrak{g}$ *est semi-simple.*

c) $\mathfrak{g}$ *est produit d'une algèbre semi-simple et d'une algèbre commutative.*

d) $\mathfrak{g}$ *possède une représentation de dimension finie telle que la forme bilinéaire associée soit non dégénérée.*

e) $\mathfrak{g}$ *possède une représentation de dimension finie semi-simple fidèle.*

f) *Le radical nilpotent de* $\mathfrak{g}$ *est nul.*

g) $\mathfrak{r}$ *est le centre de* $\mathfrak{g}$.

a) $\Rightarrow$ *b)* : si la représentation adjointe de $\mathfrak{g}$ est semi-simple, $\mathfrak{g}$ est somme directe d'idéaux non nuls minimaux $\mathfrak{a}_i$, donc $\mathfrak{g}$ est isomorphe au produit des $\mathfrak{a}_i$; et $\mathfrak{a}_i$ ne possède pas d'autre idéaux que $\{0\}$ et $\mathfrak{a}_i$, donc est simple ou commutatif de dimension 1. Par suite, $\mathcal{D}\mathfrak{g}$ est égal au produit de ceux des $\mathfrak{a}_i$ qui sont simples, donc est semi-simple.

b) $\Rightarrow$ *c)* : si $\mathcal{D}\mathfrak{g}$ est semi-simple, $\mathfrak{g}$ est isomorphe au produit de $\mathcal{D}\mathfrak{g}$ par une algèbre de Lie $\mathfrak{h}$ (n° 1, cor. 1 de la prop. 1) ; $\mathfrak{h}$ est isomorphe à $\mathfrak{g}/\mathcal{D}\mathfrak{g}$, donc commutative.

c) $\Rightarrow$ *d)* : soient $\mathfrak{g}_1$ et $\mathfrak{g}_2$ deux algèbres de Lie, ρ_i une représentation de dimension finie de $\mathfrak{g}_i$, β_i la forme bilinéaire sur $\mathfrak{g}_i$ associée à ρ_i ($i = 1, 2$) ; on peut considérer ρ_1 et ρ_2 comme des représentations de $\mathfrak{g} = \mathfrak{g}_1 \times \mathfrak{g}_2$; soit ρ leur somme directe. Il est clair que la forme bilinéaire sur $\mathfrak{g}$ associée à ρ est la somme directe de β_1 et β_2, donc est non dégénérée si β_1 et β_2 sont non dégénérées. Ceci posé, pour prouver l'implication *c)* $\Rightarrow$ *d)*, il suffit de considérer les 2 cas suivants : 1) $\mathfrak{g}$ est semi-simple ; alors la représentation adjointe admet pour forme associée la forme de Killing, qui est non dégénérée ; 2) $\mathfrak{g} = K$; alors la représentation identique de $\mathfrak{g}$ dans K a une forme bilinéaire associée qui est non dégénérée.

d) $\Rightarrow$ *e)* : soient ρ une représentation de dimension finie de $\mathfrak{g}$ et β la forme bilinéaire associée ; d'après la prop. 4 du § 4, n° 3, il existe une représentation semi-simple de dimension finie σ de $\mathfrak{g}$ telle que le noyau $\mathfrak{n}$ de σ soit orthogonal à $\mathfrak{g}$ pour β. Si β est non dégénérée, on a $\mathfrak{n} = \{0\}$, donc σ est fidèle.

e) $\Rightarrow$ *f)* : ceci est évident.

f) $\Rightarrow$ *g)* : si le radical nilpotent de $\mathfrak{g}$ est nul, $\mathcal{D}\mathfrak{g} \cap \mathfrak{r}$ est nul (§ 5, n° 3, th. 1) ; comme $[\mathfrak{g}, \mathfrak{r}] \subset \mathcal{D}\mathfrak{g} \cap \mathfrak{r}$, $\mathfrak{r}$ est le centre de $\mathfrak{g}$.

g) $\Rightarrow$ *a*) : si $\mathfrak{r}$ est le centre de $\mathfrak{g}$, la représentation adjointe de $\mathfrak{g}$ s'identifie à une représentation de $\mathfrak{g}/\mathfrak{r}$, qui est une algèbre de Lie semi-simple (§ 5, n° 2, prop. 3) ; cette représentation est donc semi-simple (th. 2).

Remarque. — Si une algèbre de Lie $\mathfrak{g}$ peut se décomposer en un produit $\mathfrak{a} \times \mathfrak{b}$ d'une algèbre de Lie commutative $\mathfrak{a}$ et d'une algèbre de Lie semi-simple $\mathfrak{b}$, cette décomposition est unique. Plus précisément, le centre de $\mathfrak{g}$ est égal au produit des centres de $\mathfrak{a}$ et de $\mathfrak{b}$, donc est égal à $\mathfrak{a}$. Et $\mathcal{D}\mathfrak{g} = \mathcal{D}\mathfrak{a} \times \mathcal{D}\mathfrak{b} = \mathfrak{b}$.

COROLLAIRE. — a) *Tout produit fini d'algèbres réductives est une algèbre réductive.*

b) *Si* $\mathfrak{g}$ *est une algèbre de Lie réductive, de centre* $\mathfrak{c}$, *tout idéal de* $\mathfrak{g}$ *est facteur direct, produit de ses intersections avec* $\mathfrak{c}$ *et* $\mathcal{D}\mathfrak{g}$, *et est une algèbre de Lie réductive.*

c) *Tout quotient d'une algèbre de Lie réductive est une algèbre de Lie réductive.*

L'assertion *a*) résulte par exemple de la condition *c*) de la prop. 5.

Supposons $\mathfrak{g}$ réductive. Soit $\mathfrak{a}$ un idéal de $\mathfrak{g}$. Puisque la représentation adjointe de $\mathfrak{g}$ est semi-simple, $\mathfrak{a}$ possède un idéal supplémentaire $\mathfrak{b}$, et $\mathfrak{g}$ s'identifie à $\mathfrak{a} \times \mathfrak{b}$. Pour tout $x \in \mathfrak{g}$, soit $\rho(x)$ la restriction de $\mathrm{ad}_{\mathfrak{g}}\, x$ à $\mathfrak{a}$. Alors, ρ est une représentation semi-simple de $\mathfrak{g}$ qui s'annule sur $\mathfrak{b}$, et définit par passage au quotient la représentation adjointe de $\mathfrak{a}$. Donc $\mathfrak{a}$ est réductive. De même, $\mathfrak{g}/\mathfrak{a}$ et $\mathfrak{b}$, qui sont isomorphes, sont réductives. Enfin, soient $\mathfrak{d}$, $\mathfrak{d}'$ les centres de $\mathfrak{a}$ et $\mathfrak{b}$; on a $\mathfrak{a} = \mathfrak{d} \times \mathcal{D}\mathfrak{a}$, $\mathfrak{b} = \mathfrak{d}' \times \mathcal{D}\mathfrak{b}$, $\mathfrak{d} \times \mathfrak{d}' = \mathfrak{c}$, $\mathcal{D}\mathfrak{a} \times \mathcal{D}\mathfrak{b} = \mathcal{D}\mathfrak{g}$; donc $\mathfrak{a} = (\mathfrak{a} \cap \mathfrak{c}) + (\mathfrak{a} \cap \mathcal{D}\mathfrak{g})$.

PROPOSITION 6. — *Soient* $\mathfrak{g}$ *une algèbre de Lie,* $\mathfrak{r}$ *son radical,* $\mathfrak{s}$ *son radical nilpotent.*

a) $\mathfrak{s} = [\mathfrak{g}, \mathfrak{r}] = \mathcal{D}\mathfrak{g} \cap \mathfrak{r}$.

b) $\mathfrak{s}$ *est l'intersection des orthogonaux de* $\mathfrak{g}$ *pour les formes bilinéaires associées aux représentations de dimension finie de* $\mathfrak{g}$.

Il est clair que $[\mathfrak{g}, \mathfrak{r}] \subset \mathcal{D}\mathfrak{g} \cap \mathfrak{r}$. On a $\mathcal{D}\mathfrak{g} \cap \mathfrak{r} = \mathfrak{s}$ d'après le th. 1 du § 5, n° 3. Soient $\mathfrak{g}' = \mathfrak{g}/[\mathfrak{g}, \mathfrak{r}]$, et f l'homomorphisme canonique de $\mathfrak{g}$ sur $\mathfrak{g}'$; alors $f(\mathfrak{r})$ est le radical $\mathfrak{r}'$ de $\mathfrak{g}'$ (cor. 3 de la prop. 2, n° 2), donc $[\mathfrak{g}', \mathfrak{r}'] = \{0\}$ et $\mathfrak{r}'$ est le centre de $\mathfrak{g}'$; par suite (prop. 5) $\mathfrak{g}'$ possède une représentation semi-simple fidèle de dimension finie, d'où $\mathfrak{s} \subset [\mathfrak{g}, \mathfrak{r}]$. On a prouvé *a*).

Soit $\mathfrak{t}$ l'intersection des orthogonaux de $\mathfrak{g}$ pour les formes bilinéaires associées aux représentations de dimension finie de $\mathfrak{g}$. On a $\mathfrak{s} \subset \mathfrak{t}$ (§ 4, n° 3, prop. 4 *d*)). D'autre part, $\mathfrak{g}/\mathfrak{s}$ possède une représentation semi-simple fidèle de dimension finie, donc (prop. 5) une représentation ρ de dimension finie telle que la forme bilinéaire associée soit non dégénérée ; considérée comme représentation de $\mathfrak{g}$, ρ possède une forme bilinéaire associée β sur $\mathfrak{g}$, et l'orthogonal de $\mathfrak{g}$ pour β est $\mathfrak{s}$, d'où $\mathfrak{t} \subset \mathfrak{s}$. Donc $\mathfrak{t} = \mathfrak{s}$.

Même si $\mathfrak{s} \neq \{0\}$, il peut exister des formes bilinéaires invariantes symétriques non dégénérées sur $\mathfrak{g}$ (exerc. 18 *c*)). De telles formes, bien entendu, ne sont associées à aucune représentation de $\mathfrak{g}$.

Corollaire. — *Soient* $\mathfrak{g}$, $\mathfrak{g}'$ *des algèbres de Lie*, $\mathfrak{s}$ (resp. $\mathfrak{s}'$) *le radical nilpotent de* $\mathfrak{g}$ (resp. $\mathfrak{g}'$), *et* f *un homomorphisme de* $\mathfrak{g}$ *sur* $\mathfrak{g}'$.

a) *On a* $\mathfrak{s}' = f(\mathfrak{s})$.

b) $\mathfrak{g}'$ *est réductive si et seulement si le noyau de* f *contient* $\mathfrak{s}$.

En effet, si $\mathfrak{r}$, $\mathfrak{r}'$ sont les radicaux de $\mathfrak{g}$, $\mathfrak{g}'$, on a $\mathfrak{s}' = [\mathfrak{g}', \mathfrak{r}'] = [f(\mathfrak{g}), f(\mathfrak{r})] = f([\mathfrak{g}, \mathfrak{r}]) = f(\mathfrak{s})$. L'assertion *b*) est conséquence immédiate de *a*).

5. *Application : un critère de semi-simplicité pour les représentations*

Théorème 4. — *Soient* $\mathfrak{g}$ *une algèbre de Lie*, $\mathfrak{r}$ *son radical*, ρ *une représentation de* $\mathfrak{g}$ *de dimension finie*, $\mathfrak{g}' = \rho(\mathfrak{g})$ *et* $\mathfrak{r}' = \rho(\mathfrak{r})$. *Alors les conditions suivantes sont équivalentes* :

a) ρ *est semi-simple* ;

b) $\mathfrak{g}'$ *est réductive, et son centre est formé d'endomorphismes semi-simples* ;

c) $\mathfrak{r}'$ *est formé d'endomorphismes semi-simples* ;

d) *la restriction de* ρ *à* $\mathfrak{r}$ *est semi-simple.*

a) ⇒ *b*) : si ρ est semi-simple, $\mathfrak{g}'$ est réductive (prop. 5) ; l'algèbre associative engendrée par 1 et $\mathfrak{g}'$ est semi-simple (*Alg.*, chap. VIII, § 5, n° 1, prop. 3), donc son centre est semi-simple (*loc. cit.*, § 5, n° 4, prop. 12), donc les éléments de ce centre sont semi-simples (*loc. cit.*, § 9, n° 1, prop. 2).

b) ⇒ *c*) : si $\mathfrak{g}'$ est réductive, son centre est égal à son radical, c'est-à-dire à $\mathfrak{r}'$, d'où l'implication *b*) ⇒ *c*).

c) ⇒ *d*) : supposons $\mathfrak{r}'$ formé d'endomorphismes semi-simples. Comme $[\mathfrak{g}', \mathfrak{r}']$ est formé d'endomorphismes nilpotents (n° 4, prop. 6), on a $[\mathfrak{g}', \mathfrak{r}'] = \{0\}$. Ceci posé, l'implication *c*) ⇒ *d*) résulte d'*Alg.*, chap. VIII, § 9, n° 2, th. 1.

d) ⇒ *a*) : soient $\mathfrak{s}$ le radical nilpotent de $\mathfrak{g}$, et ρ' la restriction de ρ à $\mathfrak{r}$. Les éléments de $\rho(\mathfrak{s})$ sont nilpotents, donc $\mathfrak{s}$ est contenu dans le plus grand idéal de nilpotence de ρ'. Comme ρ' est semi-simple, on a $\rho'(\mathfrak{s}) = \{0\}$, et $\mathfrak{g}'$ est réductive (cor. de la prop. 6), de sorte que $\mathfrak{g}' = \mathfrak{a}' \times \mathfrak{r}'$ avec $\mathfrak{a}'$ semi-simple (prop. 5). Soit A' (resp. R') l'algèbre associative engendrée par 1 et $\mathfrak{a}'$ (resp. $\mathfrak{r}'$). Elle est semi-simple (*Alg.*, chap. VIII, § 5, n° 1, prop. 3), donc $A' \otimes_K R'$ est semi-simple (*loc. cit.*, § 7, n° 6, cor. 4 du th. 3), donc l'algèbre associative engendrée par 1 et $\mathfrak{g}'$, qui est un quotient de $A' \otimes_K R'$, est semi-simple, ce qui prouve que ρ est semi-simple.

COROLLAIRE 1. — *Soient $\mathfrak{g}$ une algèbre de Lie, ρ et ρ' deux représentations semi-simples de dimension finie de $\mathfrak{g}$. Alors, le produit tensoriel de ρ et ρ' est semi-simple.*

Soit $\mathfrak{r}$ le radical de $\mathfrak{g}$. Pour $x \in \mathfrak{r}$, $\rho(x)$ et $\rho'(x)$ sont semi-simples (th. 4), donc $\rho(x) \otimes 1 + 1 \otimes \rho'(x)$ est semi-simple (*Alg.*, chap. VIII, § 9, cor. du th. 1), donc le produit tensoriel de ρ et ρ' est semi-simple (th. 4).

COROLLAIRE 2. — *Soient $\mathfrak{g}$ une algèbre de Lie, ρ une représentation semi-simple de $\mathfrak{g}$ dans un espace vectoriel* V *de dimension finie,* T *et* S *les algèbres tensorielle et symétrique de* V, *et σ_T, σ_S les représentations de $\mathfrak{g}$ dans* T *et* S *canoniquement déduites de ρ. Alors, σ_T et σ_S sont semi-simples, et, plus précisément, sommes directes de représentations simples de dimension finie.*

Soit T^n le sous-espace de T formé des tenseurs homogènes d'ordre *n*. Ce sous-espace est stable pour σ_T, et la représentation définie par σ_T dans T^n est semi-simple (cor. 1). D'où le corollaire pour σ_T, et par suite pour σ_S, qui est une représentation quotient de σ_T.

COROLLAIRE 3. — *Soient* $\mathfrak{g}$ *une algèbre de Lie,* ρ *et* ρ' *deux représentations semi-simples de dimension finie de* $\mathfrak{g}$ *dans des espaces* M *et* M'. *Alors, la représentation de* $\mathfrak{g}$ *dans* $\mathcal{L}_K(M, M')$ *canoniquement déduite de* ρ *et* ρ' *est semi-simple.*

En effet, le $\mathfrak{g}$-module $\mathcal{L}_K(M, M')$ s'identifie canoniquement au $\mathfrak{g}$-module $M^* \otimes_K M'$ (§ 3, n° 3, prop. 4), de sorte que le cor. 3 résulte du cor. 1.

COROLLAIRE 4. — *Soient* $\mathfrak{g}$ *une algèbre de Lie,* $\mathfrak{a}$ *un idéal de* $\mathfrak{g}$, ρ *une représentation semi-simple de* $\mathfrak{g}$.

a) *La restriction* ρ' *de* ρ *à* $\mathfrak{a}$ *est semi-simple.*

b) *Si* ρ *est simple,* ρ' *est somme de représentations simples deux à deux isomorphes.*

Passant au quotient par le noyau de ρ, on peut supposer ρ fidèle. Alors, $\mathfrak{g}$ est réductive. Soit $\mathfrak{g} = \mathfrak{g}_1 \times \mathfrak{g}_2$, où $\mathfrak{g}_1$ est le centre de $\mathfrak{g}$ et où $\mathfrak{g}_2$ est semi-simple. On a $\mathfrak{a} = \mathfrak{a}_1 \times \mathfrak{a}_2$, avec $\mathfrak{a}_1 \subset \mathfrak{g}_1$, $\mathfrak{a}_2 \subset \mathfrak{g}_2$, et $\mathfrak{a}_1$ est le centre de $\mathfrak{a}$. Les éléments de $\rho(\mathfrak{g}_1)$, et en particulier ceux de $\rho(\mathfrak{a}_1)$, sont semi-simples (th. 4), donc ρ' est semi-simple (th. 4). D'où *a*). L'assertion *b*) résulte de *a*), compte tenu du § 3, n° 1, cor. de la prop. 1.

6. Sous-algèbres réductives dans une algèbre de Lie

DÉFINITION 5. — *Soient* $\mathfrak{g}$ *une algèbre de Lie,* $\mathfrak{h}$ *une sous-algèbre de Lie de* $\mathfrak{g}$. *On dit que* $\mathfrak{h}$ *est réductive dans* $\mathfrak{g}$ *si la représentation* $x \to \mathrm{ad}_{\mathfrak{g}}\, x$ *de* $\mathfrak{h}$ *est semi-simple.*

Cette représentation admet comme sous-représentation la représentation adjointe de $\mathfrak{h}$. Donc, si $\mathfrak{h}$ est réductive dans $\mathfrak{g}$, $\mathfrak{h}$ est réductive. D'autre part, dire qu'une algèbre de Lie est réductive dans elle-même équivaut à dire qu'elle est réductive.

PROPOSITION 7. — *Soient* $\mathfrak{g}$ *une algèbre de Lie,* $\mathfrak{h}$ *une sous-algèbre réductive dans* $\mathfrak{g}$, ρ *une représentation de* $\mathfrak{g}$ *dans un espace vectoriel* V, *et* W *la somme des sous-espaces de dimension finie de* V *qui sont des* $\mathfrak{h}$*-modules simples. Alors,* W *est stable pour* $\rho(\mathfrak{g})$.

Soit W_0 un sous-$\mathfrak{h}$-module simple de dimension finie de V. Il s'agit de montrer que $\rho(x)(W_0) \subset W$ pour tout $x \in \mathfrak{g}$. Désignons par M l'espace vectoriel $\mathfrak{g}$ considéré comme $\mathfrak{h}$-module grâce à la représentation $x \mapsto \mathrm{ad}_{\mathfrak{g}}\, x$ de $\mathfrak{h}$ dans $\mathfrak{g}$. Alors, $M \otimes_K W_0$ est un $\mathfrak{h}$-module semi-simple (cor. 1 du th. 4). Soit θ l'application K-linéaire de $M \otimes_K W_0$ dans V définie par $\theta(x \otimes w) = \rho(x)w$. C'est un homomorphisme de $\mathfrak{h}$-modules, car, si $y \in \mathfrak{h}$, on a :

$$\begin{aligned}\theta([y, x] \otimes w + x \otimes \rho(y)w) &= \rho([y, x])w + \rho(x)\rho(y)w \\ &= \rho(y)\rho(x)w = \rho(y)\theta(x \otimes w).\end{aligned}$$

Donc $\theta(M \otimes_K W_0)$ est un $\mathfrak{h}$-module semi-simple de dimension finie. Donc $\theta(M \otimes_K W_0) \subset W$, c'est-à-dire $\rho(x)(W_0) \subset W$ pour tout $x \in \mathfrak{g}$.

Corollaire 1. — *Soient* $\mathfrak{g}$ *une algèbre de Lie,* $\mathfrak{h}$ *une sous-algèbre réductive dans* $\mathfrak{g}$, *et* ρ *une représentation semi-simple de dimension finie de* $\mathfrak{g}$. *Alors la restriction de* ρ *à* $\mathfrak{h}$ *est semi-simple.*

En effet, il suffit d'étudier le cas où ρ est simple. Adoptons les notations V, W de la prop. 4. Soit W_1 un sous-espace de V minimal parmi les sous-espaces non nuls et stables pour $\rho(\mathfrak{h})$. On a $W_1 \subset W$, donc $W \neq \{0\}$, donc $W = V$.

Corollaire 2. — *Soient* $\mathfrak{g}$ *une algèbre de Lie,* $\mathfrak{h}$ *une sous-algèbre réductive dans* $\mathfrak{g}$, *et* $\mathfrak{k}$ *une sous-algèbre de* $\mathfrak{h}$ *réductive dans* $\mathfrak{h}$. *Alors,* $\mathfrak{k}$ *est réductive dans* $\mathfrak{g}$.

En effet, la représentation $x \mapsto \mathrm{ad}_{\mathfrak{g}}\, x$ de $\mathfrak{h}$ dans $\mathfrak{g}$ est semi-simple, donc sa restriction à $\mathfrak{k}$ est semi-simple (cor. 1).

7. *Exemples d'algèbres de Lie semi-simples*

Proposition 8. — *Soit* V *un espace vectoriel de dimension finie. Alors,* $\mathfrak{gl}(V)$ *est réductive, son centre est l'ensemble des homothéties de* V, *son algèbre dérivée est* $\mathfrak{sl}(V)$, *et cette dernière est semi-simple.*

La représentation identique de $\mathfrak{gl}(V)$ est simple, donc $\mathfrak{gl}(V)$ est réductive, et par suite $\mathfrak{gl}(V)$ est somme directe de son centre $\mathfrak{c}$ et de son algèbre dérivée $\mathcal{D}(\mathfrak{gl}(V))$. Le centre $\mathfrak{c}$ est l'ensemble des homothéties (*Alg.*, chap. II, § 2, n° 5, cor. 1 de la prop. 5). Il est clair que $\mathcal{D}(\mathfrak{gl}(V)) \subset \mathfrak{sl}(V)$. Comme $\mathfrak{sl}(V) \cap \mathfrak{c} = \{0\}$, on a $\mathcal{D}(\mathfrak{gl}(V)) = \mathfrak{sl}(V)$. Donc $\mathfrak{sl}(V)$ est semi-simple.

Exemple. — Identifions $\mathfrak{sl}(K^2)$ à l'algèbre de Lie des matrices d'ordre 2 et de trace nulle. Posons

$$X = \begin{pmatrix} 0 & 1 \\ 0 & 0 \end{pmatrix} \qquad Y = \begin{pmatrix} 0 & 0 \\ 1 & 0 \end{pmatrix} \qquad H = \begin{pmatrix} 1 & 0 \\ 0 & -1 \end{pmatrix}.$$

Alors, X, Y, H forment une base de $\mathfrak{sl}(K^2)$, et on a

$$[H, X] = 2X \qquad [H, Y] = -2Y \qquad [X, Y] = H.$$

Comme une algèbre de dimension 1 ou 2 est non semi-simple (n° 1, remarque 1), $\mathfrak{sl}(K^2)$ est simple. En fait, $\mathfrak{sl}(V)$ est simple dès que $\dim V \geqslant 2$, comme nous le verrons plus tard (cf. aussi exerc. 21 et 24).

Proposition 9. — *Soient* V *un espace vectoriel de dimension finie* n *sur* K, β *une forme bilinéaire symétrique* (resp. *alternée*) *non dégénérée sur* V. *Soit* $\mathfrak{g}$ *l'algèbre de Lie formée des* $x \in \mathfrak{gl}(V)$ *tels que* $\beta(xm, m') + \beta(m, xm') = 0$ *quels que soient* m, m' *dans* V. *Alors*, $\mathfrak{g}$ *est réductive* ; $\mathfrak{g}$ *est même semi-simple sauf dans le cas où* β *est symétrique et où* $n = 2$.

Pour tout $u \in \mathfrak{gl}(V)$, on notera u^* son adjoint relativement à β ; on a $\operatorname{Tr}(u) = \operatorname{Tr}(u^*)$ d'après la prop. 7 d'*Alg.*, chap. IX, § 1, n° 8. La condition $\beta(um, m') + \beta(m, um') = 0$ quels que soient m, m' dans V signifie que $u + u^* = 0$. En particulier, si $v \in \mathfrak{gl}(V)$, on a $(v - v^*)^* = v^* - v$, donc $v - v^* \in \mathfrak{g}$. Ceci posé, soit u un élément de $\mathfrak{g}$ orthogonal à $\mathfrak{g}$ pour la forme bilinéaire φ associée à la représentation identique de $\mathfrak{g}$. Quel que soit $v \in \mathfrak{gl}(V)$, on a $\operatorname{Tr} u(v - v^*) = 0$, donc

$$\operatorname{Tr}(uv) = \operatorname{Tr}(uv^*) = \operatorname{Tr}(uv^*)^* = \operatorname{Tr}(vu^*) = -\operatorname{Tr}(vu) = -\operatorname{Tr}(uv)$$

donc $\operatorname{Tr}(uv) = 0$. Il en résulte que $u = 0$, de sorte que φ est non dégénérée. Donc $\mathfrak{g}$ est réductive (prop. 5). Il nous reste à montrer que le centre de $\mathfrak{g}$ est nul (sauf si β est symétrique et que $n = 2$). Par extension du corps de base, on peut supposer K algébriquement clos.

a) Lorsque β est symétrique, on peut l'identifier à la forme bilinéaire sur K^n de matrice I_n par rapport à la base canonique (*Alg.*, chap. IX, § 6, cor. 1 du th. 1). Dans ces conditions, $\mathfrak{g}$ s'identifie à l'algèbre de Lie des matrices antisymétiques (§ 3, nº 4, exemple 1). Soit $U = (u_{ij}) \in \mathfrak{g}$, et exprimons que U commute à la matrice $(v_{ij}) \in \mathfrak{g}$ dont tous les éléments sont nuls sauf $v_{i_0j_0}$ et $v_{j_0i_0}$ ($i_0 \neq j_0$) qui sont égaux respectivement à 1 et -1. On trouve que $u_{i_0j} = u_{j_0j} = u_{ii_0} = u_{ij_0} = 0$ pour $i \neq i_0, j_0$ et $j \neq i_0, j_0$. Si $n > 2$, il existe, quels que soient les indices distincts i_0 et j, des indices distincts i et j_0 tels que $i \neq i_0, j_0 \neq j, j_0 \neq i_0$; donc $u_{i_0j} = 0$. Ceci prouve qu'un élément du centre de $\mathfrak{g}$ est nul.

b) Lorsque β est alternée et que $n = 2m$, on peut identifier β à la forme bilinéaire sur K^{2m} de matrice $\begin{pmatrix} 0 & I_m \\ -I_m & 0 \end{pmatrix}$ par rapport à la base canonique (*Alg.*, chap. IX, § 5, cor. 1 du th. 1). Dans ces conditions $\mathfrak{g}$ s'identifie à l'algèbre de Lie des matrices de la forme $U = \begin{pmatrix} A & B \\ C & D \end{pmatrix}$ avec $D = -{}^tA$, B et C symétriques (A, B, C, D dans $\mathbf{M}_m(K)$) (§ 3, nº 4, exemple 1). Exprimons d'abord que U commute à la matrice $\begin{pmatrix} X & 0 \\ 0 & -{}^tX \end{pmatrix}$, où $X \in \mathbf{M}_m(K)$. Il vient $AX = XA$, $CX = -{}^tXC$, $XB = -B \cdot {}^tX$; comme ces égalités doivent être vérifiées quel que soit X, on en déduit que A est une matrice scalaire λI_m. Exprimons maintenant que U commute à la matrice $\begin{pmatrix} 0 & Y \\ 0 & 0 \end{pmatrix}$, où Y est une matrice symétrique de $\mathbf{M}_m(K)$. Il vient $\lambda Y = YC = CY = 0$. Ceci prouve d'abord que $\lambda = 0$. En outre, pour tout $X \in \mathbf{M}_m(K)$, $X + {}^tX$ est symétrique, et on doit donc avoir $XC = -{}^tXC$. Compte tenu de l'égalité $CX = -{}^tXC$ obtenue plus haut, on voit que C commute à tout élément de $\mathbf{M}_m(K)$, donc que C est une matrice scalaire, nécessairement nulle puisque $YC = 0$. On démontre de même que $B = 0$.

Pour β symétrique et $n = 2$, $\mathfrak{g}$ est de dimension 1, donc commutative. Pour les autres cas, cf. exerc. 25 et 26.

8. *Le théorème de Levi-Malcev*

Soient E un espace vectoriel normé complet sur **R**, et u un endomorphisme continu de E. On a vu (*Fonct. var. réelle*, chap. IV, § 2, n° 6) que la suite $\frac{u^n}{n!}$ est sommable dans $\mathcal{L}(E)$, et on a posé

$$e^u = \exp u = \sum_{n=0}^{\infty} \frac{u^n}{n!}.$$

Soient maintenant E un espace vectoriel sur le corps K et u un endomorphisme *nilpotent* de E. La série $\sum_{n=0}^{\infty} \frac{u^n}{n!}$ n'a qu'un nombre fini de termes non nuls, et on peut donc poser

$$e^u = \exp u = \sum_{n=0}^{\infty} \frac{u^n}{n!}.$$

Cette définition concorde avec la précédente si $K = \mathbf{R}$ et si E est normé complet. Si v est un autre endomorphisme nilpotent de E permutable à u, on a :

$$(3) \qquad e^u e^v = \left(\sum_{n=0}^{\infty} \frac{u^n}{n!}\right)\left(\sum_{p=0}^{\infty} \frac{v^p}{p!}\right) = \sum_{n,p=0}^{\infty} \frac{u^n v^p}{n!\,p!}$$
$$= \sum_{q=0}^{\infty} \frac{1}{q!}\Big(\sum_{n+p=q} \binom{q}{n} u^n v^p\Big) = \sum_{q=0}^{\infty} \frac{1}{q!}(u+v)^q = e^{u+v}.$$

En particulier, $e^u e^{-u} = e^{-u} e^u = e^0 = 1$, donc e^u est toujours un automorphisme de E.

Si en outre E est une algèbre (non nécessairement associative), et si u est une *dérivation* (nilpotente) de E, alors e^u est un *automorphisme de l'algèbre* E. En effet, si $x, y \in E$, on a

$$u^p(xy) = \sum_{r+s=p} \binom{p}{r} u^r(x) u^s(y)$$

pour tout entier $p \geqslant 0$ (formule de Leibniz). Il en résulte que :

$$e^u(xy) = \sum_{p \geqslant 0} \frac{1}{p!} u^p(xy) = \sum_{p \geqslant 0} \sum_{r+s=p} \frac{u^r(x)}{r!} \frac{u^s(y)}{s!}$$
$$= \sum_{r,s=0}^{\infty} \frac{u^r(x)}{r!} \frac{u^s(y)}{s!} = e^u(x) e^u(y)$$

d'où notre assertion.

Soit maintenant $\mathfrak{g}$ une algèbre de Lie. Si x appartient au radical nilpotent de $\mathfrak{g}$, la dérivation $\mathrm{ad}_{\mathfrak{g}}\, x$ de $\mathfrak{g}$ est nilpotente. On peut donc poser la définition suivante :

DÉFINITION 6. — *On appelle automorphisme spécial de* $\mathfrak{g}$ *un automorphisme de* $\mathfrak{g}$ *de la forme* $e^{\mathrm{ad}\, x}$, *où* x *est dans le radical nilpotent de* $\mathfrak{g}$.

Il est clair qu'un automorphisme spécial laisse stable tout idéal de $\mathfrak{g}$.

DÉFINITION 7. — *Soient* $\mathfrak{g}$ *une algèbre de Lie,* $\mathfrak{r}$ *son radical. On appelle sous-algèbre de Levi de* $\mathfrak{g}$ *toute sous-algèbre supplémentaire de* $\mathfrak{r}$ *dans* $\mathfrak{g}$.

Une sous-algèbre de Levi est isomorphe à $\mathfrak{g}/\mathfrak{r}$, donc semi-simple. Comme une sous-algèbre semi-simple n'a que 0 en commun avec $\mathfrak{r}$, toute sous-algèbre semi-simple $\mathfrak{h}$ telle que $\mathfrak{g} = \mathfrak{r} + \mathfrak{h}$ est une sous-algèbre de Levi ; par conséquent, l'image d'une sous-algèbre de Levi par un homomorphisme surjectif est une sous-algèbre de Levi.

THÉORÈME 5 (Levi-Malcev). — *Une algèbre de Lie* $\mathfrak{g}$ *possède toujours une sous-algèbre de Levi* $\mathfrak{s}$. *Toute sous-algèbre de Levi de* $\mathfrak{g}$ *est transformée de* $\mathfrak{s}$ *par un automorphisme spécial.*

On note $\mathfrak{r}$ le radical de $\mathfrak{g}$. On traitera d'abord deux cas particuliers.

a) $[\mathfrak{g}, \mathfrak{r}] = \{0\}$.

D'après la prop. 5, $\mathfrak{g}$ est alors le produit de son centre $\mathfrak{r}$ par $\mathcal{D}\mathfrak{g}$ qui est semi-simple. Donc $\mathcal{D}\mathfrak{g}$ est une sous-algèbre de Levi. De plus, si $\mathfrak{s}'$ est une sous-algèbre semi-simple, on a $\mathfrak{s}' = \mathcal{D}\mathfrak{s}'$ (th. 1), donc $\mathfrak{s}' \subset \mathcal{D}\mathfrak{g}$, et $\mathcal{D}\mathfrak{g}$ est l'unique sous-algèbre de Levi de $\mathfrak{g}$.

b) $[\mathfrak{g}, \mathfrak{r}] \neq \{0\}$, et les seuls idéaux de $\mathfrak{g}$ contenus dans $\mathfrak{r}$ sont $\{0\}$ et $\mathfrak{r}$.

Alors, $[\mathfrak{g}, \mathfrak{r}] = \mathfrak{r}$, $[\mathfrak{r}, \mathfrak{r}] = \{0\}$, et le centre de $\mathfrak{g}$ est nul. Soit M (resp. N) le sous-espace de $\mathfrak{L}(\mathfrak{g})$ formé des applications linéaires de $\mathfrak{g}$ dans $\mathfrak{r}$ dont la restriction à $\mathfrak{r}$ est une homothétie (resp. est nulle) ;

N est donc de codimension 1 dans M. Pour $m \in M$, on notera $\lambda(m)$ le rapport de l'homothétie de $\mathfrak{r}$ définie par m. Soit σ la représentation de $\mathfrak{g}$ dans $\mathfrak{L}(\mathfrak{g})$ canoniquement déduite de la représentation adjointe ; rappelons que $\sigma(x).u = [\mathrm{ad}_{\mathfrak{g}}\, x, u]$ pour tout $x \in \mathfrak{g}$ et tout $u \in \mathfrak{L}(\mathfrak{g})$.

$$\begin{matrix} \mathfrak{L}(\mathfrak{g}) \\ \cup \\ M \\ \cup \\ N \\ \cup \\ P \end{matrix}$$

Il est clair que $\sigma(x)(M) \subset N$ pour tout $x \in \mathfrak{g}$. De plus, si $x \in \mathfrak{r}$, $y \in \mathfrak{g}$ et $u \in M$, on a

(4) $(\sigma(x).u)(y) = [x, u(y)] - u([x, y]) = -\lambda(u)[x, y]$

puisque $[\mathfrak{r}, \mathfrak{r}] = \{0\}$; et (4) peut s'écrire :

(5) $$\sigma(x).u = -\mathrm{ad}\,(\lambda(u).x).$$

Comme le centre de $\mathfrak{g}$ est nul, l'application $x \mapsto \mathrm{ad}_{\mathfrak{g}}\, x$ définit une bijection φ de $\mathfrak{r}$ sur un sous-espace P de $\mathfrak{L}(\mathfrak{g})$. Ce sous-espace est stable pour $\sigma(\mathfrak{g})$ et contenu dans N puisque $\mathfrak{r}$ est un idéal commutatif, et (5) montre que $\sigma(x)(M) \subset P$ pour $x \in \mathfrak{r}$. La représentation de $\mathfrak{g}$ dans $M/P = V$ déduite de σ est donc nulle sur $\mathfrak{r}$ et définit une représentation σ' de l'algèbre semi-simple $\mathfrak{g}/\mathfrak{r}$ dans V. Pour tout $y \in \mathfrak{g}/\mathfrak{r}$, l'espace $\sigma'(y)(V)$ est contenu dans N/P, qui est de codimension 1 dans V. Par conséquent (n° 2, lemme 3) il existe un $u_0 \in M$ tel que $\lambda(u_0) = -1$ et tel que $\sigma(x).u_0 \in P$ pour tout $x \in \mathfrak{g}$. L'application $x \mapsto \varphi^{-1}(\sigma(x).u_0)$ est une application linéaire de $\mathfrak{g}$ dans $\mathfrak{r}$. D'après (5), sa restriction à $\mathfrak{r}$ est l'application identique de $\mathfrak{r}$. Donc son noyau est un sous-espace $\mathfrak{s}$ de $\mathfrak{g}$ supplémentaire de $\mathfrak{r}$ dans $\mathfrak{g}$. Comme $\mathfrak{s}$ est l'ensemble des $x \in \mathfrak{g}$ tels que $\sigma(x).u_0 = 0$, $\mathfrak{s}$ est une sous-algèbre de $\mathfrak{g}$, et par suite une sous-algèbre de Levi de $\mathfrak{g}$.

Soit $\mathfrak{s}'$ une deuxième sous-algèbre de Levi. Pour tout $x \in \mathfrak{s}'$, soit $h(x)$ l'unique élément de $\mathfrak{r}$ tel que $x + h(x) \in \mathfrak{s}$. Puisque $\mathfrak{s}$ est une sous-algèbre et que $\mathfrak{r}$ est commutatif, on a, pour x, y dans $\mathfrak{s}'$:

$$[x + h(x), y + h(y)] = [x, y] + [x, h(y)] + [h(x), y] \in \mathfrak{s}$$

donc :

$$h([x, y]) = (\mathrm{ad}\, x).h(y) - (\mathrm{ad}\, y).h(x).$$

D'après la remarque 2 du n° 2, il existe un $a \in \mathfrak{r}$ tel que $h(x) = -[x, a]$ pour tout $x \in \mathfrak{s}'$. Alors :

(6) $$x + h(x) = x + [a, x] = (1 + \mathrm{ad}\, a).x.$$

Comme $\mathfrak{r}$ est commutatif, $(\operatorname{ad} a)^2 = 0$, donc $1 + \operatorname{ad} a = e^{\operatorname{ad} a}$. Comme $\mathfrak{r} = [\mathfrak{g}, \mathfrak{r}]$, $e^{\operatorname{ad} a}$ est un automorphisme spécial de $\mathfrak{g}$. D'après (6), cet automorphisme spécial transforme $\mathfrak{s}'$ en $\mathfrak{s}$.

c) Cas général :

On raisonne par récurrence sur la dimension n du radical. Il n'y a rien à démontrer si $n = 0$, et on peut donc supposer le théorème vrai pour les algèbres de Lie dont le radical est de dimension $< \dim \mathfrak{r}$. D'après *a*), il suffit de considérer le cas où $[\mathfrak{g}, \mathfrak{r}] \neq \{0\}$. Comme $[\mathfrak{g}, \mathfrak{r}]$ est nilpotente (n° 4, prop. 6), son centre $\mathfrak{c}$ est $\neq \{0\}$. Soit $\mathfrak{m}$ un idéal non nul minimal de $\mathfrak{g}$ contenu dans $\mathfrak{c}$. Si $\mathfrak{m} = \mathfrak{r}$, on est ramené au cas *b*). Soit donc $\mathfrak{m} \neq \mathfrak{r}$ et soit f l'application canonique de $\mathfrak{g}$ sur $\mathfrak{g}' = \mathfrak{g}/\mathfrak{m}$. Le radical de $\mathfrak{g}'$ est $\mathfrak{r}' = \mathfrak{r}/\mathfrak{m}$. D'après l'hypothèse de récurrence, $\mathfrak{g}'$ possède une sous-algèbre de Levi $\mathfrak{h}'$. Alors $\mathfrak{h} = \overset{-1}{f}(\mathfrak{h}')$ est une sous-algèbre de $\mathfrak{g}$ contenant $\mathfrak{m}$, telle que $\mathfrak{h}/\mathfrak{m} = \mathfrak{h}'$ soit semi-simple, donc ayant $\mathfrak{m}$ pour radical. D'après l'hypothèse de récurrence, $\mathfrak{h} = \mathfrak{m} + \mathfrak{s}$ où $\mathfrak{s}$ est une sous-algèbre semi-simple. Alors l'égalité $\mathfrak{g}' = \mathfrak{r}' + \mathfrak{h}'$ entraîne $\mathfrak{g} = \mathfrak{r} + \mathfrak{h} = \mathfrak{r} + \mathfrak{m} + \mathfrak{s} = \mathfrak{r} + \mathfrak{s}$, donc $\mathfrak{s}$ est une sous-algèbre de Levi de $\mathfrak{g}$.

Soit $\mathfrak{s}'$ une deuxième sous-algèbre de Levi de $\mathfrak{g}$. Alors $f(\mathfrak{s})$ et $f(\mathfrak{s}')$ sont deux sous-algèbres de Levi de $\mathfrak{g}'$, et il existe, d'après l'hypothèse de récurrence, un $a' \in [\mathfrak{g}', \mathfrak{r}']$ tel que $e^{\operatorname{ad} a'}(f(\mathfrak{s}')) = f(\mathfrak{s})$. Si $a \in [\mathfrak{g}, \mathfrak{r}]$ est tel que $f(a) = a'$, il s'ensuit que :

$$\mathfrak{s}_1 = e^{\operatorname{ad} a}(\mathfrak{s}') \subset \mathfrak{m} + \mathfrak{s} = \mathfrak{h}.$$

Alors, $\mathfrak{s}_1$ et $\mathfrak{s}$ sont deux sous-algèbres de Levi de $\mathfrak{h}$, et il existe, d'après l'hypothèse de récurrence, un $b \in \mathfrak{m}$ tel que $e^{\operatorname{ad} b}(\mathfrak{s}_1) = \mathfrak{s}$. Donc $\mathfrak{s} = e^{\operatorname{ad} b} . e^{\operatorname{ad} a}(\mathfrak{s}')$. Enfin, comme $\mathfrak{m}$ est dans le centre de $[\mathfrak{g}, \mathfrak{r}]$, on a $e^{\operatorname{ad} b} . e^{\operatorname{ad} a} = e^{\operatorname{ad}(b+a)}$ et $b + a \in [\mathfrak{g}, \mathfrak{r}]$, ce qui achève la démonstration.

COROLLAIRE 1. — *Soient $\mathfrak{s}$ une sous-algèbre de Levi de $\mathfrak{g}$, et $\mathfrak{h}$ une sous-algèbre semi-simple de $\mathfrak{g}$.*

a) *Il existe un automorphisme spécial de $\mathfrak{g}$ transformant $\mathfrak{h}$ en une sous-algèbre de $\mathfrak{s}$.*

b) *$\mathfrak{h}$ est contenu dans une sous-algèbre de Levi de $\mathfrak{g}$.*

Soient $\mathfrak{r}$ le radical de $\mathfrak{g}$, et $\mathfrak{a} = \mathfrak{h} + \mathfrak{r}$, qui est une sous-algèbre de $\mathfrak{g}$. Alors, $\mathfrak{a}/\mathfrak{r}$ est semi-simple et $\mathfrak{r}$ est résoluble, donc $\mathfrak{r}$ est le radical de $\mathfrak{a}$, et $\mathfrak{h}$ est une sous-algèbre de Levi de $\mathfrak{a}$. D'autre part, $\mathfrak{a} \cap \mathfrak{s} = \mathfrak{h}'$ est une sous-algèbre supplémentaire de $\mathfrak{r}$ dans $\mathfrak{a}$, donc aussi une sous-algèbre de Levi de $\mathfrak{a}$. Il existe alors (th. 5) un $a \in [\mathfrak{a}, \mathfrak{r}]$ tel que $e^{\mathrm{ad}_{\mathfrak{a}} a}$ transforme $\mathfrak{h}$ en $\mathfrak{h}'$. On a $a \in [\mathfrak{g}, \mathfrak{r}]$; $e^{\mathrm{ad}_{\mathfrak{g}} a}$ transforme $\mathfrak{h}$ en une sous-algèbre de $\mathfrak{s}$, et $e^{-\mathrm{ad}_{\mathfrak{g}} a}(\mathfrak{s})$ est une sous-algèbre de Levi de $\mathfrak{g}$ contenant $\mathfrak{h}$.

Corollaire 2. — *Pour qu'une sous-algèbre $\mathfrak{h}$ de $\mathfrak{g}$ soit une sous-algèbre de Levi de $\mathfrak{g}$, il faut et il suffit que $\mathfrak{h}$ soit une sous-algèbre semi-simple maximale de $\mathfrak{g}$.*

Ceci résulte aussitôt du cor. 1.

Corollaire 3. — *Soient $\mathfrak{g}$ une algèbre de Lie, $\mathfrak{m}$ un idéal de $\mathfrak{g}$ tel que $\mathfrak{g}/\mathfrak{m}$ soit semi-simple. Alors $\mathfrak{g}$ contient une sous-algèbre supplémentaire de $\mathfrak{m}$ dans $\mathfrak{g}$. Autrement dit, toute extension d'une algèbre de Lie semi-simple est inessentielle.*

Soit $\mathfrak{s}$ une sous-algèbre de Levi de $\mathfrak{g}$ (th. 5). Son image canonique dans $\mathfrak{g}/\mathfrak{m}$, étant une sous-algèbre de Levi, est égale à $\mathfrak{g}/\mathfrak{m}$, donc $\mathfrak{g} = \mathfrak{s} + \mathfrak{m}$. Alors, un idéal de $\mathfrak{s}$ supplémentaire dans $\mathfrak{s}$ de l'idéal $\mathfrak{m} \cap \mathfrak{s}$ est une sous-algèbre de $\mathfrak{g}$ supplémentaire de $\mathfrak{m}$ dans $\mathfrak{g}$.

Corollaire 4. — *Soient $\mathfrak{g}$ une algèbre de Lie, $\mathfrak{r}$ son radical, $\mathfrak{s}$ une sous-algèbre de Levi de $\mathfrak{g}$, $\mathfrak{m}$ un idéal de $\mathfrak{g}$. Alors, $\mathfrak{m}$ est somme directe de $\mathfrak{m} \cap \mathfrak{r}$ qui est son radical et de $\mathfrak{m} \cap \mathfrak{s}$ qui est une sous-algèbre de Levi de $\mathfrak{m}$.*

On sait que $\mathfrak{m} \cap \mathfrak{r}$ est le radical de $\mathfrak{m}$ (§ 5, n° 5, cor. 3 de la prop. 5). Soient $\mathfrak{h}$ une sous-algèbre de Levi de $\mathfrak{m}$, et $\mathfrak{s}'$ une sous-algèbre de Levi de $\mathfrak{g}$ contenant $\mathfrak{h}$ (cor. 1). L'algèbre $\mathfrak{m} \cap \mathfrak{s}'$ est un idéal de $\mathfrak{s}'$, donc est semi-simple, et contient $\mathfrak{h}$, donc est égale à $\mathfrak{h}$. Donc $\mathfrak{m}$ est somme directe de $\mathfrak{m} \cap \mathfrak{r}$ et $\mathfrak{m} \cap \mathfrak{s}'$. Il existe un automorphisme spécial transformant $\mathfrak{s}'$ en $\mathfrak{s}$; cet automorphisme conserve $\mathfrak{r}$ et $\mathfrak{m}$; donc $\mathfrak{m}$ est somme directe de $\mathfrak{m} \cap \mathfrak{r}$ et $\mathfrak{m} \cap \mathfrak{s}$, et $\mathfrak{m} \cap \mathfrak{s}$ est une sous-algèbre de Levi de $\mathfrak{m}$.

9. *Le théorème des invariants*

Soient $\mathfrak{g}$ une algèbre de Lie, ρ une représentation de $\mathfrak{g}$ dans un espace vectoriel M. Pour toute classe δ de représentation simple de $\mathfrak{g}$, soit M_δ le composant isotypique d'espèce δ de M. Le sous-espace M_0 des éléments invariants de M n'est autre que M_{δ_0}, δ_0 désignant la classe de la représentation nulle de $\mathfrak{g}$ dans un espace de dimension 1.

Lemme 4. — *Soient* ρ, σ, τ *des représentations de* $\mathfrak{g}$ *dans des espaces vectoriels* M, N, P. *Supposons donnée une application* K-*bilinéaire* $(m, n) \mapsto m.n$ *de* $M \times N$ *dans* P, *telle que*

$$(\rho(x)m).n + m.(\sigma(x)n) = \tau(x)(m.n)$$

quels que soient $m \in M$, $n \in N$, $x \in \mathfrak{g}$.

a) *Si* $m_0 \in M_0$, *l'application* $n \to m_0.n$ *est un homomorphisme de* $\mathfrak{g}$-*modules.*

b) *Si* $n \in N_\delta$, *on a* $m_0.n \in P_\delta$.

c) *Si* M *est une algèbre* (*non nécessairement associative*), *et si les* $\rho(x)$ *sont des dérivations de* M, M_0 *est une sous-algèbre de* M, *et chaque* M_δ *est un* M_0-*module à droite et à gauche.*

On a, pour $m_0 \in M_0$, $n \in N$ et $x \in \mathfrak{g}$,

$$\tau(x)(m_0.n) = m_0.(\sigma(x)n),$$

d'où *a*). L'assertion *b*) résulte de *a*) (*Alg.*, chap. VIII, § 3, nº 4, prop. 10). Si on fait $N = P = M$, $\sigma = \tau = \rho$, l'assertion *b*) donne l'assertion *c*) comme cas particulier.

Lemme 5. — *Supposons de plus* σ *et* τ *semi-simples, donc* N (resp. P) *somme directe des* N_δ (resp. P_δ). *Pour tout* $n \in N$ (resp. $p \in P$), *soit* $n^\natural$ (resp. $p^\natural$) *sa composante dans* N_0 (resp. P_0). *Soit* $m_0 \in M_0$. *Alors, pour tout* $n \in N$, *on a* $(m_0.n)^\natural = m_0.n^\natural$.

Par linéarité, il suffit d'envisager le cas où $n \in N_\delta$. Si $\delta \neq \delta_0$, on a $n^\natural = 0$, et $m_0.n \in P_\delta$ (lemme 4), donc $(m_0.n)^\natural = 0 = m_0.n^\natural$. Si $\delta = \delta_0$, on a $n^\natural = n$, et $m_0.n \in P_0$ (lemme 4), donc $(m_0.n)^\natural = m_0.n = m_0.n^\natural$.

Théorème 6. — *Soient* $\mathfrak{g}$ *une algèbre de Lie,* V *un* $\mathfrak{g}$-*module semi-simple de dimension finie sur* K, S *l'algèbre symétrique de* V, *et* x_S *la dérivation de* S *qui prolonge* x_V (*de sorte que* $x \rightarrow x_S$ *est une représentation de* $\mathfrak{g}$ *dans* S).

a) *L'algèbre* S_0 *des invariants de* S *est engendrée par un nombre fini d'éléments.*

b) *Pour toute classe* δ *de représentation simple de* $\mathfrak{g}$ *de dimension finie sur* K, *soit* S_δ *le composant isotypique d'espèce* δ *de* S. *Alors,* S_δ *est un* S_0*-module de type fini.*

Soit $\overline{S} \subset S$ l'idéal des éléments de S sans terme constant. Soit I l'idéal de S engendré par $S_0 \cap \overline{S}$, et soit $(s_1, s_2, \ldots, s_p)$ un système fini de générateurs *de l'idéal* I (*Alg. comm.*, chap. III, § 3). On peut supposer que les s_i appartiennent à $S_0 \cap \overline{S}$ et sont homogènes (en effet, les x_S conservent les degrés, donc chaque S_δ est un sous-module gradué). Soit S_1 la sous-algèbre de S engendrée par 1 et les s_i. On a $S_1 \subset S_0$. Montrons que $S_1 = S_0$. Pour cela, nous allons montrer que tout élément homogène s de S_0 est dans S_1, en raisonnant par récurrence sur le degré n de s. Si $n = 0$, notre assertion est évidente. Supposons donc $n > 0$, et notre assertion démontrée lorsque le degré de s est $< n$. Comme $s \in I$, on a $s = \sum_{i=1}^{p} s_i s'_i$, les s'_i étant des éléments de S qu'on peut supposer homogènes, avec $\deg(s'_i) = \deg(s) - \deg(s_i) < n$. Le lemme 5 est applicable, car le $\mathfrak{g}$-module S est semi-simple (n° 5, cor. 2 du th. 4) ; avec les notations de ce lemme, on a

$$s = s^\natural = \sum_{i=1}^{p} (s_i s'_i)^\natural = \sum_{i=1}^{p} s_i s'^\natural_i.$$

Les $s'^\natural_i$ sont des éléments de S_0 homogènes et de degré $< n$ (parce que chaque S_δ est un sous-module gradué). Ils sont donc dans S_1 d'après l'hypothèse de récurrence. Donc $s \in S_1$, ce qui achève la démonstration de *a*).

Maintenant, considérons une représentation simple de classe δ de $\mathfrak{g}$ dans un espace M de dimension finie. Soit $L = \mathscr{L}_K(M, S)$. Pour tout $s \in S$ et tout $f \in L$, soit sf l'élément de L défini par $(sf)(m) = s . f(m)$ $(m \in M)$; on définit ainsi sur L une structure de S-module ; comme M est de dimension finie sur K, il est clair que L est un S-module de type fini, donc un S-module noethérien puisque l'anneau S est noethérien. Par ailleurs, L est muni canoniquement d'une structure de $\mathfrak{g}$-module. Pour tout entier $n \geqslant 0$, soit S^n l'ensemble des éléments homogènes de degré n de S ; alors, le $\mathfrak{g}$-module $\mathcal{L}_K(M, S^n)$ est semi-simple (nº 5, cor. 3 du th. 4), donc le $\mathfrak{g}$-module L est semi-simple. En outre, on a pour $s \in S$, $f \in L$, $x \in \mathfrak{g}$ et $m \in M$,

$$\begin{aligned}(x_L(sf))(m) &= x_S((sf)(m)) - (sf)(x_M m)\\ &= x_S(s.f(m)) - s.f(x_M m)\\ &= (x_S s).f(m) + s.(x_S f(m)) - s.f(x_M m)\\ &= ((x_S s)f)(m) + (s(x_L f))(m)\end{aligned}$$

donc $x_L(sf) = (x_S s)f + s(x_L f)$. Nous pourrons donc appliquer le lemme 5.

Le sous-ensemble L_0 des éléments invariants de L n'est autre que l'ensemble des homomorphismes du $\mathfrak{g}$-module M dans le $\mathfrak{g}$-module S. Donc, si on désigne par φ l'homomorphisme canonique de $M \otimes_K L$ sur S, on a $\varphi(M \otimes_K L_0) = S_\delta$. Comme φ est évidemment un homomorphisme de S-modules, il suffit de montrer que L_0 est un S_0-module de type fini. Soit J le sous-S-module de L engendré par L_0. Puisque L est un S-module noethérien, il existe une suite finie $(f_1, \ldots, f_q)$ d'éléments de L_0 engendrant le S-module J. Soit L_1 le S_0-module engendré par $f_1, \ldots, f_q$. On a $L_1 \subset L_0$. Par ailleurs, si $f \in L_0$, on a $f = \sum_{i=1}^{q} s_i f_i$ avec $s_i \in S$ pour tout i, donc compte tenu du lemme 5 dont nous adoptons les notations :

$$f = f^\natural = \Big(\sum_{i=1}^{q} s_i f_i\Big)^\natural = \sum_{i=1}^{q} s_i^\natural f_i \in L_1.$$

Donc $L_0 = L_1$, de sorte que L_0 est un S_0-module de type fini.

10. Changement du corps de base

Soit K_1 une extension commutative de K. Pour qu'une algèbre de Lie $\mathfrak{g}$ sur K soit semi-simple, il faut et il suffit que $\mathfrak{g}_{(K_1)}$ soit semi-simple ; en effet, la forme de Killing β_1 de $\mathfrak{g}_{(K_1)}$ se déduit de la forme de Killing β de $\mathfrak{g}$ par extension du corps de base de K à K_1 ; donc β_1 est non dégénérée si et seulement si β est non dégénérée (*Alg.*, chap. IX, § 1, nº 4, cor. de la prop. 3).

Si $\mathfrak{g}_{(K_1)}$ est simple, $\mathfrak{g}$ est semi-simple d'après ce qui précède, et ne peut être produit de deux idéaux non nuls, donc $\mathfrak{g}$ est simple. Par contre, si $\mathfrak{g}$ est simple, $\mathfrak{g}_{(K_1)}$ (qui est semi-simple) peut être non simple (exerc. 17 et 26 *b*)).

Soient $\mathfrak{g}$ une algèbre de Lie, $\mathfrak{r}$ son radical. Alors, $\mathfrak{r}_{(K_1)}$ est le radical de $\mathfrak{g}_{(K_1)}$ (§ 5, n° 6). Par suite, si $\mathfrak{s}$ désigne le radical nilpotent de $\mathfrak{g}$, le radical nilpotent de $\mathfrak{g}_{(K_1)}$ est $[\mathfrak{g}_{(K_1)}, \mathfrak{r}_{(K_1)}] = [\mathfrak{g}, \mathfrak{r}]_{(K_1)} = \mathfrak{s}_{(K_1)}$. Il en résulte que $\mathfrak{g}$ est réductive si et seulement si $\mathfrak{g}_{(K_1)}$ est réductive.

Soient $\mathfrak{g}$ une algèbre de Lie, $\mathfrak{h}$ une sous-algèbre. Rappelons qu'une représentation de $\mathfrak{h}$ est semi-simple si et seulement si la représentation de $\mathfrak{h}_{(K_1)}$ qu'on en déduit par extension à K_1 du corps de base est semi-simple. Donc $\mathfrak{h}$ est réductive dans $\mathfrak{g}$ si et seulement si $\mathfrak{h}_{(K_1)}$ est réductive dans $\mathfrak{g}_{(K_1)}$.

Soit maintenant K_0 un sous-corps de K tel que $[K : K_0]$ soit fini. Soient $\mathfrak{g}$ une algèbre de Lie, et $\mathfrak{g}_0$ l'algèbre de Lie (de dimension finie) déduite de $\mathfrak{g}$ par restriction du corps de base de K à K_0. Tout idéal commutatif de $\mathfrak{g}$ est un idéal commutatif de $\mathfrak{g}_0$; réciproquement, si $\mathfrak{a}_0$ est un idéal commutatif de $\mathfrak{g}_0$, le plus petit sous-espace vectoriel sur K de $\mathfrak{g}$ contenant $\mathfrak{a}_0$ est un idéal commutatif de $\mathfrak{g}$; donc $\mathfrak{g}$ est semi-simple si et seulement si $\mathfrak{g}_0$ est semi-simple. Si $\mathfrak{g}_0$ est simple, il est clair que $\mathfrak{g}$ est simple. Réciproquement, supposons que $\mathfrak{g}$ soit simple, et montrons que $\mathfrak{g}_0$ est simple. Soit $\mathfrak{a}_0$ un composant simple de $\mathfrak{g}_0$. Pour tout $\lambda \in K^*$, $\lambda\mathfrak{a}_0$ est un idéal de $\mathfrak{g}_0$, et $[\mathfrak{a}_0, \lambda\mathfrak{a}_0] = \lambda[\mathfrak{a}_0, \mathfrak{a}_0] = \lambda\mathfrak{a}_0 \neq \{0\}$, donc $\lambda\mathfrak{a}_0 \supset \mathfrak{a}_0$ et par suite $\lambda\mathfrak{a}_0 = \mathfrak{a}_0$ puisque $\dim_{K_0}(\lambda\mathfrak{a}_0) = \dim_{K_0}\mathfrak{a}_0$. Or, le sous-espace vectoriel de $\mathfrak{g}$ engendré par $\mathfrak{a}_0$ est un idéal non nul de $\mathfrak{g}$, donc est $\mathfrak{g}$ tout entier. Donc $\mathfrak{g} = \mathfrak{a}_0$, ce qui prouve notre assertion.

§ 7. Le théorème d'Ado

On rappelle que K *désigne un corps de caractéristique* 0 *et que toutes les algèbres de Lie sont supposées de dimension finie sur* K.

1. *Coefficients d'une représentation*

Soient U une algèbre associative à élément unité sur K, U^* le dual de l'espace vectoriel U, et ρ une représentation de U dans un espace vectoriel E. Pour $e \in E$ et $e' \in E^*$, soit $\theta(e, e') \in U^*$ le *coefficient* correspondant de ρ (*Alg.*, chap. VIII, § 13, nº 3). On rappelle que $\theta(e, e')(x) = \langle \rho(x)e, e' \rangle$, et que l'application $e \mapsto \theta(e, e')$ est, pour e' fixé, un homomorphisme du U-module E dans le U-module U^* de la représentation corégulière de U (*loc. cit.*, prop. 1) ; par suite, le sous-espace vectoriel de U^* engendré par les coefficients de ρ (sous-espace que nous noterons $C(\rho)$ dans ce paragraphe) est un sous-U-module de U^*. Si $(e'_i)_{i \in I}$ est une famille d'éléments engendrant E^* sur K, l'application $e \to (\theta(e, e'_i))$ est un U-homomorphisme *injectif* de E dans $C(\rho)^I$, car $\theta(e, e'_i) = 0$ pour tout i entraîne $\langle e, e'_i \rangle = \langle \rho(1)e, e'_i \rangle = \theta(e, e'_i)(1) = 0$ pour tout i, donc $e = 0$.

En particulier, si U est l'algèbre enveloppante d'une algèbre de Lie $\mathfrak{g}$, et si ρ est une représentation de $\mathfrak{g}$ (identifiée à une représentation de U) dans un espace vectoriel E de dimension n, le $\mathfrak{g}$-module E est isomorphe à un sous-$\mathfrak{g}$-module de $(C(\rho))^n$.

2. *Le théorème d'agrandissement*

Soient $\mathfrak{g} = \mathfrak{h} + \mathfrak{g}'$ une algèbre de Lie somme directe d'un idéal $\mathfrak{g}'$ et d'une sous-algèbre $\mathfrak{h}$, U l'algèbre enveloppante de $\mathfrak{g}$, et $U' \subset U$ l'algèbre enveloppante de $\mathfrak{g}'$. Il existe une structure de $\mathfrak{g}$-module sur U' et une seule telle que : α) pour $x \in \mathfrak{g}'$ et $u \in U'$, $x_{U'}u = -ux$; β) pour $x \in \mathfrak{h}$ et $u \in U'$, $x_{U'}u = xu - ux$ (ce dernier élément est bien dans U', puisque la dérivation intérieure de U définie par x laisse stable $\mathfrak{g}'$, donc U'). En effet, les conditions α) et β) définissent de manière unique une application linéaire $x \to x_{U'}$ de $\mathfrak{g}$ dans $\mathfrak{L}_K(U')$. Il suffit donc de vérifier que $[x, y]_{U'} = [x_{U'}, y_{U'}]$; on peut se borner à envisager les cas suivants :

1) $x \in \mathfrak{g}'$, $y \in \mathfrak{g}'$: alors,

$$[x, y]_{U'}u = -u(xy - yx) = (x_{U'}y_{U'} - y_{U'}x_{U'})u\,;$$

2) $x \in \mathfrak{h}$, $y \in \mathfrak{g}'$: alors,

$$[x, y]_{U'}u = -u(xy - yx)$$
$$= x(-uy) - (-uy)x + (xu - ux)y = (x_{U'}y_{U'} - y_{U'}x_{U'})u ;$$

3) $x \in \mathfrak{h}$, $y \in \mathfrak{h}$: alors, $[x, y]_{U'}$ et $[x_{U'}, y_{U'}]$ sont deux dérivations de U′ dont les restrictions à $\mathfrak{g}'$ coïncident avec celles de $\mathrm{ad}_{\mathfrak{g}}[x, y]$ et $[\mathrm{ad}_{\mathfrak{g}} x, \mathrm{ad}_{\mathfrak{g}} y]$; donc ces dérivations sont égales.

Nous considérerons aussi la représentation duale $x \mapsto -{}^t x_{U'}$ de $\mathfrak{g}$ dans U′*. Pour $x \in \mathfrak{g}'$, $-{}^t x_{U'}$ est la transposée de la multiplication à droite par x dans U′ ; la représentation correspondante de U′ est donc la représentation corégulière de U′.

DÉFINITION 1. — *Soient* $\mathfrak{g}$ *une algèbre de Lie,* $\mathfrak{g}'$ *une sous-algèbre de* $\mathfrak{g}$, *et* ρ' *une représentation de* $\mathfrak{g}'$ *dans* V′. *Une représentation* ρ *de* $\mathfrak{g}$ *dans* V *est appelée un agrandissement de* ρ' *à* $\mathfrak{g}$ *s'il existe un homomorphisme injectif du* $\mathfrak{g}'$*-module* V′ *dans le* $\mathfrak{g}'$*-module* V. *On dit aussi que le* $\mathfrak{g}$*-module* V *est un agrandissement du* $\mathfrak{g}'$*-module* V′.

Si ρ' est de dimension finie, et si $\mathfrak{g}'$ est un idéal résoluble de $\mathfrak{g}$, il est nécessaire, pour l'existence d'un agrandissement *de dimension finie*, que $[\mathfrak{g}, \mathfrak{g}']$ soit contenu dans le plus grand idéal de nilpotence de ρ' (§ 5, n° 3, th. 1).

THÉORÈME 1 (Zassenhaus). — *Soient* $\mathfrak{g} = \mathfrak{g}' + \mathfrak{h}$ *une algèbre de Lie somme directe d'un idéal* $\mathfrak{g}'$ *et d'une sous-algèbre* $\mathfrak{h}$, *et* ρ' *une représentation de dimension finie de* $\mathfrak{g}'$, *dont le plus grand idéal de nilpotence contient* $[\mathfrak{h}, \mathfrak{g}']$.

a) *Il existe un agrandissement de dimension finie* ρ *de* ρ' *à* $\mathfrak{g}$ *dont le plus grand idéal de nilpotence contient celui de* ρ'.

b) *Si, pour tout* $x \in \mathfrak{h}$, *la restriction à* $\mathfrak{g}'$ *de* $\mathrm{ad}_{\mathfrak{g}} x$ *est nilpotente, on peut choisir* ρ *de façon qu'en outre le plus grand idéal de nilpotence de* ρ *contienne* $\mathfrak{h}$.

Soit U′ l'algèbre enveloppante de $\mathfrak{g}'$. On supposera U′ et U′* munis des structures de $\mathfrak{g}$-modules définies au début de ce n°.

$$\begin{array}{c} U'^* \\ \cup \\ S \\ \cup \\ C(\rho') \end{array}$$

Soit $I \subset U'$ le noyau de ρ' (identifiée à une représentation de U'). C'est un idéal bilatère de codimension finie de U'. Le sous-espace $C(\rho')$ de U'^* (cf. nº 1) est orthogonal à I. Soit S le sous-$\mathfrak{g}$-module de U'^* engendré par $C(\rho')$.

Nous allons montrer que S est *de dimension finie* sur K. Soient V' l'espace où opère ρ', et $V' = V'_0 \supset V'_1 \supset \cdots \supset V'_d = \{0\}$ une suite de Jordan-Hölder du $\mathfrak{g}'$-module V'. Soit ρ'_i la représentation de $\mathfrak{g}'$ dans V'_{i-1}/V'_i déduite de ρ' ($1 \leqslant i \leqslant d$). Soit $I' \subset U'$ l'intersection des noyaux des ρ'_i (identifiées à des représentations de U'). On a

$$I'^d \subset I \subset I'$$

et $I' \cap \mathfrak{g}'$ est le plus grand idéal de nilpotence de ρ'. D'après le § 2, nº 6, cor. de la prop. 6, I'^d est de codimension finie dans U'. Si $x \in \mathfrak{h}$, la dérivation $u \rightarrow xu - ux$ de U' applique $\mathfrak{g}'$ dans $[\mathfrak{h}, \mathfrak{g}'] \subset I'$, donc U' dans I', donc I'^d dans I'^d. Par ailleurs, il est clair que I'^d est un sous-$\mathfrak{g}'$-module de U'. Donc I'^d est un sous-$\mathfrak{g}$-module de U'. L'orthogonal de I'^d dans U'^* est un sous-$\mathfrak{g}$-module de dimension finie qui contient $C(\rho')$, donc S. Ceci montre bien que S est de dimension finie sur K. Pour $x \in I' \cap \mathfrak{g}'$, x^d est évidemment contenu dans l'annulateur du $\mathfrak{g}$-module U'/I'^d, donc aussi dans l'annulateur du $\mathfrak{g}$-module S.

On a vu au nº 1 que le $\mathfrak{g}'$-module V' est isomorphe à un sous-$\mathfrak{g}'$-module d'un produit $(C(\rho'))^n$. Donc le $\mathfrak{g}$-module S^n fournit un agrandissement de dimension finie ρ de ρ' à $\mathfrak{g}$. En outre, $\rho(x)$ est nilpotent pour $x \in I' \cap \mathfrak{g}'$; comme $I' \cap \mathfrak{g}'$ est un idéal de $\mathfrak{g}$ (car il contient $[\mathfrak{h}, \mathfrak{g}']$ par hypothèse), on voit que $I' \cap \mathfrak{g}'$ est contenu dans le plus grand idéal de nilpotence de ρ. On a ainsi prouvé *a*).

Supposons enfin que, pour tout $x \in \mathfrak{h}$, la restriction à $\mathfrak{g}'$ de $\mathrm{ad}_{\mathfrak{g}}\, x$ soit nilpotente. Comme les éléments de $\mathfrak{h}$ opèrent dans U' par des dérivations, il existe, pour tout $u \in U'$ et tout $x \in \mathfrak{h}$, un entier e tel que $(x_{U'})^e . u = 0$; les endomorphismes déduits de $x_{U'}$ dans U'/I'^d et dans S (qui sont des espaces de dimension finie) sont donc nilpotents. Ainsi, $\rho(x)$ est nilpotent pour tout $x \in \mathfrak{h}$. On a vu plus haut qu'il en est de même pour $x \in I' \cap \mathfrak{g}'$. Comme $I' \cap \mathfrak{g}'$ est un idéal de $\mathfrak{g}'$ contenant $[\mathfrak{h}, \mathfrak{g}']$, la somme $\mathfrak{h} + (I' \cap \mathfrak{g}')$ est aussi un idéal de $\mathfrak{g}$. L'assertion *b*) du th. 1 résulte donc du lemme suivant :

Lemme 1. — *Soit* $\mathfrak{g} = \mathfrak{g}' + \mathfrak{h}$ *une algèbre de Lie somme d'un idéal* $\mathfrak{g}'$ *et d'une sous-algèbre* $\mathfrak{h}$. *Soit* σ *une représentation de dimension finie de* $\mathfrak{g}$. *On suppose que* $\sigma(x)$ *est nilpotent pour tout* $x \in \mathfrak{g}'$ *et tout* $x \in \mathfrak{h}$. *Alors,* $\sigma(x)$ *est nilpotent pour tout* $x \in \mathfrak{g}$.

Passant au quotient par le noyau de σ, on peut supposer σ fidèle. Alors, $\mathfrak{g}'$ et $\mathfrak{h}$ sont nilpotentes, donc $\mathfrak{g}$, qui est une extension d'un quotient de $\mathfrak{h}$ par $\mathfrak{g}'$, est résoluble. Alors, $\mathfrak{h}$ et $\mathfrak{g}'$ sont contenus dans le plus grand idéal de nilpotence de σ (§ 5, n° 3, cor. 6 du th. 1).

Pour une amélioration du th. 1, cf. exerc. 4.

3. *Le théorème d'Ado*

Proposition 1. — *Soient* $\mathfrak{g}$ *une algèbre de Lie,* $\mathfrak{n}$ *son plus grand idéal nilpotent,* $\mathfrak{a}$ *un idéal nilpotent de* $\mathfrak{g}$, *et* ρ *une représentation de dimension finie de* $\mathfrak{a}$ *telle que tout élément de* $\rho(\mathfrak{a})$ *soit nilpotent. Alors,* ρ *admet un agrandissement de dimension finie* σ *à* $\mathfrak{g}$, *tel que tout élément de* $\sigma(\mathfrak{n})$ *soit nilpotent.*

Soit $\mathfrak{a} = \mathfrak{n}_0 \subset \mathfrak{n}_1 \subset \cdots \subset \mathfrak{n}_p = \mathfrak{n}$ une suite de sous-algèbres de $\mathfrak{n}$, telles que $\mathfrak{n}_{i-1}$ soit un idéal de codimension 1 de $\mathfrak{n}_i$ pour $1 \leqslant i \leqslant p$ (§ 4, n° 1, prop. 1 *e*)). L'algèbre $\mathfrak{n}_i$ est donc somme directe de $\mathfrak{n}_{i-1}$ et d'une sous-algèbre de dimension 1. Comme $\mathrm{ad}_{\mathfrak{n}}\, x$ est nilpotent pour tout $x \in \mathfrak{n}$, on peut (th. 1) trouver de proche en proche des agrandissements de dimension finie $\rho_1, \rho_2, \ldots, \rho_p = \rho'$ de ρ à $\mathfrak{n}_1, \mathfrak{n}_2, \ldots, \mathfrak{n}_p = \mathfrak{n}$, tels que tout élément de $\rho'(\mathfrak{n})$ soit nilpotent.

Soit $\mathfrak{r}$ le radical de $\mathfrak{g}$, et soit $\mathfrak{n} = \mathfrak{r}_0 \subset \mathfrak{r}_1 \subset \cdots \subset \mathfrak{r}_q = \mathfrak{r}$ une suite de sous-algèbres de $\mathfrak{r}$, telle que $\mathfrak{r}_{i-1}$ soit un idéal de codimension 1 de $\mathfrak{r}_i$, pour $1 \leqslant i \leqslant q$ (§ 5, n° 1, prop. 2*d*)). L'algèbre $\mathfrak{r}_i$ est donc somme directe de $\mathfrak{r}_{i-1}$ et d'une sous-algèbre de dimension 1. Comme $[\mathfrak{r}, \mathfrak{r}] \subset \mathfrak{n}$, on peut (th. 1) trouver de proche en proche des agrandissements de dimension finie $\rho'_1, \rho'_2, \ldots, \rho'_q = \rho''$ de ρ' à $\mathfrak{r}_1, \mathfrak{r}_2, \ldots, \mathfrak{r}_q = \mathfrak{r}$, tels que tout élément de $\rho''(\mathfrak{n})$ soit nilpotent.

Enfin, $\mathfrak{g}$ est somme directe de $\mathfrak{r}$ et d'une sous-algèbre $\mathfrak{s}$ (§ 6, n° 8, th. 5). Comme $[\mathfrak{s}, \mathfrak{r}] \subset \mathfrak{n}$, on peut (th. 1) trouver un agrandissement de dimension finie σ de ρ'' à $\mathfrak{g}$ tel que tout élément de $\sigma(\mathfrak{n})$ soit nilpotent.

THÉORÈME 2. — *Toute algèbre de Lie possède une représentation linéaire fidèle de dimension finie.*

De façon plus précise :

THÉORÈME 3 (Ado). — *Soient* $\mathfrak{g}$ *une algèbre de Lie et* $\mathfrak{n}$ *son plus grand idéal nilpotent. Il existe une représentation fidèle* ρ *de dimension finie de* $\mathfrak{g}$ *telle que tout élément de* $\rho(\mathfrak{n})$ *soit nilpotent.*

L'algèbre de Lie K de dimension 1 admet des représentations fidèles τ de dimension finie telles que tout élément de $\tau(K)$ soit nilpotent, par exemple la représentation

$$\lambda \mapsto \begin{pmatrix} 0 & 0 \\ \lambda & 0 \end{pmatrix}.$$

On en déduit aisément que le centre $\mathfrak{c}$ de $\mathfrak{g}$, qui est produit d'algèbres de dimension 1, admet une représentation fidèle σ de dimension finie telle que tout élément de $\sigma(\mathfrak{c})$ soit nilpotent. Soit σ_1 un agrandissement de dimension finie de σ à $\mathfrak{g}$ tel que tout élément de $\sigma_1(\mathfrak{n})$ soit nilpotent (prop. 1) ; si $\mathfrak{k}$ désigne le noyau de σ_1, on a $\mathfrak{k} \cap \mathfrak{c} = \{0\}$. Par ailleurs, soit σ_2 la représentation adjointe de $\mathfrak{g}$, dont le noyau est $\mathfrak{c}$; tout élément de $\sigma_2(\mathfrak{n})$ est nilpotent. La somme directe ρ de σ_1 et σ_2 est de dimension finie ; tout élément de $\rho(\mathfrak{n})$ est nilpotent ; et le noyau de ρ, contenu dans $\mathfrak{k}$ et dans $\mathfrak{c}$, est nul, de sorte que ρ est fidèle.

EXERCICES

§ 1

1) Soient $\mathfrak{g}$ une algèbre de Lie, $\mathfrak{a}$ et $\mathfrak{b}$ des idéaux (resp. des idéaux caractéristiques) de $\mathfrak{g}$. Alors, l'ensemble des $x \in \mathfrak{g}$ tels que $[x, \mathfrak{b}] \subset \mathfrak{a}$ est un idéal (resp. un idéal caractéristique) de $\mathfrak{g}$ appelé *transporteur* de $\mathfrak{b}$ dans $\mathfrak{a}$. Montrer que $\mathcal{C}_{p+1}\mathfrak{g}$ est le transporteur de $\mathfrak{g}$ dans $\mathcal{C}_p\mathfrak{g}$.

2) Si $\mathfrak{g}$ est une algèbre de Lie de dimension n sur un corps K, et si le centre de $\mathfrak{g}$ est de dimension $\geqslant n-1$, $\mathfrak{g}$ est commutative.

3) Soient M une algèbre non nécessairement associative sur un corps K, $(e_i)_{i \in I}$ une base de l'espace vectoriel M, c_{ijk} les constantes de structure de M relativement à la base (e_i). Pour que M soit une algèbre de Lie, il faut et il suffit que les c_{ijk} vérifient les conditions suivantes : *a*) $c_{iik} = 0$; *b*) $c_{ijk} = -c_{jik}$; *c*) $\sum_{r \in I} (c_{ijr}c_{rkl} + c_{jkr}c_{ril} + c_{kir}c_{rjl}) = 0$ quels que soient i, j, k, l dans I.

4) *a*) On suppose que 2 est inversible dans K. Soit $\mathfrak{a}$ une algèbre de Lie sur K. Sur le K-module $\mathfrak{a}' = \mathfrak{a} \times \mathfrak{a}$, on définit un crochet par la formule :

$$[(x_1, x_2), (y_1, y_2)] = ([x_1, y_1] + [x_2, y_2], [x_1, y_2] + [x_2, y_1]).$$

Alors $\mathfrak{a}'$ est une K-algèbre de Lie, et les applications $x \mapsto \frac{1}{2}(x, x)$, $x \mapsto \frac{1}{2}(x, -x)$ sont des isomorphismes de $\mathfrak{a}$ sur des idéaux $\mathfrak{b}$, $\mathfrak{c}$ de $\mathfrak{a}'$ dont $\mathfrak{a}'$ est somme directe. (Considérer l'extension quadratique K′ de K, de base 1 et k avec $k^2 = 1$. Former $\mathfrak{a}_{(K_1)}$, puis restreindre à K l'anneau des scalaires. Observer ensuite que $\frac{1}{2}(1+k)$, $\frac{1}{2}(1-k)$ sont des idempotents de K′ et que $(1+k)(1-k) = 0$.)

b) Soient $\mathfrak{a}$ une algèbre de Lie réelle, $\mathfrak{g} = \mathfrak{a}_{(\mathbf{C})}$, $\mathfrak{b}$ l'algèbre de Lie réelle déduite de $\mathfrak{g}$ par restriction à $\mathbf{R}$ du corps des scalaires. Montrer que $\mathfrak{b}_{(\mathbf{C})}$ est isomorphe à $\mathfrak{a}'_{(\mathbf{C})}$, $\mathfrak{a}'$ étant l'algèbre introduite en *a*). (Considérer $V = \mathbf{C} \otimes_{\mathbf{R}} \mathbf{C}$ comme espace vectoriel sur $\mathbf{C}$ par $(z \otimes z')z'' = z \otimes z'z''$.

Observer que V est la complexification du sous-espace vectoriel réel de V engendré par $1 \otimes 1$ et $i \otimes i$, et que ce sous-espace s'identifie à l'extension quadratique de $\mathbf{R}$ de base 1 et k avec $k^2 = 1$.)

5) Soient V et W des espaces vectoriels de dimension n et $n+1$ sur un corps K. Montrer que $\mathfrak{gl}(W)$ est isomorphe à une sous-algèbre de $\mathfrak{sl}(V)$. (On peut supposer que W est un hyperplan de V. Soit $e \in V$, $e \notin W$. Pour $x \in \mathfrak{gl}(W)$, soit $y(x)$ l'élément de $\mathfrak{gl}(V)$ qui prolonge x et qui est tel que $y(e) = -\operatorname{Tr}(x).e$. Montrer que l'application $x \mapsto y(x)$ est un isomorphisme de $\mathfrak{gl}(W)$ sur une sous-algèbre de $\mathfrak{sl}(V)$.)

6) Pour qu'une algèbre de Lie $\mathfrak{g}$ soit associative, il faut et il suffit que $\mathscr{D}\mathfrak{g}$ soit contenu dans le centre de $\mathfrak{g}$.

¶ 7) Soit A un anneau (éventuellement sans élément unité) tel que la relation $2a = 0$ dans A entraîne $a = 0$. Soit U un sous-anneau de A, idéal de la $\mathbf{Z}$-algèbre de Lie associée à A.

a) Si x, y appartiennent à U, on a $(xy - yx)A \subset U$ (écrire : $(xy - yx)s = x(ys) - (ys)x - y(xs - sx)$), et $A(xy - yx)A \subset U$ (écrire : $r(xy - yx)s = (xy - yx)sr + r[(xy - yx)s] - [(xy - yx)s]r$).

b) On suppose U commutatif. Soient $x \in U$, $s \in A$, et $y = xs - sx$. Montrer que $(yt)^3 = 0$ pour tout $t \in A$. (L'élément x commute avec $xs - sx$ et $xs^2 - s^2x$; en déduire que $2(xs - sx)^2 = 0$, d'où $y^2 = 0$. De même, $(yt - ty)^2 = 0$ pour tout $t \in A$).

c) On suppose désormais que les seuls idéaux bilatères de A sont $\{0\}$ et A, et que, pour tout élément non nul y de A, il existe un $t \in A$ tel que yt soit non nilpotent. Montrer que, si $U \neq A$, U est contenu dans le centre de A. (Montrer, grâce à *a*), que U est commutatif, puis utiliser *b*).)

d) Soit V un idéal de la $\mathbf{Z}$-algèbre de Lie associée à A. Alors, ou bien V est contenu dans le centre de A, ou bien $V \supset [A, A]$. (Appliquer *c*) à l'ensemble U des $t \in A$ tels que $[t, A] \subset V$; utiliser l'identité $[xy, z] = [x, yz] + [y, zx]$).

8) Si x_1, x_2, x_3, x_4 sont 4 éléments d'une algèbre de Lie, on a $[[[x_1, x_2], x_3], x_4] + [[[x_2, x_1], x_4], x_3] + [[[x_3, x_4], x_1], x_2] + [[[x_4, x_3], x_2], x_1] = 0$.

9) Soit $\mathfrak{g}$ une algèbre de Lie dans laquelle $[[x, y], y] = 0$ quels que soient x et y.

a) Montrer que $3[[x, y], z] = 0$ quels que soient x, y, z dans $\mathfrak{g}$. (Observer que $[[x, y], z]$ est une fonction trilinéaire alternée de (x, y, z), et appliquer l'identité de Jacobi.)

b) Montrer de même, en utilisant *a*) et l'exerc. 8, que $[[[x, y], z], t] = 0$ quels que soient x, y, z, t dans $\mathfrak{g}$.

10) Soient L une algèbre associative, $\mathfrak{g}$ l'algèbre de Lie associée. Toute dérivation de L est une dérivation de $\mathfrak{g}$, mais la réciproque n'est pas vraie. (Considérer l'application identique d'une algèbre associative et commutative.)

11) Soient $\mathfrak{g}$ une algèbre de Lie, $\mathfrak{h}$ un idéal de $\mathfrak{g}$ tel que $\mathscr{D}\mathfrak{h} = \mathfrak{h}$. Montrer que $\mathfrak{h}$ est un idéal caractéristique de $\mathfrak{g}$.

12) Soit $\mathfrak{g}$ une algèbre de Lie.

a) Pour qu'une dérivation D de $\mathfrak{g}$ permute avec toutes les dérivations intérieures de $\mathfrak{g}$, il faut et il suffit que D applique $\mathfrak{g}$ dans son centre.

b) On suppose désormais $\mathfrak{g}$ de centre nul, de sorte que $\mathfrak{g}$ s'identifie à un idéal de l'algèbre de Lie $\mathfrak{D}$ de toutes les dérivations de $\mathfrak{g}$. Montrer que le commutant de $\mathfrak{g}$ dans $\mathfrak{D}$ est nul (utiliser *a*)). En particulier, le centre de $\mathfrak{D}$ est nul.

c) Montrer qu'une dérivation Δ de $\mathfrak{D}$ telle que $\Delta(\mathfrak{g}) = \{0\}$ est nulle. (On a $[\Delta(\mathfrak{D}), \mathfrak{g}] \subset \Delta([\mathfrak{D}, \mathfrak{g}]) + [\mathfrak{D}, \Delta(\mathfrak{g})] \subset \Delta(\mathfrak{g}) = \{0\}$, donc $\Delta(\mathfrak{D}) = \{0\}$ d'après *b*)).

d) Montrer que, si en outre $\mathfrak{g} = \mathscr{D}\mathfrak{g}$, toute dérivation Δ de $\mathfrak{D}$ est intérieure (utiliser *c*) et l'exerc. 11).

13) Soient $\mathfrak{g}$ une algèbre de Lie, $\mathfrak{a}$ et $\mathfrak{b}$ deux sous-modules de $\mathfrak{g}$. On définit pour tout entier $i \geqslant 0$ les sous-modules $\mathfrak{m}_i = \mathfrak{m}_i(\mathfrak{a}, \mathfrak{b})$ et $\mathfrak{n}_i = \mathfrak{n}_i(\mathfrak{a}, \mathfrak{b})$ de la manière suivante : $\mathfrak{m}_1 = \mathfrak{b}$, $\mathfrak{m}_{i+1} = [\mathfrak{m}_i, \mathfrak{b}]$, $\mathfrak{n}_1 = \mathfrak{a}$, $\mathfrak{n}_{i+1} = [\mathfrak{n}_i, \mathfrak{b}]$. Montrer que $[\mathfrak{a}, \mathfrak{m}_i] \subset \mathfrak{n}_{i+1}$ pour $i = 1, 2, \ldots$ (raisonner par récurrence sur i, en observant que $\mathfrak{m}_i([\mathfrak{a}, \mathfrak{b}], \mathfrak{b}) = \mathfrak{m}_i(\mathfrak{a}, \mathfrak{b})$ et $\mathfrak{n}_i([\mathfrak{a}, \mathfrak{b}], \mathfrak{b}) = \mathfrak{n}_{i+1}(\mathfrak{a}, \mathfrak{b})$).

¶ 14) Soient $\mathfrak{a}$ une algèbre de Lie, $\mathfrak{b}$ une sous-algèbre de $\mathfrak{a}$. On appelle *suite de composition* joignant $\mathfrak{a}$ à $\mathfrak{b}$ une suite décroissante $(\mathfrak{a}_i)_{0 \leqslant i \leqslant n}$ de sous-algèbres de $\mathfrak{a}$ telles que $\mathfrak{a}_0 = \mathfrak{a}$, $\mathfrak{a}_n = \mathfrak{b}$, $\mathfrak{a}_{i+1}$ étant un idéal de $\mathfrak{a}_i$ pour $0 \leqslant i < n$. On dit que $\mathfrak{b}$ est une sous-algèbre *sous-invariante* de $\mathfrak{a}$ s'il existe une suite de composition joignant $\mathfrak{a}$ à $\mathfrak{b}$.

a) Soient $\mathfrak{b}$ une sous-algèbre sous-invariante de $\mathfrak{a}$, $(\mathfrak{a}_i)_{0 \leqslant i \leqslant n}$ une suite de composition joignant $\mathfrak{a}$ à $\mathfrak{b}$. Déduire de l'exerc. 13 que $[\mathscr{C}^{n+p}\mathfrak{b}, \mathfrak{a}] \subset \mathscr{C}^p\mathfrak{b}$ en observant que $[\mathfrak{a}_i, \mathfrak{b}] \subset \mathfrak{a}_{i+1}$ pour $0 \leqslant i < n$.

b) Déduire de *a*) que l'intersection $\mathscr{C}^\infty\mathfrak{b}$ des $\mathscr{C}^p\mathfrak{b}$ ($p = 0, 1, 2, \ldots$) est un idéal de $\mathfrak{a}$.

c) Déduire de *b*) qu'une sous-algèbre sous-invariante $\mathfrak{c}$ de $\mathfrak{a}$ telle que $\mathfrak{c} = \mathscr{D}\mathfrak{c}$ est un idéal de $\mathfrak{a}$.

d) Lorsque K est un corps et que $\dim_K \mathfrak{a} < +\infty$, montrer que l'intersection $\mathscr{D}^\infty\mathfrak{b}$ des $\mathscr{D}^p\mathfrak{b}$ ($p = 0, 1, 2, \ldots$) est un idéal de $\mathfrak{a}$. (Montrer que cette intersection est une sous-algèbre sous-invariante de $\mathfrak{a}$, et appliquer *c*).)

¶ 15) *a*) Soient $\mathfrak{a}$ une algèbre de Lie, $\mathfrak{b}$ une sous-algèbre de $\mathfrak{a}$, $\mathfrak{c}$ un idéal de $\mathfrak{b}$, $\mathfrak{z}$ le commutant de $\mathfrak{c}$ dans $\mathfrak{a}$. On a $[\mathfrak{z}, \mathfrak{b}] \subset \mathfrak{z}$. En déduire que $\mathfrak{b} + \mathfrak{z}$ est une sous-algèbre de $\mathfrak{a}$ dans laquelle $\mathfrak{z}$ est un idéal.

b) Soient $\mathfrak{g}$ une algèbre de Lie, $\mathfrak{a}$ une sous-algèbre sous-invariante de $\mathfrak{g}$, $\mathfrak{b}$ un idéal de $\mathfrak{a}$. Si le commutant de $\mathfrak{b}$ dans $\mathfrak{a}$ et le commutant de $\mathfrak{a}$ dans $\mathfrak{g}$ sont nuls, le commutant $\mathfrak{z}$ de $\mathfrak{b}$ dans $\mathfrak{g}$ est nul. (Soit $\mathfrak{h} = \mathfrak{a} + \mathfrak{z}$, qui est une sous-algèbre d'après *a*) ; $\mathfrak{a}$ est sous-invariante dans $\mathfrak{h}$; si $\mathfrak{z} \neq \{0\}$, on a $\mathfrak{a} \neq \mathfrak{h}$, donc $\mathfrak{a}$ est un idéal dans $\mathfrak{a}'$, avec $\mathfrak{a} \neq \mathfrak{a}' \subset \mathfrak{h}$; soit $a' \in \mathfrak{a}'$, $a' \notin \mathfrak{a}$, et $a' = a + z$, $a \in \mathfrak{a}$, $z \in \mathfrak{z}$, $z \neq 0$; montrer que $[z, \mathfrak{a}]$ est contenu dans $\mathfrak{a}$ et commute à $\mathfrak{b}$, d'où $[z, \mathfrak{a}] = \{0\}$ et contradiction.)

c) Soit $\mathfrak{g}$ une algèbre de Lie de centre nul, $\mathfrak{D}_1$ l'algèbre de Lie des dérivations de $\mathfrak{g}$, $\mathfrak{D}_2$ l'algèbre de Lie des dérivations de $\mathfrak{D}_1, \ldots$ On identifie $\mathfrak{g}$ à un idéal de $\mathfrak{D}_1$, $\mathfrak{D}_1$ à un idéal de $\mathfrak{D}_2, \ldots$ (cf. exerc. 12 *b*)). Utilisant *b*) et l'exerc. 12 *b*), montrer que le commutant de $\mathfrak{g}$ dans $\mathfrak{D}_i$ est nul pour tout i. (Pour une suite de cet exerc., cf. § 4, exerc. 15.)

16) Soient $\mathfrak{g}$ une algèbre de Lie, $\mathfrak{D}$ l'algèbre de Lie des dérivations de

$\mathfrak{g}$. L'application identique de $\mathfrak{D}$ définit un produit semi-direct $\mathfrak{h}$ de $\mathfrak{D}$ par $\mathfrak{g}$ appelé *holomorphe* de $\mathfrak{g}$. On identifie $\mathfrak{g}$ à un idéal et $\mathfrak{D}$ à une sous-algèbre de $\mathfrak{h}$.

a) Montrer que le commutant $\mathfrak{g}^*$ de $\mathfrak{g}$ dans $\mathfrak{h}$ est l'ensemble des $\mathrm{ad}_{\mathfrak{g}}\, x - x$ ($x \in \mathfrak{g}$).

b) Pour tout élément $x + d$ de $\mathfrak{h}$ ($x \in \mathfrak{g}$, $d \in \mathfrak{D}$), on pose $\theta(x + d) = \mathrm{ad}_{\mathfrak{g}}\, x - x + d$. Montrer que θ est un automorphisme d'ordre 2 de $\mathfrak{h}$ qui transforme $\mathfrak{g}$ en $\mathfrak{g}^*$, de sorte que $\mathfrak{h}$ peut être identifié à l'holomorphe de $\mathfrak{g}^*$.

c) Pour tout idéal $\mathfrak{k} \neq \{0\}$ de $\mathfrak{h}$, on a $\mathfrak{k} \cap (\mathfrak{g} + \mathfrak{g}^*) \neq \{0\}$. (Si $\mathfrak{k} \cap \mathfrak{g} = \{0\}$, on a $\mathfrak{k} \subset \mathfrak{g}^*$.)

d) Si $\mathfrak{g}$ est commutative, tout idéal $\mathfrak{k} \neq \{0\}$ de $\mathfrak{h}$ contient $\mathfrak{g}$. Si K est un corps et que $\dim_{\mathrm{K}} \mathfrak{g} < +\infty$, en déduire que, si $\mathfrak{k} \neq \mathfrak{g}$, $\mathfrak{h}$ ne peut être l'holomorphe de $\mathfrak{k}$ (utiliser *b*)).

17) On suppose que K est un corps. Soient T une indéterminée, et $\mathrm{L} = \mathrm{K}((\mathrm{T}))$; L est muni canoniquement d'une valuation (ordre des séries formelles) qui en fait un corps valué complet.

a) Soit V un espace vectoriel de dimension finie sur K. Alors, $\mathrm{V}_{(\mathrm{L})}$ est muni canoniquement d'une structure d'espace vectoriel topologique métrisable et complet (*Esp. vect. top.*, chap. I, § 2, nº 3, th. 2). Soit $(x_p)_{p \in \mathbf{Z}}$ une famille d'éléments de V tels que $x_p = 0$ pour p inférieur à un certain entier rationnel. Alors la série $\sum_{-\infty}^{+\infty} x_p \mathrm{T}^p$ converge dans $\mathrm{V}_{(\mathrm{L})}$, et tout élément de $\mathrm{V}_{(\mathrm{L})}$ se met sous cette forme de manière unique. (Prendre une base dans V.)

b) L'espace vectoriel $\mathscr{L}_{\mathrm{L}}(\mathrm{V}_{(\mathrm{L})}) = (\mathscr{L}_{\mathrm{K}}(\mathrm{V}))_{(\mathrm{L})}$ est muni canoniquement d'une structure d'espace vectoriel topologique métrisable et complet. Tout endomorphisme de $\mathrm{V}_{(\mathrm{L})}$ se met d'une manière unique sous la forme $\sum_{-\infty}^{+\infty} u_p \mathrm{T}^p$, où $u_p \in \mathscr{L}_{\mathrm{K}}(\mathrm{V})$, et où les u_p sont nuls pour p inférieur à un certain entier rationnel.

c) Si K est de caractéristique 0, et si $u \in \mathscr{L}_{\mathrm{K}}(\mathrm{V})$, on pose

$$e^{\mathrm{T}u} = 1 + \frac{1}{1!} u\mathrm{T} + \frac{1}{2!} u^2\mathrm{T}^2 + \cdots \in \mathscr{L}_{\mathrm{L}}(\mathrm{V}_{(\mathrm{L})}).$$

Si $x \in \mathrm{V}$ est tel que $ux = 0$, on a $e^{\mathrm{T}u}.x = x$.

d) Si W est un autre espace vectoriel de dimension finie sur K, et si $v \in \mathscr{L}_{\mathrm{K}}(\mathrm{W})$, on a $e^{\mathrm{T}(u \otimes 1 + 1 \otimes v)} = e^{\mathrm{T}u} \otimes e^{\mathrm{T}v}$.

e) Déduire de *c*) et *d*) que, si V est muni d'une structure d'algèbre (non nécessairement associative) et si u est une dérivation de V, alors $e^{\mathrm{T}u}$ est un automorphisme de l'algèbre $\mathrm{V}_{(\mathrm{L})}$.

¶ 18) Soient $\mathfrak{H}$ un espace hilbertien complexe, Y et Z deux opérateurs hermitiens continus sur $\mathfrak{H}$, et $B = [Z, Y]$. On suppose Y et B permutables.

a) Montrer que $[Z, Y^n] = nBY^{n-1}$ (raisonner par récurrence sur n).

b) Soit f une fonction continûment dérivable d'une variable réelle. Déduire de *a*) que $[Z, f(Y)] = Bf'(Y)$.

c) Déduire de *b*) que $B = 0$. (Montrer que, si $B \neq 0$, f peut être choisie de telle sorte que $\|f(Y)\| \leqslant 1$ et que $\|Bf'(Y)\|$ soit arbitrairement grand.)

d) Soit $\mathfrak{g}$ l'algèbre de Lie des opérateurs continus T sur $\mathfrak{H}$ tels que $T^* = -T$. Déduire de *c*) que les conditions $Y \in \mathfrak{g}$, $Z \in \mathfrak{g}$, $[[Z, Y], Y] = 0$ entraînent $[Z, Y] = 0$.

19) *a*) Soit L une algèbre associative sur K. Etant donnés k éléments $x_1, \ldots, x_k$ de L, on pose :

$$f_k(x_1, \ldots, x_k) = \sum_{\sigma \in \mathfrak{S}_k} x_{\sigma(1)} \ldots x_{\sigma(k)}.$$

Dans l'algèbre $L \otimes_K K[T_1, \ldots, T_k]$, où les T_i sont des indéterminées, $f_k(x_1, \ldots, x_k)$ est le coefficient de $T_1 \ldots T_k$ dans $(x_1T_1 + \cdots + x_kT_k)^k$; c'est aussi le coefficient de $T_1 \ldots T_k$ dans :

$$\sum_{j=0}^{k-1} (x_1T_1 + \cdots + x_{k-1}T_{k-1})^j x_k T_k (x_1T_1 + \cdots + x_{k-1}T_{k-1})^{k-j-1}.$$

Etant donnés deux éléments x, y de L, on définit $g_{i,k-i}(x, y)$ comme le coefficient de $T_1^i T_2^{k-i}$ dans $(xT_1 + yT_2)^k$. Montrer que l'on a

$$i!\,(k-i)!\,g_{i,k-i}(x, y) = f_k(t_1, \ldots, t_k)$$

avec $t_h = x$ pour $h \leqslant i$ et $t_h = y$ pour $h \geqslant i + 1$.

b) Lorsque L est considérée comme algèbre de Lie sur K, on a, dans $\mathcal{L}_K(L)$:

$$(\operatorname{ad} x)^n = \sum_{i=0}^{n} (-1)^{n-i} \binom{n}{i} L_x^i R_x^{n-i},$$

où L_x (resp. R_x) est la multiplication $y \mapsto xy$ (resp $y \mapsto yx$).

En déduire que, si K est de caractéristique p (p premier), on a :

$$(1) \qquad (\operatorname{ad} x)^p . y = (\operatorname{ad} x^p) . y$$

$$(2) \qquad (\operatorname{ad} x)^{p-1} . y = \sum_{i=0}^{p-1} x^i y x^{p-1-i}.$$

Déduire de (2) que :

$$f_{p-1}(\operatorname{ad} x_1, \ldots, \operatorname{ad} x_{p-1}) . y = f_p(x_1, \ldots, x_{p-1}, y)$$

et :

$$g_{i,p-1-i}(\operatorname{ad} x, \operatorname{ad} y) . y = (p-i) g_{i,p-i}(x, y).$$

Conclure que, pour deux éléments quelconques x, y de L, on a :

$$(3) \qquad (x + y)^p = x^p + y^p + \Lambda_p(x, y)$$

où :

$$\Lambda_p(x, y) = \sum_{i=1}^{p-1} (p-i)^{-1} g_{i,p-1-i}(\operatorname{ad} x, \operatorname{ad} y) . y$$

appartient à la sous-algèbre de Lie de L engendrée par x et y (« *formules de Jacobson* »).

20) Soit $\mathfrak{g}$ une algèbre de Lie sur un anneau K tel que $p\mathrm{K} = \{0\}$ (p premier). On dit qu'une application $x \mapsto x^{[p]}$ de $\mathfrak{g}$ dans lui-même est une *p-application* si elle vérifie les relations :

$$\begin{aligned} \operatorname{ad} x^{[p]} &= (\operatorname{ad} x)^p \\ (\lambda x)^{[p]} &= \lambda^p x^{[p]} \\ (x+y)^{[p]} &= x^{[p]} + y^{[p]} + \Lambda_p(x, y) \quad \text{(cf. exerc. 19 } b)) \end{aligned}$$

pour x, y dans $\mathfrak{g}$ et $\lambda \in \mathrm{K}$. On appelle *p-algèbre de Lie* sur K un ensemble muni de la structure définie par la donnée d'une structure d'algèbre de Lie sur K et d'une p-application. Toute algèbre associative sur K est une p-algèbre de Lie pour $[x, y] = xy - yx$ et $x^{[p]} = x^p$ (exerc. 19). On dit qu'une application u d'une p-algèbre de Lie $\mathfrak{g}$ dans une p-algèbre de Lie $\mathfrak{g}'$ est un *p-homomorphisme* si u est un homomorphisme d'algèbre de Lie et si $u(x^{[p]}) = (u(x))^{[p]}$. Montrer que, dans une p-algèbre de Lie $\mathfrak{g}$, toute p-application est de la forme $x \mapsto x^{[p]} + f(x)$, où f est une application de $\mathfrak{g}$ dans son centre, semi-linéaire pour l'endomorphisme $\lambda \mapsto \lambda^p$ de K. Plus généralement, si u est un homomorphisme de $\mathfrak{g}$ sur une p-algèbre de Lie $\mathfrak{g}'$, $u(x^{[p]}) - (u(x))^{[p]}$ appartient au centre de $\mathfrak{g}'$.

21) *a*) Soient K un corps de caractéristique $p > 0$, L une algèbre non nécessairement associative sur K. Montrer que les dérivations de L forment une p-algèbre de Lie pour la p-application $\mathrm{D} \mapsto \mathrm{D}^p$.

b) Soient L l'algèbre $\mathrm{K}[\mathrm{X}]/(\mathrm{X}^p)$, $\mathfrak{w}$ la p-algèbre des dérivations de L. On désigne par D_i $(0 \leqslant i \leqslant p-1)$ la dérivation de L telle que $\mathrm{D}_i(\mathrm{X}) = \mathrm{X}^i$. Montrer que les D_i forment une base de $\mathfrak{w}$ sur K et que l'on a $[\mathrm{D}_i, \mathrm{D}_j] = (j-i)\mathrm{D}_{i+j-1}$ si $i + j \leqslant p$, $[\mathrm{D}_i, \mathrm{D}_j] = 0$ si $i + j > p$, et $\mathrm{D}_i^p = 0$, sauf pour $i = 1$, auquel cas $\mathrm{D}_1^p = \mathrm{D}_1$.

c) Montrer que, si $p \geqslant 3$, l'algèbre de Lie $\mathfrak{w}$ n'admet pour idéaux que $\{0\}$ et $\mathfrak{w}$. (En utilisant la table de multiplication des D_i, montrer que tout idéal non nul de $\mathfrak{w}$ contient un multiple non nul de D_{p-1}).

d) Soit V_k le sous-espace de $\mathfrak{w}$ ayant pour base les D_i d'indice $\geqslant k$. Montrer que, si $p \geqslant 5$, V_k est identique à l'ensemble des $\mathrm{Z} \in \mathfrak{w}$ dont le commutant est de dimension $\geqslant k + 1$. En déduire que, si $p \geqslant 5$, le groupe des automorphismes de $\mathfrak{w}$ est résoluble.

22) Soit $\mathfrak{g}$ une p-algèbre de Lie sur un anneau K de caractéristique p (p premier). On note $x \mapsto x^p$ la p-application. Pour toute partie E de $\mathfrak{g}$, on désigne par E^p le *sous-module de* $\mathfrak{g}$ engendré par les x^p, où $x \in \mathrm{E}$. On dit qu'un idéal $\mathfrak{a} \subset \mathfrak{g}$ est un *p-idéal* si $\mathfrak{a}^p \subset \mathfrak{a}$.

a) Pour qu'un idéal $\mathfrak{a} \subset \mathfrak{g}$ soit un p-idéal, il faut et il suffit qu'il soit le noyau d'un p-homomorphisme (exerc. 20).

b) La somme de deux p-idéaux est un p-idéal. La somme d'un p-idéal et d'une p-sous-algèbre est une p-sous-algèbre.

c) Soit $\mathfrak{h}$ une sous-algèbre de Lie de $\mathfrak{g}$. La plus petite p-sous-algèbre de Lie contenant $\mathfrak{h}$ est $\mathfrak{h} + \mathfrak{h}^p + \mathfrak{h}^{p^2} + \cdots = \overline{\mathfrak{h}}$; si on pose $\mathfrak{h}_i = \mathfrak{h} + \mathfrak{h}^p + \cdots + \mathfrak{h}^{p^i}$, $\mathfrak{h}_i$ est un idéal dans $\overline{\mathfrak{h}}$, et $\overline{\mathfrak{h}}/\mathfrak{h}$ est commutative.

Si $\mathfrak{h}$ est un idéal dans $\mathfrak{g}$, il est est de même des $\mathfrak{h}_i$ et de $\bar{\mathfrak{h}}$, et ce dernier est le plus petit p-idéal contenant $\mathfrak{h}$.

d) Le normalisateur et le commutant d'un sous-module quelconque de $\mathfrak{g}$ sont des p-sous-algèbres de $\mathfrak{g}$.

23) Soit $\mathfrak{g}$ une p-algèbre de Lie commutative de dimension finie sur un corps parfait K de caractéristique $p > 0$.

a) Montrer que $\mathfrak{g}$ est, de façon unique, somme directe de deux p-sous-algèbres $\mathfrak{h}$, $\mathfrak{k}$ telles que dans $\mathfrak{h}$ la p-application soit bijective, et qu'elle soit nilpotente dans $\mathfrak{k}$ (considérer les itérées de la p-application dans $\mathfrak{g}$; cf. *Alg.*, chap. VIII, § 2, n° 2, lemme 2 et chap. VII, § 5, exerc. 20 *a*)). On dit que $\mathfrak{h}$ est le *p-cœur* de $\mathfrak{g}$.

b) On suppose K algébriquement clos. Montrer qu'il existe une base (e_i) de $\mathfrak{h}$ telle que $e_i^p = e_i$ pour tout i (considérer une p-sous-algèbre de $\mathfrak{h}$ engendrée par un seul élément, et montrer qu'elle contient un x tel que $x^p = x \neq 0$; raisonner ensuite par récurrence sur la dimension de $\mathfrak{h}$). En déduire que les p-sous-algèbres de $\mathfrak{h}$ sont en nombre fini, et sont en correspondance biunivoque avec les sous-espaces vectoriels de l'espace vectoriel sur le corps premier $\mathbf{F}_p$ engendré par les e_i.

c) Montrer qu'il existe une base (f_{ij}) de $\mathfrak{k}$ ($1 \leqslant i \leqslant k$, $1 \leqslant j \leqslant s_i$ pour tout i) où la suite des s_i est décroissante, et telle que $f_{1j}^p = 0$ pour $1 \leqslant j \leqslant s_1$, $f_{ij}^p = f_{i-1,j}$ pour $2 \leqslant i \leqslant k$, $1 \leqslant j \leqslant s_i$ (méthode d'*Alg.*, chap. VII, § 5, exerc. 20 *b*)).

¶ 24) Soient K un corps (commutatif) de caractéristique p (quelconque), X_i, Y_i, Z_i $3n$ indéterminées distinctes ; on désigne pour abréger par $\mathbf{x}$, $\mathbf{y}$, $\mathbf{z}$ les systèmes $(X_i)_{1 \leqslant i \leqslant n}$, $(Y_i)_{1 \leqslant i \leqslant n}$, $(Z_i)_{1 \leqslant i \leqslant n}$ respectivement. Soit $A_{\mathbf{x},\mathbf{y},\mathbf{z}}$ l'algèbre des séries formelles par rapport aux $3n$ indéterminées X_i, Y_i, Z_i, à coefficients dans K ; on désignera par $A_{\mathbf{x},\mathbf{y}}$ (resp. $A_{\mathbf{x}}$) la sous-algèbre de $A_{\mathbf{x},\mathbf{y},\mathbf{z}}$ formée des séries formelles ne contenant pas $\mathbf{z}$ (resp. $\mathbf{y}$, $\mathbf{z}$). Un élément de $A_{\mathbf{x},\mathbf{y},\mathbf{z}}$ (resp. $A_{\mathbf{x},\mathbf{y}}$, $A_{\mathbf{x}}$) se notera $u(\mathbf{x}, \mathbf{y}, \mathbf{z})$ (resp. $u(\mathbf{x}, \mathbf{y})$, $u(\mathbf{x})$) ; un système $(u_i(\mathbf{x}, \mathbf{y}, \mathbf{z}))_{1 \leqslant i \leqslant n}$ de n éléments de $A_{\mathbf{x},\mathbf{y},\mathbf{z}}$ se notera $\mathbf{u}(\mathbf{x}, \mathbf{y}, \mathbf{z})$; notations analogues pour les séries formelles ne contenant qu'un ou deux des trois systèmes $\mathbf{x}$, $\mathbf{y}$, $\mathbf{z}$. Si $u(\mathbf{x}, \mathbf{y}, \mathbf{z}) \in A_{\mathbf{x},\mathbf{y},\mathbf{z}}$ et si $\mathbf{f} = (f_i)$, $\mathbf{g} = (g_i)$, $\mathbf{h} = (h_i)$ sont trois systèmes de n éléments de $A_{\mathbf{x},\mathbf{y},\mathbf{z}}$ qui sont des séries sans terme constant, on note $u((\mathbf{f}(\mathbf{x}, \mathbf{y}, \mathbf{z}), \mathbf{g}(\mathbf{x}, \mathbf{y}, \mathbf{z}), \mathbf{h}(\mathbf{x}, \mathbf{y}, \mathbf{z}))$ la série formelle obtenue en substituant f_i à X_i, g_i à Y_i, h_i à Z_i ($1 \leqslant i \leqslant n$) dans u. Pour tout système $\alpha = (\alpha_1, \ldots, \alpha_n)$ de n entiers $\geqslant 0$, on désigne par $\mathbf{x}^\alpha$ le monôme $X_1^{\alpha_1} \ldots X_n^{\alpha_n}$; on définit de même $\mathbf{y}^\alpha$ et $\mathbf{z}^\alpha$. On désigne par ε_i le système α pour lequel $\alpha_j = 0$ si $j \neq i$, $\alpha_i = 1$. On désigne par $\mathbf{e}$ le système $(0, \ldots, 0)$ de n éléments de $A_{\mathbf{x},\mathbf{y},\mathbf{z}}$.

a) On appelle *loi de groupe formel* sur K (ou, par abus de langage, *groupe formel* sur K) de dimension n, un système $G = \mathbf{f}(\mathbf{x}, \mathbf{y})$ de n éléments de $A_{\mathbf{x},\mathbf{y}}$ ayant les propriétés suivantes : 1° $\mathbf{f}(\mathbf{x}, \mathbf{f}(\mathbf{y}, \mathbf{z})) = \mathbf{f}(\mathbf{f}(\mathbf{x}, \mathbf{y}), \mathbf{z})$; 2° $\mathbf{f}(\mathbf{e}, \mathbf{y}) = \mathbf{y}$, $\mathbf{f}(\mathbf{x}, \mathbf{e}) = \mathbf{x}$. Montrer que l'on a nécessairement $f_i(\mathbf{x}, \mathbf{y}) = X_i + Y_i + g_i(\mathbf{x}, \mathbf{y})$, où g_i ne contient que des monômes dc degré total $\geqslant 2$, et dont chacun contient au moins un X_j et au moins un Y_j. Montrer qu'il existe un système et un seul $\mathbf{h}(\mathbf{x})$ de n éléments de $A_{\mathbf{x}}$ tel que $\mathbf{f}(\mathbf{x}, \mathbf{h}(\mathbf{x})) = \mathbf{f}(\mathbf{h}(\mathbf{x}), \mathbf{x}) = \mathbf{e}$ (*Alg.* chap. IV, § 5, n° 9, prop. 10). On dit que G est *commutatif* si $\mathbf{f}(\mathbf{y}, \mathbf{x}) = \mathbf{f}(\mathbf{x}, \mathbf{y})$.

b) Pour tout $u \in A_{\mathbf{x}}$, on désigne par $L_{\mathbf{y}}u$ l'élément $u(\mathbf{f}(\mathbf{y}, \mathbf{z}))$ de $A_{\mathbf{x},\mathbf{y}}$. Une dérivation D de $A_{\mathbf{x}}$ se prolonge canoniquement en une dérivation de $A_{\mathbf{x},\mathbf{y}}$ (notée encore D par abus de notation) par la condition que $D(Y_i) = 0$ pour tout i (*Alg.*, chap. IV, § 5, n° 8, prop. 6). On dit que D est *invariante à gauche* pour le groupe formel considéré G si on a $L_{\mathbf{y}}D = DL_{\mathbf{y}}$. On désigne par $D^{(\mathbf{e})}$ l'application linéaire de $A_{\mathbf{x},\mathbf{y}}$ dans $A_{\mathbf{y}}$ définie par $D^{(\mathbf{e})}(u) = (Du)(\mathbf{e}, \mathbf{y})$; elle applique $A_{\mathbf{x}}$ dans K et est déterminée par sa restriction à $A_{\mathbf{x}}$. Montrer que, pour que D soit invariante à gauche, il faut et il suffit que pour tout $v \in A_{\mathbf{x}}$, on ait $D^{(\mathbf{e})}(L_{\mathbf{y}} v) = (Dv)(\mathbf{y})$.

Soit D_i la dérivation $\partial/\partial X_i$ de $A_{\mathbf{x}}$ ($1 \leqslant i \leqslant n$) ; il existe une dérivation invariante à gauche T_i et une seule telle que $T_i^{(\mathbf{e})} = D_i^{(\mathbf{e})}$. Montrer que les T_i sont linéairement indépendantes sur K et que toute dérivation invariante à gauche est combinaison linéaire des T_i à coefficients dans K. En déduire que, pour le crochet $[D, D']$ et la p-application $D \mapsto D^p$ (lorsque $p > 0$), l'ensemble $\mathfrak{g}$ des dérivations invariantes à gauche est une *algèbre de Lie* (une *p-algèbre de Lie* si $p > 0$) dite *algèbre de Lie du groupe formel* G.

c) Montrer que, pour toute série formelle $u \in A_{\mathbf{x}}$, on a :

$$(1) \qquad u(\mathbf{f}(\mathbf{x}, \mathbf{y})) = u(0) + \sum_{i=1}^{n} Y_i T_i u + o_2(\mathbf{x}, \mathbf{y})$$

où, dans la série o_2, tous les monômes sont de degré $\geqslant 2$ par rapport aux Y_j. En déduire que l'on a :

$$(2) \qquad u(\mathbf{f}(\mathbf{x}, \mathbf{f}(\mathbf{y}, \mathbf{z}))) = u(0) + \sum_{i=1}^{n} (Y_i + Z_i)T_i u + \sum_{i,j} Y_i Z_j((T_i T_j)(u)) + o_3(\mathbf{x}, \mathbf{y}, \mathbf{z})$$

où, dans la série o_3, tous les monômes sont de degré $\geqslant 3$, par rapport à l'ensemble des Y_i et des Z_i. En déduire que :

$$(3) \qquad u(\mathbf{f}(\mathbf{x}, \mathbf{y})) - u(\mathbf{f}(\mathbf{y}, \mathbf{x})) = \sum_{i<j} (X_i Y_j - X_j Y_i)([T_i, T_j]^{(\mathbf{e})}(u)) + o'_3(\mathbf{x}, \mathbf{y})$$

où tous les termes de o'_3 sont de degré total $\geqslant 3$. Montrer que, si G est commutatif, $\mathfrak{g}$ est commutative.

d) Soit G′ un second groupe formel, de dimension m, dont la loi de groupe est $\mathbf{f}'$. On appelle *homomorphisme formel* de G dans G′ un système $\mathbf{F} = (F_j(\mathbf{x}))_{1 \leqslant j \leqslant m}$ d'éléments de $A_{\mathbf{x}}$ tel que l'on ait $\mathbf{f}'(\mathbf{F}(\mathbf{x}), \mathbf{F}(\mathbf{y})) = \mathbf{F}(\mathbf{f}(\mathbf{x}, \mathbf{y}))$. Pour toute dérivation invariante à gauche $D \in \mathfrak{g}$, montrer que $v \to D(v \circ \mathbf{F})$ est une dérivation invariante à gauche appartenant à l'algèbre de Lie $\mathfrak{g}'$ de G′. Si on la désigne par $\mathbf{F}^*(D)$, $\mathbf{F}^*$ est un homomorphisme (un p-homomorphisme pour $p > 0$) de $\mathfrak{g}$ dans $\mathfrak{g}'$. Si $(T_i)_{1 \leqslant i \leqslant n}$, $(T')_{1 \leqslant j \leqslant m}$ sont les bases de $\mathfrak{g}$ et $\mathfrak{g}'$ telles que $T_i^{(\mathbf{e})} = D_i^{(\mathbf{e})}$ et $T_j'^{(\mathbf{e})} = D_j^{(\mathbf{e})}$, montrer que la matrice de $\mathbf{F}^*$, rapportée à ces bases, est la matrice

$(\partial F_j/\partial X_i)_0$ (terme constant de $\partial F_j/\partial X_i$, où i est l'indice des lignes, j celui des colonnes).

25) On appelle *groupe linéaire formel* à n variables sur le corps K, et on désigne par $\mathbf{GL}(n, K)$ (lorsqu'aucune confusion n'est possible) le groupe formel de dimension n^2 dont la loi de groupe est définie par $f_{ij}(\mathbf{u}, \mathbf{v}) = -\delta_{ij} + \sum_{k=1}^{n} (\delta_{ik} + U_{ik})(\delta_{kj} + V_{kj})$ (δ_{ij} indice de Kronecker ; les $3n^2$ indéterminées de la définition générale de l'exerc. 24 sont ici notées U_{ij}, V_{ij}, W_{ij} avec 2 indices variant de 1 à n). Montrer que, si $D_{ij} = \partial/\partial U_{ij}$, les dérivations invariantes à gauche X_{ij} telles que $X_{ij}^{(0)} = D_{ij}^{(0)}$ sont données par

$$X_{ij} = (1 + U_{ii})D_{ij} + \sum_{k \neq i} U_{ki}D_{kj}.$$

L'algèbre de Lie de $\mathbf{GL}(n, K)$ s'identifie à $\mathfrak{gl}(n, K)$ en identifiant X_{ij} à l'élément E_{ij} de la base canonique (utiliser la formule (3) de l'exercice 24). Si K est de caractéristique $p > 0$, on a $X_{ii}^p = X_{ii}$ et $X_{ij}^p = 0$ pour $i \neq j$.

¶ 26) *a*) Soient K un corps de caractéristique $\neq 2$, E un espace vectoriel de dimension n sur K, Φ une forme bilinéaire symétrique non dégénérée sur E. On suppose E muni d'une base orthogonale pour Φ et on désigne par R la matrice (diagonale) de Φ par rapport à cette base. On sait (*Alg.*, chap. IX, § 4, exerc. 11) que tout matrice (relative à la base considérée) U du groupe orthogonal $\mathbf{G}(\Phi)$ telle que $\det(I + U) \neq 0$ s'écrit $U = (I - R^{-1}S)^{-1}(I + R^{-1}S)$, où $S = R(U - I)(U + I)^{-1}$ est une matrice alternée telle que $\det(I - R^{-1}S) \neq 0$; inversement pour toute matrice S satisfaisant à ces conditions, $U = (I - R^{-1}S)^{-1}(I + R^{-1}S)$ est une matrice de $\mathbf{G}(\Phi)$ telle que $\det(I + U) \neq 0$. Soient S_{ij}, S'_{ij}, S''_{ij} $3n(n-1)/2$ indéterminées ($1 \leqslant i < j \leqslant n$) et soit L un corps contenant l'anneau de séries formelles $K[[S_{ij}, S'_{ij}, S''_{ij}]]$. Si on désigne par S, S', S'' les matrices

$$\sum_{i<j} S_{ij}(E_{ij} - E_{ji}), \qquad \sum_{i<j} S'_{ij}(E_{ij} - E_{ji}), \qquad \sum_{i<j} S''_{ij}(E_{ij} - E_{ji}),$$

on a $\det(I - R^{-1}S) \neq 0$, et les analogues pour S' et S'' ; si on pose

$$U = (I - R^{-1}S)^{-1}(I + R^{-1}S), \qquad U' = (I - R^{-1}S')^{-1}(I + R^{-1}S'),$$

on a aussi $\det(I + UU') \neq 0$. Posons

$$F(S, S') = R(UU' - I)(UU' + I)^{-1} = (f_{ij}(S, S'))\,;$$

les $f_{ij}(S, S')$ appartiennent à l'anneau des séries formelles $K[[S_{ij}, S'_{ij}]]$, et en considérant $F(S, S')$ comme une série formelle à coefficients dans l'algèbre des matrices d'ordre n sur K, on peut écrire :

$$F(S, S') = S + S' + o_2(S, S')$$

où, dans les éléments de la matrice $o_2(S, S')$, les termes sont tous de degré $\geqslant 1$ par rapport aux S_{ij} et de degré $\geqslant 1$ par rapport aux S'_{ij} ; on a de même :

$$U = I + 2R^{-1}S + o'_2(S)$$

les éléments de $o'_2(S)$ étant des séries formelles d'ordre $\geqslant 2$. Montrer que $F(S, S')$ est une loi de groupe formel sur K, de dimension $n(n-1)/2$; ce groupe formel est appelé *groupe orthogonal formel* (correspondant à Φ) et noté $\mathbf{G}(\Phi)$ par abus de notation.

b) Si on pose $M(S) = (m_{ij}(S)) = (I - R^{-1}S)^{-1}(I + R^{-1}S)$, M est un homomorphisme formel de $\mathbf{G}(\Phi)$ dans $\mathbf{GL}(n, \mathrm{K})$. Soit $\mathfrak{o}(\Phi)$ l'algèbre de Lie de $\mathbf{G}(\Phi)$, et désignons par $(\mathrm{T}_{ij})_{i<j}$ la base de cette algèbre telle que $\mathrm{T}_{ij}^{(e)} = \mathrm{D}_{ij}^{(e)}$ (exerc. 24 *d*)) ; si on identifie un élément $\mathrm{D} = \sum_{i<j} c_{ij}\mathrm{T}_{ij}$ de $\mathfrak{o}(\Phi)$ à la matrice $D = \sum_{i<j} c_{ij}(E_{ij} - E_{ji})$, montrer que l'on a (avec les notations de l'exerc. 24 *d*) et l'identification faite dans l'exerc. 25 de l'algèbre de Lie de $\mathbf{GL}(n, \mathrm{K})$ avec $\mathfrak{gl}(n, \mathrm{K})$) :

$$M^*(D) = 2R^{-1}D.$$

En déduire que M^* est un isomorphisme de $\mathfrak{o}(\Phi)$ sur la sous-algèbre de $\mathfrak{gl}(n, \mathrm{K})$ formée des matrices X telles que ${}^tXR + RX = 0$ (écrire que pour tout couple (a, b) d'éléments de E, identifiés à des matrices à une colonne, $\Phi(a + M(S).a, b + M(S).b) = {}^ta.(I + {}^tM(S))R(I + M(S)).b$ est une série formelle réduite à son terme constant, et utiliser le fait que la sous-algèbre des $X \in \mathfrak{gl}(n, \mathrm{K})$ telles que ${}^tXR + RX = 0$ est de dimension $n(n-1)/2$).

c) Définir de même le *groupe symplectique formel* à $2n$ variables sur un corps (commutatif) K quelconque, et montrer que son algèbre de Lie s'identifie à la sous-algèbre de $\mathfrak{gl}(2n, \mathrm{K})$ formé des matrices X telles que

$${}^tXA + AX = 0, \quad \text{où} \quad A = \begin{pmatrix} 0 & I_n \\ -I_n & 0 \end{pmatrix}.$$

27) Soient K un corps de caractéristique $p > 0$, G le groupe formel de dimension 2 défini par $f_1(\mathbf{x}, \mathbf{y}) = \mathrm{X}_1 + \mathrm{Y}_1 + \mathrm{X}_1\mathrm{Y}_1$, $f_2(\mathbf{x}, \mathbf{y}) = \mathrm{X}_2 + \mathrm{Y}_2(1 + \mathrm{X}_1^p)$. Montrer que G n'est pas commutatif, mais que son algèbre de Lie est commutative.

§ 2

1) On adopte les notations T, J, T_n de la déf. 1 et du n° 6. Soient t un tenseur homogène d'ordre p de T, et σ une permutation de $\{1, 2, \ldots, p\}$. Alors, $t - \sigma t \in \mathrm{J} + \mathrm{T}_{p-1}$. (Se ramener au cas où σ est une transposition de 2 entiers consécutifs.)

2) On suppose que K est un corps. Soient $\mathfrak{g}$ une K-algèbre de Lie, U son algèbre enveloppante.

a) Soient u, v dans U. Si u est de filtration $> n$, v de filtration $> p$, alors uv est de filtration $> n + p$ (utiliser le th. 1).

b) Déduire de *a*) que les seuls éléments inversibles de U sont les scalaires.

c) Déduire de *b*) que le radical de U est nul.

3) On suppose que K est un corps. Soient $\mathfrak{g}$ une K-algèbre de Lie, U son algèbre enveloppante. La représentation régulière gauche de U correspond à une représentation ρ de $\mathfrak{g}$ dans l'espace U. Montrer que l'ensemble U_+ des éléments de U sans terme constant est stable pour ρ, et que U_+ n'a pas de supplémentaire dans U stable pour ρ. En particulier, ρ n'est pas semi-simple. (On rapprochera ceci du th. 2 du § 6.)

4) On suppose que K est un corps.

a) Vérifier qu'il existe une algèbre de Lie $\mathfrak{g}$ de dimension 3 ayant une base (x, y, z) telle que $[x, y] = z$, $[x, z] = [y, z] = 0$. Soit U l'algèbre enveloppante de $\mathfrak{g}$. Montrer que le centre de U est la sous-algèbre engendrée par 1 et z. (Considérer, pour tout $\xi \in \mathfrak{g}$, la dérivation de l'algèbre symétrique S de $\mathfrak{g}$ qui prolonge $\mathrm{ad}_{\mathfrak{g}}\, \xi$, et chercher les éléments de S annulés par ces dérivations ; appliquer ensuite la remarque finale du n° 8).

b) Vérifier qu'il existe une algèbre de Lie $\mathfrak{g}$ de dimension 3 ayant une base (x, y, z) telle que $[x, y] = y$, $[x, z] = z$, $[y, z] = 0$. Montrer que le centre de l'algèbre enveloppante de $\mathfrak{g}$ se réduit aux scalaires. (Même méthode.)

5) On suppose que K est de caractéristique $p > 0$ (p premier). Soit $\mathfrak{g}$ une algèbre de Lie sur K ayant une base, identifiée canoniquement à un sous-module de son algèbre enveloppante U. Pour qu'un endomorphisme φ du K-module $\mathfrak{g}$ soit une p-application, il faut et il suffit que $x \mapsto x^p - \varphi(x)$ soit une application semi-linéaire (pour $\lambda \mapsto \lambda^p$) de $\mathfrak{g}$ dans le centre de U. En déduire que si (b_λ) est une base de $\mathfrak{g}$, pour qu'il existe dans $\mathfrak{g}$ une p-application, il faut et il suffit que, pour tout λ, il existe $c_\lambda \in \mathfrak{g}$ tel que $(\mathrm{ad}\, b_\lambda)^p = \mathrm{ad}\, c_\lambda$; s'il en est ainsi, il existe alors une p-application $x \mapsto x^{[p]}$ et une seule telle que $b_\lambda^{[p]} = c_\lambda$ pour tout λ.

6) Soient $\mathfrak{g}$ une p-algèbre de Lie sur un anneau K tel que $p\mathrm{K} = \{0\}$ (p premier), U son algèbre enveloppante, σ l'application canonique de $\mathfrak{g}$ dans U. Soit J l'idéal bilatère de U engendré par les éléments $(\sigma(x))^p - \sigma(x^{[p]})$ lorsque x parcourt $\mathfrak{g}$. On appelle *algèbre enveloppante restreinte* de $\mathfrak{g}$ l'algèbre associative $\tilde{\mathrm{U}} = \mathrm{U}/\mathrm{J}$. L'application σ définit par passage au quotient une application $\tilde{\sigma}$ (dite canonique) de $\mathfrak{g}$ dans $\tilde{\mathrm{U}}$, qui est un p-homomorphisme (lorsque $\tilde{\mathrm{U}}$ est considérée comme une p-algèbre de Lie).

a) L'algèbre $\tilde{\mathrm{U}}$ et l'application $\tilde{\sigma}$ sont solutions d'un problème d'application universelle : pour tout p-homomorphisme f de $\mathfrak{g}$ dans une algèbre associative B sur K (considérée comme p-algèbre de Lie), il existe un K-homomorphisme et un seul f' de $\tilde{\mathrm{U}}$ dans B (pour les structures d'algèbres associatives) tel que $f = f' \circ \tilde{\sigma}$.

b) Montrer que, si $(b_\lambda)_{\lambda \in \Lambda}$ est une base de $\mathfrak{g}$ (Λ étant totalement ordonné), $\tilde{\sigma}$ est injective, et que, si on identifie x et $\tilde{\sigma}(x)$ pour $x \in \mathfrak{g}$, les éléments $\Pi_\lambda b_\lambda^{\nu_\lambda}$ (où les λ vont en croissant, où les ν_λ sont nuls sauf un nombre fini d'entre eux, et où $0 \leqslant \nu_\lambda < p$ pour tout λ) forment une base de $\tilde{\mathrm{U}}$. (Identifiant canoniquement $\mathfrak{g}$ à un sous-module de U, on pose $\varphi(x) = x^p - x^{[p]}$ pour tout $x \in \mathfrak{g}$. Pour tout indice composé $\alpha = (\alpha_\lambda) \in \mathbf{N}^{(\mathrm{L})}$, soit $\alpha_\lambda = \beta_\lambda + p\gamma_\lambda$ avec $0 \leqslant \beta_\lambda < p$, et soit $\mathrm{T}_\alpha = (\Pi_\lambda b_\lambda^{\beta_\lambda})(\Pi_\lambda(\varphi(b_\lambda))^{\gamma_\lambda})$. Montrer que les T_α forment une base de U et les T_α tels que $\gamma = (\gamma_\lambda) \neq 0$ une base de J ; on observera que les $\varphi(b_\lambda)$ appartiennent au centre de U).

7) Soit $\mathfrak{g}$ une p-algèbre de Lie sur un anneau K tel que $p\mathrm{K} = \{0\}$ (p premier). On dit qu'une dérivation D et $\mathfrak{g}$ est une *p-dérivation* si on a $\mathrm{D}(x^p) = (\mathrm{ad}\, x)^{p-1}.\mathrm{D}x$ pour tout $x \in \mathfrak{g}$. Toute dérivation intérieure est une p-dérivation.

a) Si L est une K-algèbre associative, toute dérivation de L est une p-dérivation lorsque L est considérée comme p-algèbre de Lie. (Utiliser la formule (2) de l'exerc. 19 du § 1.)

b) Supposons que $\mathfrak{g}$ ait une base. Pour qu'une dérivation de $\mathfrak{g}$ soit une p-dérivation, il faut et il suffit qu'elle puisse se prolonger en une dérivation de l'algèbre enveloppante restreinte de $\mathfrak{g}$. En déduire que les p-dérivations de $\mathfrak{g}$ forment une p-sous-algèbre de Lie de la p-algèbre des dérivations de $\mathfrak{g}$.

c) Si D est une p-dérivation de $\mathfrak{g}$, le noyau de D^k est une p-sous-algèbre de $\mathfrak{g}$.

d) Pour toute dérivation D de $\mathfrak{g}$, $\mathrm{D}(x^p) - (\mathrm{ad}\, x)^{p-1}.\mathrm{D}x$ appartient au centre de $\mathfrak{g}$ pour tout $x \in \mathfrak{g}$ (utiliser la formule (2) de l'exerc. 19 du § 1, appliquée à $\mathrm{L} = \mathcal{L}(\mathfrak{g})$.)

8) Montrer que le th. 1 reste valable si le module $\mathfrak{g}$ est somme directe de modules monogènes. (Remplacer dans la démonstration le module P par l'algèbre symétrique de $\mathfrak{g}$).

9) Soient k le corps à deux éléments, V l'espace vectoriel k^3, (x_1, x_2, x_3) sa base canonique, et K l'algèbre extérieure de V, qui est une algèbre commutative de dimension 8 sur k. Soit $\mathfrak{g}$ la K-algèbre de Lie admettant la base $(e_1, e_2, e_3, e_{12}, e_{13}, e_{23})$ telle que $[e_1, e_2] = [e_2, e_1] = e_{12}$, $[e_1, e_3] = [e_3, e_1] = e_{13}$, $[e_2, e_3] = [e_3, e_2] = e_{23}$, les autres crochets étant nuls. Soit $\mathfrak{h}$ l'idéal de $\mathfrak{g}$ engendré par $u = x_1e_1 + x_2e_2 + x_3e_3$. Comme module, $\mathfrak{h}$ est engendré par u, $[u, e_1] = x_2e_{12} + x_3e_{13}$, $[u, e_2] = x_1e_{12} + x_3e_{23}$, $[u, e_3] = x_1e_{13} + x_2e_{23}$. Soit $v = x_1x_2e_{12} + x_1x_3e_{13} + x_2x_3e_{23}$.

a) Montrer que $v \notin \mathfrak{h}$. (Considérer la forme K-linéaire φ sur $\mathfrak{g}$ telle que $\varphi(e_1) = \varphi(e_2) = \varphi(e_3) = 0$, $\varphi(e_{12}) = x_3$, $\varphi(e_{13}) = x_2$, $\varphi(e_{23}) = x_1$).

b) Soit f une application linéaire de $\mathfrak{g}$ dans une K-algèbre associative telle que $f([x, y]) = f(x)f(y) - f(y)f(x)$ quels que soient x, y dans $\mathfrak{g}$. Montrer que $f(v) = f(u)^2$.

c) Déduire de *a*) et *b*) que l'application canonique de l'algèbre de Lie $\mathfrak{g}/\mathfrak{h}$ dans son algèbre enveloppante est non injective.

10) Soient $\mathfrak{g}$ une algèbre de Lie de dimension finie sur un corps, U son algèbre enveloppante, U_n l'ensemble des éléments de U de filtration $\leqslant n$.

a) Soient $x \in U_n$, $y \in U_n$ deux éléments non nuls. Montrer qu'il existe $u \in U$, $v \in U$ tels que $ux = vy$. (Comparer dim $(U_p x) =$ dim U_p, dim $(U_p y) =$ dim U_p, et dim U_{p+n}. En déduire que $U_p x \cap U_p y \neq \{0\}$ pour p assez grand.)

b) Montrer que U admet un corps des quotients à gauche (*Alg.*, chap. I, 2e éd., § 9, exerc. 8) qui est en même temps corps des quotients à droite.

§ 3

1) Soient $\mathfrak{g}$ une algèbre de Lie, ρ une représentation de $\mathfrak{g}$ dans un K-module M, σ la représentation associée de $\mathfrak{g}$ dans l'algèbre tensorielle de M. Montrer que le sous-module des tenseurs symétriques et le sous-module des tenseurs antisymétriques sont stables pour σ.

2) Soient $\mathfrak{g}$ une algèbre de Lie, ρ une représentation de $\mathfrak{g}$ dans un K-module M, σ la représentation associée de $\mathfrak{g}$ dans $Q = \mathscr{L}(M, M; M)$. Pour qu'un $f \in Q$ soit invariant pour σ, il faut et il suffit que les $\rho(x)$ soient des dérivations de M muni de la multiplication définie par f.

3) Soit V un espace vectoriel de dimension finie sur un corps parfait K.

a) La représentation identique de $\mathfrak{gl}(V)$ définit canoniquement des représentations de $\mathfrak{gl}(V)$ dans $\bigotimes^p V$ et $\bigotimes^q V^*$, donc une représentation $u \rightarrow u_q^p$ de $\mathfrak{gl}(V)$ dans $V_q^p = (\bigotimes^p V) \otimes (\bigotimes^q V^*)$. Montrer que u_q^p est semi-simple si u l'est. (Se ramener, par extension du corps de base, au cas où K est algébriquement clos.) Montrer que u_q^p est nilpotent si u l'est. En déduire que, si s et n sont les composantes semi-simple et nilpotente de u, s_q^p et n_q^p sont les composantes semi-simple et nilpotente de u_q^p.

b) Déduire de *a*) que, si un élément de V_q^p est annulé par u_q^p, il est annulé par s_q^p et n_q^p.

c) Déduire de *b*) et de l'exerc. 2 que, si V est muni d'une structure d'algèbre non nécessairement associative, et si u est une dérivation de V, alors s et n sont des dérivations de V.

¶ 4) On suppose que K est un corps. Soit $\mathfrak{g}$ une K-algèbre de Lie.

a) Soient M et N des $\mathfrak{g}$-modules, N étant de dimension finie sur K. Soit $(f_j)_{1 \leqslant j \leqslant n}$ une base de N sur K. Si des éléments non tous nuls $e_1, \ldots, e_n$ de M sont tels que $\sum_{i=1}^{n} e_i \otimes f_i$ soit invariant dans $M \otimes N$, alors le sous-espace M_1 de M engendré par les e_i est stable pour les x_M ; si en outre N est simple la représentation de $\mathfrak{g}$ dans M_1 est duale de la représentation de $\mathfrak{g}$ dans N.

b) Soient M_1, M_2, N, N* des $\mathfrak{g}$-modules de dimension finie sur K. On suppose que M_1 et M_2 sont simples et que les représentations de $\mathfrak{g}$ dans N et N* sont duales. Pour que le $\mathfrak{g}$-module M_1 soit isomorphe à un sous-$\mathfrak{g}$-module de $M_2 \otimes N$, il faut et il suffit que M_2 soit isomorphe à un sous-$\mathfrak{g}$-module de $M_1 \otimes N^*$. (Utiliser la prop. 4 ; considérer la représentation de $\mathfrak{g}$ dans $M_1^* \otimes M_2 \otimes N$, et appliquer *a*) à la représentation duale de cette dernière.)

¶ 5) On suppose que K est un corps de caractéristique 0. Soient V un K-espace vectoriel de dimension finie, $\mathfrak{g} = \mathfrak{sl}(V)$, U l'algèbre enveloppante de $\mathfrak{g}$, U_n l'ensemble des éléments de filtration $\leqslant n$ dans U, U^n l'ensemble des images dans U des tenseurs symétriques homogènes d'ordre n sur $\mathfrak{g}$, $(\alpha_1, \ldots, \alpha_m)$ une base de l'espace vectoriel $\mathfrak{g}$. Soit $W_s = \bigotimes^s V$. La représentation identique de $\mathfrak{g}$ définit une représentation de $\mathfrak{g}$ dans W_s qui se prolonge en un homomorphisme π_s de U dans l'algèbre $M_s = \mathcal{L}(W_s)$.

a) Soit M'_s le sous-espace de M_s engendré par les éléments de la forme $\beta_1 \otimes \beta_2 \otimes \cdots \otimes \beta_s$, où $\beta_i \in \mathcal{L}(V)$ et où $\beta_i = 1$ pour au moins un i. Soient z un élément de U_s, $z_0 = \sum_{1 \leqslant i_1, \ldots, i_s \leqslant m} a_{i_1 \ldots i_s} \alpha_{i_1} \ldots \alpha_{i_s}$ sa composante dans U^s, où les $a_{i_1 \ldots i_s}$ sont symétriques par rapport aux permutations des indices. Montrer que

$$\pi_s(z) \equiv s! \sum_{1 \leqslant i_1, \ldots, i_s \leqslant m} a_{i_1 \ldots i_s} \alpha_{i_1} \otimes \cdots \otimes \alpha_{i_s} \pmod{M'_s}.$$

b) Déduire de *a*) que, pour tout $z \in U$, il existe une représentation de dimension finie π de U telle que $\pi(z) \neq 0$. (Pour une suite de cet exerc., cf. § 7, exerc. 3.)

6) On suppose que K est un corps. Soient $\mathfrak{g}$ une K-algèbre de Lie, $x \to x_M$ une représentation de $\mathfrak{g}$ de dimension finie, $(e_1, \ldots, e_n)$ une base de M, et $(e_1^*, \ldots, e_n^*)$ la base duale.

a) Si f est une forme linéaire sur $\bigotimes^r M$, on a :

$$f = \sum_{1 \leqslant i_1, \ldots, i_r \leqslant n} f(e_{i_1} \otimes \cdots \otimes e_{i_r})(e_{i_1}^* \otimes \cdots \otimes e_{i_r}^*).$$

b) Soit β une forme bilinéaire non dégénérée sur M, invariante pour $\mathfrak{g}$. Soit $(e'_1, \ldots, e'_n)$ la base de M telle que $\beta(e_i, e'_j) = \delta_{ij}$. Soit f une forme linéaire invariante sur $\bigotimes^r M$. Déduire de *a*) que

$$\sum_{1 \leqslant i_1, \ldots, i_r \leqslant n} f(e_{i_1} \otimes \cdots \otimes e_{i_r})(e'_{i_1} \otimes \cdots \otimes e'_{i_r})$$

est un élément invariant de $\bigotimes^r M$ indépendant du choix de la base (e_i).

c) Soit U l'algèbre enveloppante de $\mathfrak{g}$, U^* l'espace dual de l'espace U. La représentation adjointe de $\mathfrak{g}$ se prolonge en une représentation $x \to x_U$ de $\mathfrak{g}$ dans U définie par $x_U u = xu - ux$ pour tout $u \in U$. Donc U^* est muni d'une structure de $\mathfrak{g}$-module. Pour qu'un élément f de U^* soit invariant, il faut et il suffit que $f(uv) = f(vu)$ quels que soient u, v dans U.

d) Soient $\mathfrak{h}$ un idéal de $\mathfrak{g}$ de dimension finie, γ une forme bilinéaire invariante sur $\mathfrak{g}$, dont la restriction à $\mathfrak{h}$ soit non dégénérée. Soient $(y_i)_{1 \leqslant i \leqslant n}$, $(y'_j)_{1 \leqslant j \leqslant n}$ deux bases de $\mathfrak{h}$ telles que $\gamma(y_i, y'_j) = \delta_{ij}$. Soit r un entier $\geqslant 1$. Soit f une forme linéaire sur U telle que $f(uv) = f(vu)$ quels que soient u, v dans U. Déduire de *b*) et *c*) que

$$\sum_{1 \leqslant i_1, \ldots, i_r \leqslant n} f(y_{i_1} y_{i_2} \ldots y_{i_r}) y'_{i_1} y'_{i_2} \ldots y'_{i_r}$$

est un élément du centre de U indépendant du choix de la base (y_i). Retrouver en particulier les éléments de Casimir.

e) Soit θ une permutation de $\{1, \ldots, r\}$. Raisonnant de manière analogue, montrer que

$$\sum_{1 \leqslant i_1, \ldots, i_r \leqslant n} f(y_{i_{\theta(1)}} y_{i_{\theta(2)}} \ldots y_{i_{\theta(r)}}) y'_{i_1} y'_{i_2} \ldots y'_{i_r}$$

est un élément du centre de U indépendant du choix de la base (y_i).

7) Soient $\mathfrak{g}$ une algèbre de Lie complexe, β sa forme de Killing, $\mathfrak{g}_0$ l'algèbre de Lie déduite de $\mathfrak{g}$ par restriction à **R** du corps de base. Montrer que la forme de Killing de $\mathfrak{g}_0$ est deux fois la partie réelle de β.

8) Soit $\mathfrak{g}$ une algèbre de Lie. La forme multilinéaire

$$(x_1, \ldots, x_n) \to \operatorname{Tr}(\operatorname{ad} x_1 \circ \operatorname{ad} x_2 \circ \cdots \circ \operatorname{ad} x_n)$$

sur $\mathfrak{g}^n$ est invariante.

9) Soient $\mathfrak{g}$ une K-algèbre de Lie, ρ et ρ' des représentations semi-simples de $\mathfrak{g}$ dans des K-modules V, V′, et φ un homomorphisme du $\mathfrak{g}$-module V sur le $\mathfrak{g}$-module V′. Montrer que l'image par φ de l'ensemble des invariants de V est l'ensemble des invariants de V′ (utiliser la prop. 6).

10) On suppose que K est un corps. Soient $\mathfrak{g}$ une K-algèbre de Lie, M_1, M_2 deux $\mathfrak{g}$-modules simples non isomorphes de dimension finie sur K. Si K_1 est une extension séparable de K, montrer qu'il n'existe pas de $\mathfrak{g}_{(K_1)}$-module simple isomorphe à la fois à un sous-$\mathfrak{g}_{(K_1)}$-module de $M_{1(K_1)}$ et à un sous-$\mathfrak{g}_{(K_1)}$-module de $M_{2(K_1)}$. (Utiliser la prop. 4 et remarquer que l'existence d'un élément invariant $\neq 0$ dans $M^*_{1(K_1)} \otimes_{K_1} M_{2(K_1)}$ entraîne l'existence d'un élément invariant $\neq 0$ dans $M^*_1 \otimes_K M_2$ (*Alg.*, chap. II, § 5, nº 3, th. 1)).

11) Soit $\mathfrak{w}$ la p-algèbre de Lie définie dans l'exercice 21 du § 1. Montrer que la forme de Killing de $\mathfrak{w}$ est nulle.

¶ 12) On suppose que K est un corps. Soient $\mathfrak{g}$ une K-algèbre de Lie, M un $\mathfrak{g}$-module. On désigne par $C^p(\mathfrak{g}, M)$ l'espace des applications multilinéaires alternées de $\mathfrak{g}^p$ dans M. On pose $C^0(\mathfrak{g}, M) = M$, et, pour $p < 0$, $C^p(\mathfrak{g}, M) = \{0\}$. Soit $C^*(\mathfrak{g}, M)$ la somme directe des $C^p(\mathfrak{g}, M)$. Les éléments de $C^*(\mathfrak{g}, M)$ sont appelés les *cochaînes de* $\mathfrak{g}$ *à valeurs dans* M ; celles de $C^p(\mathfrak{g}, M)$ sont dites de degré p. Pour tout $y \in \mathfrak{g}$, on désigne par $i(y)$ l'endomorphisme de $C^*(\mathfrak{g}, M)$ qui applique chaque sous-espace $C^p(\mathfrak{g}, M)$ dans $C^{p-1}(\mathfrak{g}, M)$ et qui, pour $p > 0$, est donné par la formule :

(1) $$(i(y)f)(x_1, \ldots, x_{p-1}) = f(y, x_1, \ldots, x_{p-1}).$$

On a $i(y)^2 = 0$.

a) La représentation adjointe de $\mathfrak{g}$ et la représentation de $\mathfrak{g}$ dans M définissent une représentation de $\mathfrak{g}$ dans l'espace des applications multilinéaires de $\mathfrak{g}^p$ dans M. Montrer que $C^p(\mathfrak{g}, M)$ est stable pour cette représentation. Soit θ la représentation de $\mathfrak{g}$ dans $C^*(\mathfrak{g}, M)$ ainsi définie. Montrer que :

$$\theta(x)i(y) - i(y)\theta(x) = i([x, y]) \tag{2}$$

quels que soient x, y dans $\mathfrak{g}$.

b) Montrer qu'il existe un endomorphisme d et un seul de $C^*(\mathfrak{g}, M)$, appliquant $C^p(\mathfrak{g}, M)$ dans $C^{p+1}(\mathfrak{g}, M)$, tel que

$$di(y) + i(y)d = \theta(y), \tag{3}$$

quel que soit $y \in \mathfrak{g}$. (Raisonner par récurrence sur le degré des cochaînes.) Montrer que, pour $f \in C^p(\mathfrak{g}, M)$:

$$df(x_1, x_2, \ldots, x_{p+1}) = \sum_{i<j} (-1)^{i+j} f([x_i, x_j], x_1, \ldots, \hat{x}_i, \ldots, \hat{x}_j, \ldots, x_{p+1}) + \sum_i (-1)^{i+1} (x_i)_M f(x_1, \ldots, \hat{x}_i, \ldots, x_{p+1})$$

(où le signe $\hat{}$ sur une lettre signifie qu'elle doit être omise).

c) Montrer que, pour tout $y \in \mathfrak{g}$,

$$d\theta(y) = \theta(y)d. \tag{4}$$

(Montrer d'abord, en utilisant (2) et (3), que $d\theta(y) - \theta(y)d$ permute à tout $i(x)$. Puis raisonner par récurrence sur le degré des cochaînes.)

d) Montrer que $d^2 = 0$. (Montrer d'abord, en utilisant (3) et (4), que d^2 permute à tout $i(x)$. Puis raisonner par récurrence sur le degré des cochaînes.)

e) La restriction de d à $C^p(\mathfrak{g}, M)$ a un noyau $Z^p(\mathfrak{g}, M)$ dont les éléments s'appellent *cocycles* de degré p à valeurs dans M. La restriction de d à $C^{p-1}(\mathfrak{g}, M)$ a une image $B^p(\mathfrak{g}, M)$, dont les éléments s'appellent *cobords* de degré p à valeurs dans M. On a $B^p(\mathfrak{g}, M) \subset Z^p(\mathfrak{g}, M)$. L'espace quotient $Z^p(\mathfrak{g}, M)/B^p(\mathfrak{g}, M) = H^p(\mathfrak{g}, M)$ s'appelle *l'espace de cohomologie* de degré p de $\mathfrak{g}$ à valeurs dans M. On note $H^*(\mathfrak{g}, M)$ la somme directe des $H^p(\mathfrak{g}, M)$. Montrer que $H^0(\mathfrak{g}, M)$ s'identifie à l'ensemble des invariants de M. Soit φ un homomorphisme du $\mathfrak{g}$-module M dans un $\mathfrak{g}$-module N. Pour tout $f \in C^p(\mathfrak{g}, M)$, $\varphi \circ f \in C^p(\mathfrak{g}, N)$, de sorte que φ se prolonge en une application K-linéaire $\varphi' : C^*(\mathfrak{g}, M) \rightarrow C^*(\mathfrak{g}, N)$. Montrer que $\varphi' \circ d = d \circ \varphi'$. En déduire que φ' définit un homomorphisme $\tilde{\varphi} : H^*(\mathfrak{g}, M) \rightarrow H^*(\mathfrak{g}, N)$ qui est dit associé à φ.

f) Soient L un sous-$\mathfrak{g}$-module de M, et N le $\mathfrak{g}$-module quotient M/L. Les homomorphismes canoniques $L \xrightarrow{i} M \xrightarrow{p} N$ définissent des homomorphismes

$$C^*(\mathfrak{g}, L) \xrightarrow{i'} C^*(\mathfrak{g}, M) \xrightarrow{p'} C^*(\mathfrak{g}, N),$$
$$H^n(\mathfrak{g}, L) \xrightarrow{i^n} H^n(\mathfrak{g}, M) \xrightarrow{p^n} H^n(\mathfrak{g}, N).$$

Montrer que i' est injectif et a pour image le noyau de p' et que p' est surjectif. Pour tout $c \in H^n(\mathfrak{g}, N)$, soit $z \in Z^n(\mathfrak{g}, N)$ un représentant de c, et $a \in C^n(\mathfrak{g}, M)$ tel que $p'(a) = z$; montrer que $da \in Z^{n+1}(\mathfrak{g}, L)$ et que sa classe dans $H^{n+1}(\mathfrak{g}, L)$ ne dépend que de c ; on note cette classe $\delta^n c$. Montrer que la suite d'homomorphismes :

$$0 \longrightarrow H^0(\mathfrak{g}, L) \xrightarrow{i^0} H^0(\mathfrak{g}, M) \xrightarrow{p^0} H^0(\mathfrak{g}, N) \xrightarrow{\delta^0}$$
$$\longrightarrow H^1(\mathfrak{g}, L) \xrightarrow{i^1} H^1(\mathfrak{g}, M) \xrightarrow{p^1} H^1(\mathfrak{g}, N) \xrightarrow{\delta^1} \cdots$$

est une suite exacte.

g) Avec les notations de *f*), la suite exacte :

$$0 \longrightarrow \mathscr{L}(N. L) \longrightarrow \mathscr{L}(N, M) \longrightarrow \mathscr{L}(N, N) \longrightarrow 0$$

définit une suite exacte :

$$H^0(\mathfrak{g}, \mathscr{L}(N, M)) \longrightarrow H^0(\mathfrak{g}, \mathscr{L}(N, N)) \longrightarrow H^1(\mathfrak{g}, \mathscr{L}(N, L)).$$

L'application identique de N est un invariant u de $\mathscr{L}(N, N)$, donc un élément de $H^0(\mathfrak{g}, \mathscr{L}(N, N))$; soit c son image dans $H^1(\mathfrak{g}, \mathscr{L}(N, L))$. Alors, pour qu'il existe dans M un sous-$\mathfrak{g}$-module supplémentaire de L, il faut et il suffit que $c = 0$. (Cette condition signifie que u est l'image d'un élément de $H^0(\mathfrak{g}, \mathscr{L}(N, M))$, c'est-à-dire d'un homomorphisme v du $\mathfrak{g}$-module N dans le $\mathfrak{g}$-module M ; alors $v(N)$ est le supplémentaire cherché.)

h) Montrer que $Z^1(\mathfrak{g}, \mathfrak{g})$ (où on considère $\mathfrak{g}$ comme un $\mathfrak{g}$-module grâce à la représentation adjointe) s'identifie à l'espace vectoriel des dérivations de $\mathfrak{g}$, et que $B^1(\mathfrak{g}, \mathfrak{g})$ s'identifie à l'espace vectoriel des dérivations intérieures de $\mathfrak{g}$.

i) Soient $\mathfrak{a}$ et $\mathfrak{b}$ deux K-algèbres de Lie, avec $\mathfrak{b}$ commutative, et $\mathfrak{b} \xrightarrow{\lambda} \mathfrak{g} \xrightarrow{\mu} \mathfrak{a}$ une extension de $\mathfrak{a}$ par $\mathfrak{b}$. Pour tout $x \in \mathfrak{g}$, la restriction de $\mathrm{ad}_{\mathfrak{g}}\, x$ à $\mathfrak{b}$ ne dépend que de la classe de x modulo $\mathfrak{b}$, d'où une structure de $\mathfrak{a}$-module sur $\mathfrak{b}$. Soit ν une application K-linéaire de $\mathfrak{a}$ dans $\mathfrak{g}$ telle que $\mu \circ \nu$ soit l'application identique de $\mathfrak{a}$. Pour x, y dans $\mathfrak{a}$, posons $f(x, y) = [\nu x, \nu y] - \hat{\nu}([x, y])$. Montrer que $f \in Z^2(\mathfrak{a}, \mathfrak{b})$, et que la classe c de f dans $H^2(\mathfrak{a}, \mathfrak{b})$ ne dépend pas du choix de ν. Pour que deux extensions de $\mathfrak{a}$ par $\mathfrak{b}$, définissant la même structure de $\mathfrak{a}$-module sur $\mathfrak{b}$, soient équivalentes, il faut et il suffit que la classe $c \in H^2(\mathfrak{a}, \mathfrak{b})$ correspondante soit la même. Pour que l'extension soit inessentielle, il faut et il suffit que $c = 0$. Si B est un $\mathfrak{a}$-module, et si $c \in H^2(\mathfrak{a}, B)$, il existe une extension de $\mathfrak{a}$ par B (considéré comme algèbre de Lie commutative) définissant la structure donnée de $\mathfrak{a}$-module sur B et l'élément donné c de $H^2(\mathfrak{a}, B)$.

j) Soient $\mathfrak{g}$ une algèbre de Lie de dimension finie sur K, U son algèbre enveloppante, $\mathfrak{h}$ un idéal de $\mathfrak{g}$, β une forme bilinéaire invariante sur $\mathfrak{g}$ dont la restriction à $\mathfrak{h}$ est non dégénérée, $(y_i)_{1 \leqslant i \leqslant n}$ et $(y'_i)_{1 \leqslant i \leqslant n}$ deux bases de $\mathfrak{h}$ telles que $\beta(y_i, y'_j) = \delta_{ij}$, $t = \sum_{i=1}^{n} y_i y'_i \in U$, M un $\mathfrak{g}$-module, ρ

l'endomorphisme de $C^*(\mathfrak{g}, M)$ qui applique chaque $C^p(\mathfrak{g}, M)$ dans $C^{p-1}(\mathfrak{g}, M)$ et qui, pour $p > 0$, est défini par :

$$(\rho f)(x_1, \ldots, x_{p-1}) = \sum_{k=1}^{n} (y_k)_M f(y'_k, x_1, \ldots, x_{p-1}).$$

Soit enfin Γ l'endomorphisme de $C^*(\mathfrak{g}, M)$ prolongeant t_M qui applique toute cochaîne f de degré > 0 sur la cochaîne $t_M \circ f$. Montrer que $\rho d + d\rho = \Gamma$. (Si, pour $x \in \mathfrak{g}$, on pose :

$$[x, y_k] = \sum_{l=1}^{n} a_{kl} y_l, \qquad [x, y'_k] = \sum_{l=1}^{n} a'_{kl} y'_l,$$

montrer d'abord que $a_{kl} = -a'_{lk}$). En déduire que $\Gamma d = d\Gamma$. Si M est simple de dimension finie sur K, si β est la forme bilinéaire associée, et si dim $\mathfrak{h}$ n'est pas divisible par la caractéristique de K, montrer que $H^p(\mathfrak{g}, M) = \{0\}$ pour tout p. (Utilisant la prop. 12, montrer que Γ est un automorphisme de $C^*(\mathfrak{g}, M)$, donc induit des automorphismes de $Z^p(\mathfrak{g}, M)$ et $B^p(\mathfrak{g}, M)$. Pour $f \in Z^p(\mathfrak{g}, M)$, $\Gamma f = (d\rho + \rho d)f = d\rho f \in B^p(\mathfrak{g}, M)$, d'où $Z^p(\mathfrak{g}, M) = B^p(\mathfrak{g}, M)$).)

§ 4

Les conventions du § 4 restent valables, sauf mention contraire.

1) Soient $\mathfrak{g}$ une algèbre de Lie nilpotente, p (resp. q) le plus petit entier tel que $\mathscr{C}^p\mathfrak{g} = \{0\}$ (resp. $\mathscr{C}_q\mathfrak{g} = \mathfrak{g}$). Montrer que $p = q + 1$ et que $\mathscr{C}_i\mathfrak{g} \supset \mathscr{C}^{p-i}\mathfrak{g}$. (Utiliser le raisonnement de la prop. 1.)

2) Soit $\mathfrak{g}$ un produit semi-direct d'une algèbre $\mathfrak{h}$ de dimension 1 et d'un idéal commutatif $\mathfrak{g}'$. Soient $x \in \mathfrak{h}$, $x \neq 0$, et u la restriction de $\mathrm{ad}_{\mathfrak{g}}\, x$ à $\mathfrak{g}'$.

a) Pour que $\mathfrak{g}$ soit nilpotente, il faut et il suffit que u soit nilpotent.

b) Pour que la forme de Killing de $\mathfrak{g}$ soit nulle, il faut et il suffit que $\mathrm{Tr}\,(u^2) = 0$.

c) Déduire de *a*) et *b*) qu'il existe des algèbres de Lie non nilpotentes dont la forme de Killing est nulle.

d) Déduire de *a*) que, dans une algèbre de Lie nilpotente telle que $\mathscr{C}^{p-1}\mathfrak{g} \neq \{0\}$, $\mathscr{C}^p\mathfrak{g} = \{0\}$, on peut avoir $\mathscr{C}_i\mathfrak{g} \neq \mathscr{C}^{p-i}\mathfrak{g}$.

3) *a*) Soient $\mathfrak{g}$ une algèbre de Lie nilpotente, $\mathfrak{z}$ son centre, $\mathfrak{b}$ un idéal non nul de $\mathfrak{g}$. Montrer que $\mathfrak{z} \cap \mathfrak{b} \neq \{0\}$. (Considérer $\mathfrak{b}$ comme un $\mathfrak{g}$-module grâce à la représentation adjointe.)

b) Si, dans une algèbre de Lie $\mathfrak{g}$, un idéal $\mathfrak{b}$ est contenu dans $\mathscr{C}_{i+1}\mathfrak{g}$ mais non dans $\mathscr{C}_i\mathfrak{g}$, montrer que les idéaux $\mathfrak{b} \cap \mathscr{C}_k\mathfrak{g}$ sont tous distincts pour $0 \leqslant k \leqslant i + 1$. (Appliquer *a*).)

4) Soit $\mathfrak{g}$ une algèbre de Lie nilpotente.

a) Toute sous-algèbre de $\mathfrak{g}$ est sous-invariante. (Utiliser la prop. 3.)

b) Soit $\mathfrak{b}$ un sous-espace vectoriel de $\mathfrak{g}$ tel que $\mathfrak{b} + \mathcal{D}\mathfrak{g} = \mathfrak{g}$. Montrer que la sous-algèbre de $\mathfrak{g}$ engendrée par $\mathfrak{b}$ est $\mathfrak{g}$. (Appliquer *a*) à cette sous-algèbre. Se ramener ainsi au cas où $\mathfrak{b}$ est un idéal de $\mathfrak{g}$, et utiliser la prop. 4 du § 1.) En déduire que le nombre minimum de générateurs de $\mathfrak{g}$ est $\dim \mathfrak{g}/\mathcal{D}\mathfrak{g}$.

5) *a*) Montrer qu'une algèbre de Lie $\mathfrak{g}$ dans laquelle toute sous-algèbre est sous-invariante est nilpotente. (Montrer que, si $\dim \mathfrak{g} > 1$, tout $x \in \mathfrak{g}$ appartient à un idéal $\mathfrak{h} \neq \mathfrak{g}$ de $\mathfrak{g}$, qui possède la même propriété que $\mathfrak{g}$, donc est nilpotent par récurrence sur la dimension de $\mathfrak{g}$; donc $\mathrm{ad}_{\mathfrak{g}}\, x$ est nilpotent.)

b) Montrer que si, dans une algèbre de Lie $\mathfrak{g}$, toute sous-algèbre distincte de $\mathfrak{g}$ est distincte de son normalisateur, $\mathfrak{g}$ est nilpotente. (Se ramener à *a*).)

6) Soient $\mathfrak{g}$ une algèbre de Lie nilpotente, $\mathfrak{a}$ un idéal commutatif de $\mathfrak{g}$. Les conditions suivantes sont équivalentes : *a*) $\mathfrak{a}$ est un idéal commutatif maximal de $\mathfrak{g}$; *b*) $\mathfrak{a}$ est une sous-algèbre commutative maximale de $\mathfrak{g}$; *c*) $\mathfrak{a}$ est égal à son commutant $\mathfrak{a}'$ dans $\mathfrak{g}$. (Les implications non *a*) $\Rightarrow$ non *b*) $\Rightarrow$ non *c*) sont claires. Si $\mathfrak{a}' \neq \mathfrak{a}$, il existe, d'après la prop. 1, un idéal $\mathfrak{a}''$ de $\mathfrak{g}$ tel que $\mathfrak{a} \subset \mathfrak{a}'' \subset \mathfrak{a}'$, $\dim \mathfrak{a}''/\mathfrak{a} = 1$. Alors, $\mathfrak{a}'' = \mathfrak{a} + \mathrm{K}x$, donc $[\mathfrak{a}'', \mathfrak{a}''] \subset [\mathfrak{a}, \mathfrak{a}] + [x, \mathfrak{a}] = \{0\}$, donc *a*) est en défaut.)

7) *a*) Soit V un espace vectoriel de dimension finie sur K, $\mathfrak{g}$ une algèbre de Lie d'endomorphismes nilpotents de V, $(\mathrm{V}_r)_{0 \leqslant r \leqslant n}$ une suite décroissante de sous-espaces vectoriels de V, avec $\mathrm{V}_0 = \mathrm{V}$, $\mathrm{V}_n = \{0\}$, et $\mathfrak{g}(\mathrm{V}_r) \subset \mathrm{V}_{r+1}$ pour $0 \leqslant r < n$. Montrer, par récurrence sur i, que $(\mathcal{D}^i\mathfrak{g})(\mathrm{V}_r) \subset \mathrm{V}_{r+2^i}$. Si $\dim \mathrm{V} \geqslant 2^i$, le sous-espace des éléments de V annulés par $\mathcal{D}^i\mathfrak{g}$ est de dimension $\geqslant 2^i$. Si $\dim \mathrm{V} \leqslant 2^i$, $\mathcal{D}^i\mathfrak{g} = \{0\}$.

b) Soient $\mathfrak{g}$ une algèbre de Lie nilpotente, i un entier $\geqslant 0$. Si $\dim \mathcal{D}^i\mathfrak{g} > 2^i + 1$, le centre de $\mathcal{D}^i\mathfrak{g}$ est de dimension $\geqslant 2^i$. Si $\dim \mathcal{D}^i\mathfrak{g} \leqslant 2^i + 1$ $\mathcal{D}^i\mathfrak{g}$ est commutative. (Appliquer *a*) aux restrictions à $\mathcal{D}^i\mathfrak{g}$ des $\mathrm{ad}_{\mathfrak{g}}\, x$, $x \in \mathfrak{g}$).

c) Soient $\mathfrak{g}$ une algèbre de Lie nilpotente, i un entier $\geqslant 0$. Si $\mathcal{D}^i\mathfrak{g}$ n'est pas commutative, $\mathcal{D}^i\mathfrak{g}/\mathcal{D}^{i+1}\mathfrak{g}$ est de dimension $\geqslant 2^i + 1$. (Se ramener, par passage au quotient, au cas où $\dim \mathcal{D}^{i+1}\mathfrak{g} = 1$, et utiliser *b*).)

8) Soient $\mathfrak{g}$ une algèbre de Lie, $\mathfrak{m}$ un idéal de codimension 1, x un élément de $\mathfrak{g}$ n'appartenant pas à $\mathfrak{m}$, et $z \in \mathfrak{g}$.

a) Montrer que l'application linéaire D se réduisant à 0 dans $\mathfrak{m}$ et appliquant x sur z est une dérivation si z appartient au commutant $\mathfrak{a}$ de $\mathfrak{m}$ dans $\mathfrak{g}$.

b) Soit q le plus grand entier tel que $\mathfrak{a} \subset \mathcal{C}^q\mathfrak{g}$. Montrer que, si en outre $z \notin \mathcal{C}^{q+1}\mathfrak{g}$, D n'est pas une dérivation intérieure de $\mathfrak{g}$.

c) Déduire de *a*) et *b*) et de l'exerc. 7 *c*) que, si $\mathfrak{g}$ est une algèbre de Lie nilpotente de dimension > 1, l'espace vectoriel des dérivations intérieures de $\mathfrak{g}$ est de codimension $\geqslant 2$ dans l'espace de toutes les dérivations de $\mathfrak{g}$.

9) *a*) Vérifier que les tables de multiplication suivantes définissent deux algèbres de Lie nilpotentes $\mathfrak{g}_3$, $\mathfrak{g}_4$ de dimensions 3 et 4 :

$$\mathfrak{g}_3 : \quad [x_1, x_2] = x_3 \quad [x_1, x_3] = [x_2, x_3] = 0$$
$$\mathfrak{g}_4 : \ [x_1, x_2] = x_3 \ [x_1, x_3] = x_4 \ [x_1, x_4] = [x_2, x_3] = [x_2, x_4] = [x_3, x_4] = 0,$$

b) Montrer que $\mathfrak{g}_3$ est isomorphe à $\mathfrak{n}(3, \mathrm{K})$, et aussi à $\mathfrak{sl}(2, \mathrm{K})$ si K est de caractéristique 2.

c) Soit $\mathfrak{g}_1$ l'unique algèbre de Lie de dimension 1. Montrer que les algèbres de Lie nilpotentes de dimension $\leqslant 4$ sont fournies par le tableau suivant :

dimension 1 : $\mathfrak{g}_1$; dimension 2 : $(\mathfrak{g}_1)^2$;

dimension 3 : $(\mathfrak{g}_1)^3$, $\mathfrak{g}_3$; dimension 4 : $(\mathfrak{g}_1)^4$, $\mathfrak{g}_3 \times \mathfrak{g}_1$, $\mathfrak{g}_4$.

(Utiliser l'exerc. 7 *c*). Si $\mathfrak{g}$ est nilpotente de dimension 3 et $\dim \mathscr{D}\mathfrak{g} = 1$, observer que $\mathscr{D}\mathfrak{g}$ est contenu dans le centre de $\mathfrak{g}$ (exerc. 3*a*)), d'où $\mathfrak{g} = \mathfrak{g}_3$. Si $\dim \mathfrak{g} = 4$, $\dim \mathscr{D}\mathfrak{g} = 1$, observer que le crochet dans $\mathfrak{g}$ définit une forme bilinéaire alternée sur $\mathfrak{g}/\mathscr{D}\mathfrak{g}$, laquelle est nécessairement dégénérée, donc qu'il existe une sous-algèbre $\mathfrak{h}$ de $\mathfrak{g}$ contenue dans le centre de $\mathfrak{g}$, avec $\dim \mathfrak{h} = 1$, $\mathfrak{h} \cap \mathscr{D}\mathfrak{g} = \{0\}$, d'où $\mathfrak{g} = \mathfrak{h} \times \mathfrak{g}_3$. Si $\dim \mathfrak{g} = 4$, $\dim \mathscr{D}\mathfrak{g} = 2$, $\mathscr{D}\mathfrak{g}$ est commutative ; appliquant le th. 1 aux restrictions à $\mathscr{D}\mathfrak{g}$ des $\mathrm{ad}_{\mathfrak{g}}\, x$ $(x \in \mathfrak{g})$, montrer qu'il existe un idéal commutatif $\mathfrak{h}$ de $\mathfrak{g}$ avec $\mathfrak{h} \supset \mathscr{D}\mathfrak{g}$, $\dim \mathfrak{h} = 3$; soit $x \in \mathfrak{g}$, $x \notin \mathfrak{h}$; choisir une base de $\mathfrak{h}$ telle que la restriction de $\mathrm{ad}_{\mathfrak{g}}\, x$ à $\mathfrak{h}$ ait par rapport à cette base une matrice de Jordan ; alors $\mathfrak{g} = \mathfrak{g}_4$.)

10) Soit $\mathfrak{D}$ l'algèbre de Lie des dérivations de l'algèbre $\mathfrak{g}_4$ (exerc. 9). Montrer que $\mathfrak{D}$ est de dimension 7 et de centre nul, et que l'idéal $\mathfrak{D}' \subset \mathfrak{D}$ des dérivations intérieures ne possède pas de sous-algèbre supplémentaire dans $\mathfrak{D}$.

¶ 11) Soient L un anneau commutatif, A une algèbre artinienne à gauche sur L, γ une application de $\mathrm{A} \times \mathrm{A}$ dans L. On définit dans A la loi de composition interne $(a, b) \mapsto a * b = ab + \gamma(a, b)ba$. Pour toute partie E de A, on désigne par $\tilde{\mathrm{E}}$ le sous-anneau (*sans élément unité*) de A engendré par E. Montrer que, si E est formé d'éléments nilpotents et est stable pour la loi $*$, alors $\tilde{\mathrm{E}}$ est nilpotent (c'est-à-dire qu'il existe $n > 0$ tel que $\tilde{\mathrm{E}}^n = \{0\}$). On pourra procéder de la façon suivante :

1° Supposons d'abord que A soit un anneau simple, donc isomorphe à $\mathscr{L}_{\mathrm{D}}(\mathrm{T})$, où T est un espace vectoriel à gauche de dimension finie m sur un corps D. On raisonne par récurrence sur m. Soit Φ l'ensemble des parties $\mathrm{F} \subset \mathrm{E}$ stables pour $*$ et telles que $\tilde{\mathrm{F}}$ soit nilpotent. Montrer que Φ admet un élément maximal M (remarquer que $\tilde{\mathrm{F}}^m = \{0\}$ pour tout $\mathrm{F} \in \Phi$). Supposons $\tilde{\mathrm{M}} \neq \tilde{\mathrm{E}}$. Montrer qu'il existe un $a \in \mathrm{E}$ tel que $a \notin \tilde{\mathrm{M}}$ et $t * a \in \tilde{\mathrm{M}}$ pour tout $t \in \mathrm{M}$ (observer qu'il ne peut y avoir de suite infinie (a_n) telle que $a_n \in \mathrm{E}$, $a_n \notin \mathrm{M}$, $a_n = t_{n-1} * a_{n-1}$ avec $t_{n-1} \in \mathrm{M}$). Soit S le sous-espace de T somme des $u(\mathrm{T})$ avec $u \in \tilde{\mathrm{M}}$; montrer que $\mathrm{S} \neq \{0\}$ et $\mathrm{S} \neq \mathrm{T}$, et que l'on a $a(\mathrm{S}) \subset \mathrm{S}$. Soit N l'ensemble des $v \in \mathrm{E}$ tels que $v(\mathrm{S}) \subset \mathrm{S}$. En utilisant l'hypothèse de récurrence et considérant les éléments de N comme opérant sur S et sur T/S, montrer que l'on aurait $N \in \Phi$, ce qui entraîne contradiction.

2° Dans le cas général, utiliser le fait que le radical de A est nilpotent. Déduire de ce résultat une nouvelle démonstration du th. d'Engel.

12) Soient $\mathfrak{g}$ une algèbre de Lie, et $\mathcal{C}^{\infty}\mathfrak{g}$ l'intersection des $\mathcal{C}^{p}\mathfrak{g}$.

a) L'algèbre de Lie $\mathfrak{g}/\mathcal{C}^{\infty}\mathfrak{g}$ est nilpotente.

b) Montrer qu'il existe une sous-algèbre nilpotente $\mathfrak{h}$ de $\mathfrak{g}$ telle que $\mathfrak{g} = \mathfrak{h} + \mathcal{C}^{\infty}\mathfrak{g}$. (Raisonner par récurrence sur dim $\mathfrak{g}$. Supposons $\mathfrak{g}$ non nilpotente. Soit $x \in \mathfrak{g}$ tel que $I = \bigcap_{k} (\mathrm{ad}\, x)^{k}(\mathfrak{g}) \neq \{0\}$. Soit $\mathfrak{n}$ la réunion des noyaux des $(\mathrm{ad}\, x)^{k}$. Montrer que c'est une sous-algèbre de $\mathfrak{g}$, et que $\mathfrak{g}$ est somme directe de I et $\mathfrak{n}$. D'après l'hypothèse de récurrence, $\mathfrak{n}$ est somme de $\mathcal{C}^{\infty}\mathfrak{n}$ et d'une sous-algèbre nilpotente $\mathfrak{h}$. Enfin, $\mathcal{C}^{\infty}\mathfrak{n} \subset \mathcal{C}^{\infty}\mathfrak{g}$ et $I \subset \mathcal{C}^{\infty}\mathfrak{g}$).

c) Vérifier que la table de multiplication suivante définit une algèbre de Lie (résoluble) $\mathfrak{g}$ de dimension 5 :

$$[x_1, x_2] = x_5, \qquad [x_1, x_3] = x_3, \qquad [x_1, x_4] = -x_4, \qquad [x_3, x_4] = x_5$$

les autres $[x_i, x_j]$ étant nuls. Montrer que pour cette algèbre de Lie, on a $\mathcal{C}^{\infty}\mathfrak{g} = Kx_3 + Kx_4 + Kx_5$, mais qu'il n'existe aucune sous-algèbre supplémentaire de $\mathcal{C}^{\infty}\mathfrak{g}$ dans $\mathfrak{g}$.

¶ 13) Soient $\mathfrak{g}$ une algèbre de Lie, $\mathfrak{z}$ le commutant de $\mathcal{C}^{\infty}\mathfrak{g}$ dans $\mathfrak{g}$. Si $\mathfrak{z} \not\subset \mathcal{C}^{\infty}\mathfrak{g}$, $\mathfrak{g}$ a un centre non nul. (Ecrire $\mathfrak{g} = \mathcal{C}^{\infty}\mathfrak{g} + \mathfrak{k}$, où $\mathfrak{k}$ est une sous-algèbre nilpotente de $\mathfrak{g}$ (exerc. 12). Soit $\mathfrak{g}_1 = \mathfrak{z} + \mathfrak{k}$. Soit $\mathfrak{h}$ une sous-algèbre nilpotente telle que $\mathfrak{g}_1 = \mathcal{C}^{\infty}\mathfrak{g}_1 + \mathfrak{h}$. Montrer que $\mathfrak{g} = \mathcal{C}^{\infty}\mathfrak{g} + \mathfrak{h}$ et que $\mathcal{C}^{\infty}\mathfrak{g}_1 \subset \mathfrak{z} \cap \mathcal{C}^{\infty}\mathfrak{g}$. Soit y un élément de $\mathfrak{z}$ n'appartenant pas à $\mathcal{C}^{\infty}\mathfrak{g}$. Ecrire $y = x + x'$ avec $x \in \mathfrak{h}$, $x' \in \mathcal{C}^{\infty}\mathfrak{g}_1$; on a $x \in \mathfrak{z}$ et $x \neq 0$, donc $\mathfrak{z} \cap \mathfrak{h}$ est un idéal non nul de $\mathfrak{h}$; utilisant l'exerc. 3 *a*), en déduire qu'il existe un élément non nul de $\mathfrak{g}$ permutable à $\mathcal{C}^{\infty}\mathfrak{g}$ et à $\mathfrak{h}$.)

¶ 14) Soient $\mathfrak{g}$ une algèbre de Lie, $\mathfrak{b}$ une sous-algèbre sous-invariante de $\mathfrak{g}$ telle que le commutant $\mathfrak{z}(\mathfrak{b})$ de $\mathfrak{b}$ dans $\mathfrak{g}$ soit nul.

a) Le commutant $\mathfrak{z}(\mathcal{C}^{\infty}\mathfrak{b})$ de $\mathcal{C}^{\infty}\mathfrak{b}$ dans $\mathfrak{g}$ est contenu dans $\mathcal{C}^{\infty}\mathfrak{b}$. (Si $\mathfrak{z}(\mathcal{C}^{\infty}\mathfrak{b}) \not\subset \mathcal{C}^{\infty}\mathfrak{b}$, $\mathfrak{z}(\mathcal{C}^{\infty}\mathfrak{b}) \not\subset \mathfrak{b}$ d'après l'exerc. 13 ; $\mathcal{C}^{\infty}\mathfrak{b}$ est un idéal de $\mathfrak{g}$ (§ 1, exerc. 14) ; soit $\mathfrak{c} = \mathfrak{b} + \mathfrak{z}(\mathcal{C}^{\infty}\mathfrak{b})$; $\mathfrak{c}$ est une sous-algèbre, $\mathfrak{b}$ est sous-invariante dans $\mathfrak{c}$; $\mathfrak{b}$ est un idéal dans $\mathfrak{b}_1 \subset \mathfrak{c}$, avec $\mathfrak{b} \neq \mathfrak{b}_1$; soit $y \in \mathfrak{b}_1$, $y \notin \mathfrak{b}$; $y = x + x'$ avec $x \in \mathfrak{z}(\mathcal{C}^{\infty}\mathfrak{b})$, $x' \in \mathfrak{b}$; on a $x \in \mathfrak{z}(\mathcal{C}^{\infty}\mathfrak{b}) \cap \mathfrak{b}_1$, $x \notin \mathfrak{b}$; $\mathfrak{d} = Kx + \mathfrak{b}$ est une sous-algèbre ; $\mathcal{C}^{\infty}\mathfrak{d} = \mathcal{C}^{\infty}\mathfrak{b}$ parce que $\mathfrak{c} \cap \mathfrak{z}(\mathcal{C}^{\infty}\mathfrak{b}) \subset \mathcal{C}^{\infty}\mathfrak{b}$, d'où $\mathcal{C}^{k}\mathfrak{d} \subset \mathcal{C}^{k}\mathfrak{b}$ pour tout k ; $\mathfrak{z}(\mathcal{C}^{\infty}\mathfrak{d}) \cap \mathfrak{d} \not\subset \mathcal{C}^{\infty}\mathfrak{d}$, donc le centre de $\mathfrak{d}$ est non nul d'après l'exerc. 13 ; a fortiori, $\mathfrak{z}(\mathfrak{b}) \neq \{0\}$, ce qui est absurde.)

b) Déduire de *a*) que, en désignant par $\mathfrak{D}$ l'algèbre de Lie des dérivations de $\mathcal{C}^{\infty}\mathfrak{b}$, et par $\mathfrak{a}$ le centre de $\mathcal{C}^{\infty}\mathfrak{b}$, on a $\dim \mathfrak{g} \leqslant \dim \mathfrak{D} + \dim \mathfrak{a}$ (faire opérer $\mathfrak{g}$ dans $\mathcal{C}^{\infty}\mathfrak{b}$ par la représentation adjointe).

15) Soient $\mathfrak{l}$ une algèbre de Lie de centre nul, $\mathfrak{D}_1$ l'algèbre de Lie des dérivations de $\mathfrak{l}$, $\mathfrak{D}_2$ l'algèbre de Lie des dérivations de $\mathfrak{D}_1, \ldots$ Alors, $\mathfrak{l}$ est un idéal de $\mathfrak{D}_1$, $\mathfrak{D}_1$ un idéal de $\mathfrak{D}_2$, etc. (§ 1, exerc. 15 *c*)). Soit $\mathfrak{D}$ l'algèbre de Lie des dérivations de $\mathcal{C}^{\infty}\mathfrak{l}$, $\mathfrak{a}$ le centre de $\mathcal{C}^{\infty}\mathfrak{l}$.

a) On a $\dim \mathfrak{D}_i \leqslant \dim \mathfrak{D} + \dim \mathfrak{a}$. (Utiliser l'exerc. 14 précédent, et l'exerc. 15 du § 1.)

b) Déduire de *a*), que, pour i assez grand, toutes les dérivations de $\mathfrak{D}_i$ sont intérieures.

16) Soient $\mathfrak{g}_1$ et $\mathfrak{g}_2$ des K-algèbres de Lie, $\mathfrak{n}_1$ et $\mathfrak{n}_2$ leurs plus grands idéaux nilpotents. Montrer que le plus grand idéal nilpotent de $\mathfrak{g}_1 \times \mathfrak{g}_2$ est $\mathfrak{n}_1 \times \mathfrak{n}_2$.

17) On reprend l'algèbre de Lie $\mathfrak{g}_3$ de l'exerc. 9 *a*) et sa base (x_1, x_2, x_3).

a) Soit V l'espace vectoriel K[X]. Soient D l'opérateur de dérivation par rapport à X dans V, M l'opérateur de multiplication par X dans V. Montrer que, si K est de caractéristique 0, l'application

$$\alpha x_1 + \beta x_2 + \gamma x_3 \mapsto \alpha \mathrm{D} + \beta \mathrm{M} + \gamma$$

est une représentation simple de dimension infinie ρ de $\mathfrak{g}$ dans V.

b) Si K est de caractéristique $p > 0$, l'idéal (X^p) de K[X] est stable pour $\rho(\mathfrak{g})$. Pour la représentation quotient de $\mathfrak{g}$ dans $\mathrm{K[X]}/(\mathrm{X}^p)$, aucune droite n'est stable.

18) Soit $\mathfrak{g}$ un espace vectoriel de dimension 7 sur K, admettant une base $(e_i)_{1 \leqslant i \leqslant 7}$. On définit un crochet alterné sur $\mathfrak{g}$ par les formules :

$$(1) \qquad [e_i, e_j] = \alpha_{ij} e_{i+j} \quad (1 \leqslant i < j \leqslant 7,\ i + j \leqslant 7),$$

tous les autres crochets $[e_i, e_j]$ étant nuls pour $i < j$.

a) Pour que l'identité de Jacobi soit vérifiée, il faut et il suffit que :

$$(2) \qquad -\alpha_{23}\alpha_{15} + \alpha_{13}\alpha_{24} = 0$$

$$(3) \qquad \alpha_{12}\alpha_{34} - \alpha_{24}\alpha_{16} + \alpha_{14}\alpha_{25} = 0.$$

b) On suppose désormais tous les $\alpha_{ij} \neq 0$. Montrer que les idéaux $\mathcal{C}^2\mathfrak{g}$, $\mathcal{C}^3\mathfrak{g}$, $\mathcal{C}^4\mathfrak{g}$, $\mathcal{C}^5\mathfrak{g}$, $\mathcal{C}^6\mathfrak{g}$ admettent les bases suivantes : $(e_3, e_4, e_5, e_6, e_7)$, (e_4, e_5, e_6, e_7), (e_5, e_6, e_7), (e_6, e_7), (e_7). Montrer que le commutant $\mathfrak{h}$ de $\mathcal{C}^5\mathfrak{g}$ admet la base $(e_2, e_3, e_4, e_5, e_6, e_7)$.

c) Soit $(e'_i)_{1 \leqslant i \leqslant 7}$ une autre base de $\mathfrak{g}$ telle que $\mathcal{C}^6\mathfrak{g}$ admette la base (e'_7), que $\mathcal{C}^5\mathfrak{g}$ admette la base $(e'_6, e'_7), \ldots$, que $\mathfrak{h}$ admette la base $(e'_2, e'_3, e'_4, e'_5, e'_6, e'_7)$. Montrer que

$$[e'_i, e'_j] = \alpha'_{ij} e'_{i+j} + \beta e'_{i+j+1} + \gamma e'_{i+j+2} + \cdots + \lambda e'_7,$$

avec
$$\alpha'_{14}\alpha'_{25}\alpha'^{-1}_{16}\alpha'^{-1}_{24} = \alpha_{14}\alpha_{25}\alpha^{-1}_{16}\alpha^{-1}_{24}.$$

d) En déduire qu'il existe, si K est infini, une infinité d'algèbres de Lie nilpotentes de dimension 7 sur K non isomorphes, et qu'il existe des algèbres de Lie nilpotentes complexes qui ne peuvent se déduire d'algèbres de Lie nilpotentes réelles par extension du corps de base de **R** à **C**.

19) *a*) Soit $\mathfrak{g}$ une algèbre de Lie. Soit $\mathfrak{D}$ l'algèbre de Lie des dérivations de $\mathfrak{g}$. On définit par récurrence les idéaux caractéristiques $\mathfrak{g}^{[k]}$ de $\mathfrak{g}$ de la manière suivante : $\mathfrak{g}^{[0]} = \mathfrak{g}$, et $\mathfrak{g}^{[k+1]}$ est le sous-espace de $\mathfrak{g}$ engendré par les $\mathrm{D}x$ $(\mathrm{D} \in \mathfrak{D},\ x \in \mathfrak{g}^{[k]})$. Les conditions suivantes sont équivalentes : 1) toute dérivation de $\mathfrak{g}$ est nilpotente ; 2) $\mathfrak{g}^{[k]} = \{0\}$ pour k assez grand ;

3) l'holomorphe de $\mathfrak{g}$ est nilpotent. Si elles sont remplies, on dit que $\mathfrak{g}$ est *caractéristiquement nilpotente*. Une telle algèbre est nilpotente.

b) Vérifier qu'on définit une algèbre de Lie de dimension 8 par la table de multiplication suivante :

$$[x_1, x_2] = x_3 \quad [x_1, x_3] = x_4 \quad [x_1, x_4] = x_5 \quad [x_1, x_5] = x_6$$
$$[x_1, x_6] = x_8 \quad [x_1, x_7] = x_8 \quad [x_2, x_3] = x_5 \quad [x_2, x_4] = x_6$$
$$[x_2, x_5] = x_7 \quad [x_2, x_6] = 2x_8 \quad [x_3, x_4] = -x_7 + x_8 \quad [x_3, x_5] = -x_8$$

et $[x_i, x_j] = 0$ pour $i + j > 8$. Montrer que

$$\mathcal{C}^2\mathfrak{g} = \sum_{i=3}^{8} \mathrm{K}x_i, \quad \mathcal{C}^3\mathfrak{g} = \sum_{i=4}^{8} \mathrm{K}x_i, \quad \mathcal{C}^4\mathfrak{g} = \sum_{i=5}^{8} \mathrm{K}x_i, \quad \mathcal{C}^5\mathfrak{g} = \sum_{i=6}^{8} \mathrm{K}x_i,$$
$$\mathcal{C}^6\mathfrak{g} = \mathrm{K}x_8, \quad \mathcal{C}^7\mathfrak{g} = \{0\}, \quad [\mathcal{C}^2\mathfrak{g}, \mathcal{C}^2\mathfrak{g}] = \mathrm{K}x_7 + \mathrm{K}x_8,$$

et que le transporteur de $\mathcal{C}^2\mathfrak{g}$ dans $\mathcal{C}^4\mathfrak{g}$ est $\sum_{i=2}^{8} \mathrm{K}x_i$. En déduire que toute dérivation D de $\mathfrak{g}$ est définie par des formules $\mathrm{D}x_i = \sum_{i=j}^{8} u_{ij}x_j$. Montrer ensuite que $u_{ii} = 0$ pour tout i si la caractéristique de K est différente de 2, de sorte que $\mathfrak{g}$ est caractéristiquement nilpotente.

c) Si la caractéristique de K est $\neq 2$, montrer que l'algèbre de Lie $\mathfrak{g}$ de *b*) n'est l'algèbre de Lie dérivée d'aucune algèbre de Lie. (Si $\mathfrak{g} = \mathcal{D}\mathfrak{h}$, montrer d'abord que $\mathfrak{h}$ est nilpotente. Observer que $\dim \mathfrak{g}/\mathcal{D}\mathfrak{g} = 2$, ce qui, avec l'exerc. 7 *c*), conduit à une contradiction.)

¶ 20) Soient $\mathfrak{g}$ une algèbre de Lie, U son algèbre enveloppante.

a) Soient $\mathfrak{g}'$ un idéal de $\mathfrak{g}$, $\mathrm{U}' \subset \mathrm{U}$ son algèbre enveloppante, $x \in \mathfrak{g}$, et $a_1, \ldots, a_n$ dans U. On suppose $a_i = x$ pour les indices $j_1, \ldots, j_p$, et $a_i \in \mathrm{U}'$ pour les autres indices (soient $k_1, \ldots, k_q$ ces indices, avec $k_1 < k_2 < \cdots < k_q$). Alors, $a_1a_2 \ldots a_n - x^p a_{k_1}a_{k_2} \ldots a_{k_q}$ est une somme de termes de la forme $x^{p'}b$, où $b \in \mathrm{U}'$ et $p' < p$. (Raisonner par récurrence sur p.)

b) On suppose désormais $\mathfrak{g}$ nilpotente et K de caractéristique 0. Soient $\mathfrak{g}'$ un idéal de codimension 1 dans $\mathfrak{g}$, U' son algèbre enveloppante, x un élément de $\mathfrak{g}$ n'appartenant pas à $\mathfrak{g}'$, U_0 (resp. U'_0) la sous-algèbre de U (resp. U') annulée par un ensemble $\mathfrak{d}$ de dérivations de $\mathfrak{g}$ (qui se prolongent en dérivations de U) appliquant $\mathfrak{g}$ dans $\mathfrak{g}'$. On suppose U_0 contenu dans le centre de U, et $\mathrm{U}_0 \not\subset \mathrm{U}'$. Montrer qu'il existe $a_1 \in \mathrm{U}'_0$, $a_2 \in \mathrm{U}'$ tels que $a_1 \neq 0$ et $a = xa_1 + a_2 \in \mathrm{U}_0$. (Soit $x^m b_m + x^{m-1}b_{m-1} + \cdots + b_0 \in \mathrm{U}_0$ avec $b_m, \ldots, b_0$ dans U', $m > 0$, $b_m \neq 0$. Montrer, en utilisant *a*), que, pour toute dérivation $\mathrm{D} \in \mathfrak{d}$ de $\mathfrak{g}$, on a $\mathrm{D}b_m = 0$, $m(\mathrm{D}x)b_m + \mathrm{D}b_{m-1} = 0$, donc $\mathrm{D}(mxb_m + b_{m-1}) = 0$.) Montrer que U_0 est contenue dans l'algèbre $\mathrm{K}[a, a_1^{-1}, \mathrm{U}'_0]$ engendrée par a, a_1^{-1}, U'_0 dans le corps des fractions de U_0 (qu'on peut former d'après le cor. 7 du th. 1 du § 2). En déduire que le corps des fractions de U_0 est le corps engendré par a et U'_0. Montrer que a est transcendant sur $\mathrm{K}(\mathrm{U}'_0)$.

c) Soient $\{0\} = \mathfrak{g}_0 \subset \mathfrak{g}_1 \subset \cdots \subset \mathfrak{g}_n = \mathfrak{g}$ une suite d'idéaux de $\mathfrak{g}$ de dimensions $0, 1, \ldots, n$. Soit x_j un élément de $\mathfrak{g}_j$ n'appartenant pas à $\mathfrak{g}_{j-1}$. Soient $j_1 < j_2 < \cdots < j_q$ les indices j tels qu'il existe dans U^j (algèbre enveloppante de $\mathfrak{g}_j$) un élément du centre U_0 de U n'appartenant pas à U^{j-1}. D'après b), il existe $a_{j1} \in U_0 \cap U^j$ et $a_{j2} \in U^{j-1}$ tels que $a_{j1} \neq 0$ et $a_j = x_j a_{j1} + a_{j2} \in U_0 \cap U^j$. Montrer, par récurrence sur n, que $U_0 \subset K[a_{j_1}, \ldots, a_{j_q}, a_{j_1 1}^{-1}, \ldots, a_{j_q 1}^{-1}]$, et que le corps des fractions de U_0 est engendré par les éléments algébriquement indépendants $a_{j_1}, \ldots, a_{j_q}$. En particulier, le corps des fractions du centre de U est extension transcendante pure de K.

¶ 21) Soient $\mathfrak{g}$ une algèbre de Lie, σ un automorphisme de $\mathfrak{g}$.

a) On suppose d'abord K algébriquement clos ; pour tout $\lambda \in K$, soit L_λ l'ensemble des $x \in \mathfrak{g}$ qui sont annulés par une puissance de $\sigma - \lambda I$; $\mathfrak{g}$ est somme directe des L_λ. Montrer que $[L_\lambda, L_\mu] \subset L_{\lambda\mu}$. (Remarquer que $(\sigma - \lambda\mu I)([x, y]) = [(\sigma - \lambda I)x, \sigma y] + [\lambda x, (\sigma - \mu I)y]$).

b) Le corps K étant quelconque, supposons qu'aucune des valeurs propres de σ (dans une extension algébriquement close de K) ne soit une racine de l'unité. Montrer que $\mathfrak{g}$ est nilpotente. (Se ramener au cas où K est algébriquement clos. Si $\lambda_1, \ldots, \lambda_m$ sont les valeurs propres distinctes de σ, les $\lambda_i\lambda_j$, $\lambda_i\lambda_j^2$, $\lambda_i\lambda_j^3, \ldots$ ne sont pas tous des valeurs propres, donc $\mathrm{ad}_{\mathfrak{g}}\, x$ est nilpotent pour $x \in L_{\lambda_i}$. Conclure à l'aide de l'exerc. 11 appliqué à l'ensemble des $\mathrm{ad}_{\mathfrak{g}}\, x$, où x parcourt la réunion des L_{λ_i}).

c) Le corps K étant quelconque, on suppose que $\sigma^q = I$, où q est un nombre premier, et qu'aucune valeur propre de σ ne soit égale à 1. Montrer que $\mathfrak{g}$ est nilpotente. (Même méthode que dans *b*), en observant que, si $\mathfrak{g} \neq \{0\}$, q n'est pas égal à la caractéristique de K, et que, pour tout couple de valeurs propres λ_i, λ_j de σ, il existe un entier k tel que $\lambda_i\lambda_j^k = 1$.)

22) *a*) Soient u, v deux endomorphismes d'un espace vectoriel E de dimension finie sur un corps algébriquement clos K. Pour toute valeur propre λ de u, soit E_λ le sous-espace de E formé des vecteurs annulés par une puissance de $u - \lambda I$. Montrer que, si $(\mathrm{ad}\, u)^n v = 0$, les sous-espaces E_λ sont stables pour v.

b) Déduire de *a*) que, si $\mathfrak{g}$ est une algèbre de Lie nilpotente d'endomorphismes de E, E est somme directe de sous-espaces F_j $(1 \leqslant j \leqslant m)$, stables pour $\mathfrak{g}$, et tels que, dans chaque F_j, la restriction de tout élément $u \in \mathfrak{g}$ s'écrive $\lambda_j(u)I + u_j$, où $\lambda_j(u) \in K$ et u_j est nilpotent.

c) Si K est de caractéristique 2, $E = K^2$, et si $\mathfrak{g}$ est l'algèbre nilpotente $\mathfrak{sl}(2, K)$, montrer que $m = 1$, et que l'on peut avoir $\lambda(u + v) \neq \lambda(u) + \lambda(v)$ pour deux éléments u, v de $\mathfrak{g}$. (Pour une suite de cet exerc. cf. § 5, exerc. 12.)

23) Soit $\mathfrak{g}$ une p-algèbre de Lie sur un corps parfait K de caractéristique $p > 0$. On dit que $\mathfrak{g}$ est *p-unipotente* si, pour tout $x \in \mathfrak{g}$, il existe m tel que $x^{p^m} = 0$.

a) Montrer que toute p-algèbre de Lie p-unipotente est nilpotente.

b) On suppose $\mathfrak{g}$ nilpotente, et on désigne par $\mathfrak{h}$ le p-cœur du centre de $\mathfrak{g}$ (§ 1, exerc. 23 *a*)). Montrer que $\mathfrak{g}/\mathfrak{h}$ est p-unipotente.

c) Soit $\mathfrak{g}$ la p-algèbre de Lie nilpotente ayant une base de 3 éléments e_1, e_2, e_3 tels que $[e_1, e_2] = [e_1, e_3] = 0$, $[e_2, e_3] = e_1$, $e_1^p = e_1$, $e_2^p = e_3^p = 0$.

On a $\mathfrak{h} = Ke_1$, mais $\mathfrak{g}$ n'est pas somme directe de $\mathfrak{h}$ et d'une p-sous-algèbre p-unipotente.

d) Si $\mathfrak{g}$ est p-unipotente, montrer que, dans l'algèbre enveloppante restreinte de $\mathfrak{g}$, l'idéal bilatère engendré par $\mathfrak{g}$ est nilpotent. (Raisonner par récurrence sur la dimension de $\mathfrak{g}$.)

24) On suppose le corps K de caractéristique 2. Montrer que, dans l'algèbre de Lie nilpotente $\mathfrak{g}_4$ de l'exercice 9, il n'existe aucune 2-application.

25) Soit $\mathfrak{g}$ une p-algèbre de Lie. Montrer que le plus grand idéal nilpotent de $\mathfrak{g}$ est un p-idéal (cf. § 1, exerc. 22).

26) Soit G un groupe, et soit $(H_n)_{n \geqslant 1}$ une suite décroissante de sous-groupes de G ; on suppose que $H_1 = G$, et que, si l'on pose $(x, y) = xyx^{-1}y^{-1}$, les relations $x \in H_i$, $y \in H_j$ entraînent $(x, y) \in H_{i+j}$.

a) Soit $G_i = H_i/H_{i+1}$; montrer que G_i est commutatif, et que l'application $x, y \mapsto (x, y)$ définit par passage au quotient une application **Z**-bilinéaire de $G_i \times G_j$ dans G_{i+j}.

b) On pose $\mathrm{gr}(G) = \sum_{i=1}^{\infty} G_i$, et on prolonge par linéarité les applications $G_i \times G_j \to G_{i+j}$ définies dans *a*) en une application **Z**-bilinéaire de $\mathrm{gr}(G) \times \mathrm{gr}(G)$ dans $\mathrm{gr}(G)$. Montrer que $\mathrm{gr}(G)$ est une **Z**-algèbre de Lie pour cette application (pour vérifier l'identité de Jacobi, utiliser la formule suivante :

$$((x, y), z^y) . ((y, z), x^z) . ((z, x), y^x) = e, \quad x, y, z \text{ dans } G,$$

où x^y désigne yxy^{-1}, et où e désigne l'élément neutre de G).

c) On suppose qu'il existe n tel que $H_n = \{e\}$. Montrer que $\mathrm{gr}(G)$ est une **Z**-algèbre de Lie nilpotente.

27) Soit A une algèbre associative à élément unité 1, et soit $A_0 = A \supset A_1 \supset \dots \supset A_n \supset \dots$ une suite décroissante d'idéaux bilatères de A tels que $A_i . A_j \subset A_{i+j}$. Soit G un groupe d'élément neutre e, et soit $f : G \to A$ une application telle que $f(e) = 1$, $f(xy) = f(x).f(y)$, et $1 - f(x) \in A_1$ pour tout $x \in G$. On note H_n l'ensemble des $x \in G$ tels que $1 - f(x) \in A_n$. Montrer que les H_n vérifient les conditions de l'exerc. 26. Montrer que l'application $x \mapsto f(x) - 1$ définit par passage au quotient un homomorphisme injectif de l'algèbre de Lie $\mathrm{gr}(G)$ dans l'algèbre de Lie associée à l'anneau gradué $\mathrm{gr}(A) = \sum A_n/A_{n+1}$ (cf. *Alg. comm.*, chap. III).

§ 5

Les conventions du § 5 restent valables, sauf mention du contraire.

1) Soit $\mathfrak{g}$ l'algèbre de Lie résoluble non commutative de dimension 2. Montrer que la forme de Killing de $\mathfrak{g}$ est non nulle, que toute forme bilinéaire invariante sur $\mathfrak{g}$ est dégénérée, et que toute dérivation de $\mathfrak{g}$ est intérieure.

2) *a*) Montrer que, dans l'algèbre de Lie résoluble de dimension 3 sur

$\mathbf{R}$ définie par la table de multiplication $[x, y] = z$, $[x, z] = -y$, $[y, z] = 0$, il n'existe pas de suite décroissante d'idéaux de dimensions 3, 2, 1, 0.

b) Montrer que, dans l'algèbre de Lie résoluble $\mathfrak{g}$ de dimension 2 non commutative, il existe une suite d'idéaux de dimensions 2, 1, 0, mais que $\mathfrak{g}$ n'est pas nilpotente.

3) Soit $\mathfrak{g}$ une algèbre de Lie résoluble telle que les conditions $x \in \mathfrak{g}$, $y \in \mathfrak{g}$, $[[x, y], y] = 0$ entraînent $[x, y] = 0$. Montrer que $\mathfrak{g}$ est commutative. (Soit k le plus grand entier tel que $\mathcal{D}^{k-1}\mathfrak{g} \neq \{0\}$, $\mathcal{D}^k\mathfrak{g} = \{0\}$. Supposant $k \geqslant 2$, montrer d'abord que $[\mathcal{D}^{k-2}\mathfrak{g}, \mathcal{D}^{k-1}\mathfrak{g}] = \{0\}$, puis que $[\mathcal{D}^{k-2}\mathfrak{g}, \mathcal{D}^{k-2}\mathfrak{g}] = \{0\}$, d'où contradiction.)

4) Montrer que le centre de $\mathfrak{st}(n, \mathrm{K})$ est nul et que celui de $\mathfrak{n}(n, \mathrm{K})$ est de dimension 1.

5) Soient $\mathfrak{g}$ une algèbre de Lie, $(\mathcal{D}^0\mathfrak{g}, \mathcal{D}^1\mathfrak{g}, \ldots, \mathcal{D}^n\mathfrak{g})$ la suite des algèbres dérivées de $\mathfrak{g}$ $(n \geqslant 0, \mathcal{D}^{n-1}\mathfrak{g} \neq \mathcal{D}^n\mathfrak{g})$. On a $\dim \mathcal{D}^i\mathfrak{g}/\mathcal{D}^{i+1}\mathfrak{g} \geqslant 2^{i-1} + 1$ pour $1 \leqslant i \leqslant n-2$. (Passant au quotient par $\mathcal{D}^n\mathfrak{g}$, se ramener au cas où $\mathfrak{g}$ est résoluble. Utiliser alors le fait que $\mathcal{D}\mathfrak{g}$ est nilpotente, et l'exerc. 7 *c*) du § 4.)

6) *a*) Vérifier que la table de multiplication suivante définit une algèbre de Lie résoluble $\mathfrak{g}$ de dimension 5 :

$$[x_1, x_2] = x_5 \qquad [x_1, x_3] = x_3 \qquad [x_2, x_4] = x_4$$
$$[x_1, x_4] = [x_2, x_3] = [x_3, x_4] = [x_5, \mathfrak{g}] = 0.$$

b) Montrer que l'orthogonal de $\mathfrak{g}$ pour la forme de Killing est $\mathcal{D}\mathfrak{g} = \mathrm{K}x_3 + \mathrm{K}x_4 + \mathrm{K}x_5$. En déduire que $\mathcal{D}\mathfrak{g}$ est le plus grand idéal nilpotent de $\mathfrak{g}$.

c) Montrer qu'il n'existe aucune sous-algèbre supplémentaire de $\mathcal{D}\mathfrak{g}$ dans $\mathfrak{g}$. En déduire que $\mathfrak{g}$ n'est pas le produit semi-direct d'une algèbre commutative et d'un idéal nilpotent. (Montrer que cet idéal nilpotent serait nécessairement $\mathcal{D}\mathfrak{g}$.)

7) Soit $\mathfrak{g}$ l'algèbre de Lie résoluble de dimension 3 ayant une base (x, y, z) telle que $[x, y] = z$, $[x, z] = y$, $[y, z] = 0$. Montrer que l'application linéaire qui transforme x en $-x$, y en $-z$, z en y est un automorphisme d'ordre 4 de $\mathfrak{g}$. Comparer ce résultat à l'exerc. 21 *c*) du § 4.

8) *a*) Soit $\mathfrak{g}_0$ une algèbre de Lie résoluble réelle de dimension 3 telle que $\mathcal{D}\mathfrak{g}_0$ soit commutative de dimension 2. Soit $\mathfrak{g}$ l'algèbre déduite de $\mathfrak{g}_0$ par extension du corps de base de $\mathbf{R}$ à $\mathbf{C}$. Pour $x \in \mathfrak{g}$, soit u_x la restriction de $\mathrm{ad}_{\mathfrak{g}}\, x$ à $\mathcal{D}\mathfrak{g}$. Montrer que les valeurs propres de u_x sont, ou bien de même valeur absolue, ou bien linéairement dépendantes sur $\mathbf{R}$. (On a $x = \lambda y + z$ avec $z \in \mathcal{D}\mathfrak{g}$, $y \in \mathfrak{g}_0$, $\lambda \in \mathbf{C}$, donc $u_x = \lambda u_y$. Or, u_y est l'extension $\mathbf{C}$-linéaire à $\mathcal{D}\mathfrak{g}$ d'un endomorphisme $\mathbf{R}$-linéaire de $\mathcal{D}\mathfrak{g}_0$.)

b) Montrer qu'il existe une algèbre de Lie complexe résoluble $\mathfrak{g}$ de dimension 3, avec $\mathcal{D}\mathfrak{g}$ commutative de dimension 2, et un élément x de $\mathfrak{g}$, tels que la restriction de $\mathrm{ad}_{\mathfrak{g}}\, x$ à $\mathcal{D}\mathfrak{g}$ aient des valeurs propres qui ne soient, ni de même valeur absolue, ni linéairement dépendantes sur $\mathbf{R}$. (Construire $\mathfrak{g}$ comme produit semi-direct d'une algèbre de dimension 1 et d'une algèbre commutative de dimension 2.)

c) Montrer que l'algèbre construite en *b*) ne peut pas se déduire d'une algèbre de Lie réelle par extension du corps de base de **R** à **C**.

9) Soient $\mathfrak{g}$ une algèbre de Lie, $\mathfrak{r}$ son radical, $\mathfrak{n}$ son plus grand idéal nilpotent, D une dérivation de $\mathfrak{g}$. Montrer que $D(\mathfrak{g}) \cap \mathfrak{r} \subset \mathfrak{n}$. (Soient $\mathfrak{d}$ l'algèbre de Lie des dérivations de $\mathfrak{g}$, $\mathfrak{r}'$ son radical. Si $x \in \mathfrak{g}$ est tel que $Dx \in \mathfrak{r}$, on a ad $(Dx) = [D, \text{ad}\, x] \in \mathcal{D}\mathfrak{d} \cap \mathfrak{r}'$ (cor. 2 de la prop. 5), donc ad (Dx) est nilpotent (th. 1), donc $Dx \in \mathfrak{n}$).

10) Soient $\mathfrak{g}$ une algèbre de Lie, $\mathfrak{r}$ son radical, $\mathfrak{a}$ une sous-algèbre sous-invariante de $\mathfrak{g}$. Montrer que le radical de $\mathfrak{a}$ est $\mathfrak{a} \cap \mathfrak{r}$. (Appliquer plusieurs fois le cor. 3 de la prop. 5.)

11) Soient $\mathfrak{g}$ une algèbre de Lie, ρ une représentation de dimension finie de $\mathfrak{g}$, E l'algèbre associative d'endomorphismes engendrée par 1 et $\rho(\mathfrak{g})$. Montrer que le plus grand idéal de nilpotence $\mathfrak{n}$ de ρ est égal à l'ensemble $\mathfrak{n}'$ des $x \in \mathfrak{g}$ tels que $\text{Tr}\,(\rho(x)u) = 0$ pour tout $u \in E$. Pour montrer que $\mathfrak{n}' \subset \mathfrak{n}$, montrer que $\mathfrak{n}'$ est un idéal et que, pour tout $x \in \mathfrak{n}'$, la composante semi-simple de $\rho(x)$ est nulle, en notant que $\text{Tr}\,((\rho(x))^n) = 0$ pour tout entier $n > 0$).

12) On suppose K algébriquement clos. Soit $\mathfrak{g}$ une K-algèbre de Lie nilpotente. Soit ρ une représentation de dimension finie de $\mathfrak{g}$ dans un espace vectoriel V. Pour toute forme linéaire λ sur $\mathfrak{g}$, soit V^λ le sous-espace vectoriel de V formé des $\xi \in V$ tels que, pour tout $x \in \mathfrak{g}$, $(\rho(x) - \lambda(x)I)^n\xi = 0$ pour n assez grand.

a) Les V^λ sont stables pour $\rho(\mathfrak{g})$ et la somme des V^λ est directe. (Utiliser l'exerc. 22 du § 4.)

b) On a $V = \sum V^\lambda$. (Si chaque $\rho(x)$ a une seule valeur propre, $V = V^{\lambda_0}$ d'après le cor. 2 du th. 1. Si $\rho(x_0)$ a au moins deux valeurs propres distinctes, V est somme directe de deux sous-espaces non triviaux stables pour $\rho(\mathfrak{g})$. Raisonner alors par récurrence sur la dimension de V).

13) Soient $\mathfrak{g}$ une algèbre de Lie, $\mathfrak{D}$ l'algèbre de Lie des dérivations de $\mathfrak{g}$. Pour que $\mathfrak{g}$ soit caractéristiquement nilpotente, il faut et il suffit que $\mathfrak{D}$ soit nilpotente et que $\dim \mathfrak{g} > 1$. (Pour voir que la condition est suffisante, écrire $\mathfrak{g}$ comme somme de sous-espaces $\mathfrak{g}^\lambda$, en appliquant l'exerc. 12 à la représentation identique de $\mathfrak{D}$. Montrer que $[\mathfrak{g}^\lambda, \mathfrak{g}^\mu] \subset \mathfrak{g}^{\lambda+\mu}$, et que chaque $\mathfrak{g}^\lambda$ est un idéal de $\mathfrak{g}$. En déduire que $\mathfrak{g}^\lambda$ est commutatif pour $\lambda \neq 0$. Utilisant à nouveau le fait que $\mathfrak{D}$ est nilpotente, montrer que $\mathfrak{g} = \mathfrak{g}^0$ si $\dim \mathfrak{g} > 1$. Dans le cas contraire, on aurait $\mathfrak{g} = \mathfrak{g}^0 \times \mathfrak{h}$, où $\mathfrak{h}$ est commutative. Montrer d'abord que $\dim \mathfrak{h} \leqslant 1$. Si on avait $\dim \mathfrak{h} = 1$, remarquer qu'il existerait une dérivation D de $\mathfrak{g}$ telle que $D(\mathfrak{g}^0) = \{0\}$ et que $D(\mathfrak{h})$ soit contenu dans le centre de $\mathfrak{g}^0$ (§ 4, exerc. 8 *a*)).)

14) Soient V un espace vectoriel de dimension finie sur K, z un endomorphisme de V. On adopte la notation z_q^p de l'exerc. 3 du § 3. On dit qu'un endomorphisme z' de V est une *réplique* de z si, quels que soient p et q, tout zéro de z_q^p est un zéro de $z_q'^p$. Montrer que, si $\text{Tr}\,(zz') = 0$ pour toute réplique z' de z, alors z est nilpotent. (Utiliser la démonstration du lemme 3. Avec les notations de cette démonstration, on prouvera notamment que t est une réplique de z.)

15) Soit K un corps de caractéristique 2. La représentation identique

de l'algèbre de Lie nilpotente $\mathfrak{sl}(2, K)$ dans K^2 définit un produit semi-direct $\mathfrak{h}$ de $\mathfrak{sl}(2, K)$ par K^2. Montrer que $\mathfrak{h}$ est résoluble mais que $\mathscr{D}\mathfrak{h}$ n'est pas nilpotente. En déduire que $\mathfrak{h}$ n'admet aucune représentation linéaire fidèle par des matrices triangulaires. Montrer aussi que les conclusions de l'exerc. 5 sont en défaut.

16) Soient $\mathfrak{g}$ une algèbre de Lie sur un corps quelconque K, A une algèbre associative et commutative sur K, et $\mathfrak{g}' = \mathfrak{g} \otimes_K A$, qu'on considère comme algèbre de Lie sur K.

a) Si D est une dérivation de A, montrer qu'il existe une dérivation D' de $\mathfrak{g}'$ et une seule telle que $D'(x \otimes a) = x \otimes Da$ pour $x \in \mathfrak{g}$, $a \in A$.

b) Soient p un nombre premier, G un groupe cyclique d'ordre p, s un générateur de G. On suppose K de caractéristique p, et on prend désormais pour A l'algèbre de G sur K. Montrer qu'il existe une dérivation D de A et une seule telle que $D(s^k) = ks^{k-1}$ pour tout $k \in \mathbf{Z}$. Montrer que les combinaisons K-linéaires des $x \otimes (s-1)^k$ ($k = 1, 2, \ldots, p-1$, $x \in \mathfrak{g}$) forment un idéal résoluble $\mathfrak{r}$ de $\mathfrak{g}'$, et que $\mathfrak{g}'/\mathfrak{r}$ est isomorphe à $\mathfrak{g}$.

c) On prend $\mathfrak{g}$ simple (cf. § 6, n° 2, déf. 2). Alors, $\mathfrak{r}$ est le radical de $\mathfrak{g}'$, mais n'est pas un idéal caractéristique. (Observer que $D(x \otimes (s-1)) = 1 \otimes x$) [1].

17) Soit $\mathfrak{g}$ une algèbre de Lie. On suppose que, pour tout $\mathfrak{g}$-module simple M de dimension finie sur K, les x_M sont deux à deux permutables. Montrer que $\mathfrak{g}$ est résoluble. (Observer que $\mathscr{D}\mathfrak{g}$ est contenu dans le radical nilpotent, donc résoluble.)

§ 6

Les conventions du § 6 restent valables, sauf mention du contraire.

¶ 1) Soient $\mathfrak{g}$ une algèbre de Lie semi-simple, ρ une représentation de dimension finie de $\mathfrak{g}$ dans M.

a) Si ρ est simple et non nulle, on a $H^p(\mathfrak{g}, M) = \{0\}$ pour tout p. (Utiliser la prop. 1, et l'exerc. 12 *j*) du § 3.)

b) Quelle que soit ρ, on a $H^1(\mathfrak{g}, M) = \{0\}$. (Si ρ est simple non nulle, appliquer *a*). Si ρ est nulle, utiliser le fait que $\mathfrak{g} = \mathscr{D}\mathfrak{g}$. Dans le cas général, raisonner par récurrence sur la dimension de ρ : si N est un sous-$\mathfrak{g}$-module de M distinct de $\{0\}$ et de M, utiliser la suite exacte :

$$H^1(\mathfrak{g}, N) \longrightarrow H^1(\mathfrak{g}, M) \longrightarrow H^1(\mathfrak{g}, M/N)$$

établie dans l'exerc. 12 *f*) du § 3.) Retrouver ainsi la remarque 2 du n° 2.

c) Déduire de *b*) une démonstration du th. 2. (Utiliser l'exerc. 12 *g*) du § 3.) Déduire aussi de *b*) que toute dérivation de $\mathfrak{g}$ est intérieure. (Utiliser l'exercice 12 *h*) du § 3.)

d) Quelle que soit ρ, $H^2(\mathfrak{g}, M) = \{0\}$. (Raisonnant comme pour *b*), il suffit d'étudier le cas où $\rho = 0$. Soit $c \in H^2(\mathfrak{g}, M)$. Considérer, conformé-

[1] Ce résultat, inédit, nous a été communiqué par N. Jacobson.

ment à l'exerc. 12 *i*) du § 3, l'extension centrale $\mathfrak{h}$ de $\mathfrak{g}$ par M définie par c. La représentation adjointe de $\mathfrak{h}$ définit une représentation de $\mathfrak{g}$ dans $\mathfrak{h}$. D'après le th. 2, M admet dans $\mathfrak{h}$ un supplémentaire stable pour $\mathfrak{g}$, donc l'extension est triviale. Donc $c = 0$ d'après l'exerc. 12 *i*) du § 3.)

e) Déduire de *b*) et *d*) une démonstration du th. 5. (Comme dans le texte, on se ramènera au cas où le radical est commutatif.)

2) Soient $\mathfrak{g}$ une algèbre de Lie, $\mathfrak{r}$ son radical, $(\mathfrak{a}_0, \mathfrak{a}_1, \ldots)$ une suite d'idéaux de $\mathfrak{g}$ définie de la manière suivante : 1) $\mathfrak{a}_0 = \{0\}$; 2) $\mathfrak{a}_{i+1}/\mathfrak{a}_i$ est un idéal commutatif maximal de $\mathfrak{g}/\mathfrak{a}_i$. Soit p le plus petit entier tel que $\mathfrak{a}_p = \mathfrak{a}_{p+1} = \cdots$ Montrer que $\mathfrak{r} = \mathfrak{a}_p$. (Montrer que $\mathfrak{g}/\mathfrak{a}_p$ est semi-simple).

3) Pour qu'une algèbre de Lie $\mathfrak{g}$ soit semi-simple, il faut et il suffit qu'elle soit réductive dans toute algèbre de Lie contenant $\mathfrak{g}$ comme sous-algèbre. (Si $\mathfrak{g}$ vérifie cette condition, soit M un $\mathfrak{g}$-module de dimension finie sur K. Considérant M comme algèbre de Lie commutative, former le produit semi-direct de $\mathfrak{g}$ et M, dans lequel $\mathfrak{g}$ est réductive. En déduire que M est semi-simple).

4) Soient $\mathfrak{g}$ une algèbre de Lie semi-simple, ρ une représentation simple non nulle de $\mathfrak{g}$ dans un espace M de dimension finie. Soit $\mathfrak{h}$ le produit semi-direct correspondant. Montrer que $\mathfrak{h} = \mathscr{D}\mathfrak{h}$, que le centre de $\mathfrak{h}$ est nul, et que $\mathfrak{h}$ n'est pas produit d'une algèbre semi-simple et d'une algèbre résoluble.

5) Soient $\mathfrak{a}$ une algèbre de Lie, $\mathfrak{r}$ son radical. Si $\mathfrak{r}$ possède une suite décroissante d'idéaux caractéristiques $\mathfrak{r} = \mathfrak{r}_0 \supset \mathfrak{r}_1 \supset \cdots \supset \mathfrak{r}_n = \{0\}$ tels que $\dim \mathfrak{r}_i/\mathfrak{r}_{i+1} = 1$ pour $0 \leqslant i < n$, $\mathfrak{g}$ est produit d'une algèbre semi-simple et d'une algèbre résoluble. (Soit $\mathfrak{s}$ une sous-algèbre de Levi de $\mathfrak{g}$. Pour tout $x \in \mathfrak{s}$, soit $\rho(x)$ la restriction de $\mathrm{ad}_{\mathfrak{g}}\, x$ à $\mathfrak{r}$. Alors, ρ est somme directe de représentations de dimension 1, qui sont nulles parce que $\mathfrak{s} = \mathscr{D}\mathfrak{s}$.)

6) Soient $\mathfrak{g}$ une algèbre de Lie, $\mathscr{D}^\infty\mathfrak{g}$ l'intersection des $\mathscr{D}^p\mathfrak{g}$ $(p = 1, 2, \ldots)$. Montrer que $\mathfrak{g}/\mathscr{D}^\infty\mathfrak{g}$ est résoluble et que $\mathscr{D}(\mathscr{D}^\infty\mathfrak{g}) = \mathscr{D}^\infty\mathfrak{g}$. Pour que $\mathfrak{g}$ soit isomorphe au produit d'une algèbre semi-simple et d'une algèbre résoluble, il faut et il suffit que $\mathscr{D}^\infty\mathfrak{g}$ soit semi-simple.

7) *a*) Soient $\mathfrak{g}$ une algèbre de Lie, $\mathfrak{h}$ un idéal semi-simple de $\mathfrak{g}$, $\mathfrak{a}$ le commutant de $\mathfrak{h}$ dans $\mathfrak{g}$, de sorte que $\mathfrak{g}$ s'identifie à $\mathfrak{h} \times \mathfrak{a}$. Montrer que, pour tout idéal $\mathfrak{k}$ de $\mathfrak{g}$, on a $\mathfrak{k} = (\mathfrak{k} \cap \mathfrak{h}) \times (\mathfrak{k} \cap \mathfrak{a})$. (Soit $\mathfrak{k}_1$ la projection canonique de $\mathfrak{k}$ sur $\mathfrak{h}$; c'est un idéal de $\mathfrak{h}$, donc $\mathscr{D}\mathfrak{k}_1 = \mathfrak{k}_1$; en déduire que $\mathfrak{k}_1 \subset \mathfrak{k}$.)

b) Soit β une forme bilinéaire invariante sur $\mathfrak{g}$. Montrer que $\mathfrak{h}$ et $\mathfrak{a}$ sont orthogonaux pour β (utiliser le fait que $\mathfrak{h} = \mathscr{D}\mathfrak{h}$), et que $\beta = \beta_1 + \beta_2$, où β_1 (resp. β_2) est une forme bilinéaire invariante dont la restriction à $\mathfrak{a}$ (resp. $\mathfrak{h}$) est nulle.

c) Déduire de *a*) qu'il existe dans $\mathfrak{g}$ un plus grand idéal semi-simple. (Considérer un idéal semi-simple maximal de $\mathfrak{g}$.)

8) Soit $\mathfrak{g}$ une algèbre de Lie. Un idéal $\mathfrak{h}$ de $\mathfrak{g}$ est dit *minimal* si $\mathfrak{h} \neq \{0\}$ et si tout idéal de $\mathfrak{g}$ contenu dans $\mathfrak{h}$ est égal à $\{0\}$ ou $\mathfrak{h}$.

a) Tout idéal simple de $\mathfrak{g}$ est minimal.

b) Soient $\mathfrak{h}$ un idéal minimal de $\mathfrak{g}$, et $\mathfrak{r}$ le radical de $\mathfrak{g}$. On a, ou bien

$\mathfrak{h} \subset \mathfrak{r}$, auquel cas $\mathfrak{h}$ est abélien, ou $\mathfrak{h} \cap \mathfrak{r} = \{0\}$, auquel cas $\mathfrak{h}$ est simple. (Utiliser le fait que l'idéal dérivé d'une algèbre de Lie, et les composantes simples d'une algèbre de Lie semi-simple, sont des idéaux caractéristiques.)

9) Pour qu'une algèbre de Lie $\mathfrak{g}$ soit réductive, il faut et il suffit que son centre $\mathfrak{c}$ soit égal à son plus grand idéal nilpotent. (Si la condition est satisfaite, soit $\mathfrak{r}$ le radical de $\mathfrak{g}$; $\mathcal{D}\mathfrak{r}$ est contenu dans le centre de $\mathfrak{r}$, donc $\mathfrak{r}$ est nilpotent, donc $\mathfrak{r} = \mathfrak{c}$.)

10) Soit $\mathfrak{g}$ une algèbre de Lie telle que les conditions $x \in \mathfrak{g}$, $y \in \mathfrak{g}$, $[[x, y], y] = 0$ entraînent $[x, y] = 0$. Montrer que $\mathfrak{g}$ est réductive. (Montrer que le radical $\mathfrak{r}$ de $\mathfrak{g}$ est commutatif en utilisant l'exerc. 3 du § 5. Puis montrer que $[\mathfrak{g}, \mathfrak{r}] = 0$.)

¶ 11) *a*) Soient $\mathfrak{g}$ une algèbre de Lie, $\mathfrak{r}$ son radical, $\mathfrak{s}$ une sous-algèbre de Levi de $\mathfrak{g}$, $\mathfrak{m}$ un idéal de $\mathfrak{g}$ contenant $\mathfrak{r}$. Il existe un idéal $\mathfrak{t}$ de $\mathfrak{s}$, supplémentaire de $\mathfrak{m}$ dans $\mathfrak{g}$, tel que $[\mathfrak{m}, \mathfrak{t}] \subset \mathfrak{r}$.

b) Soient $\mathfrak{g}$ une algèbre de Lie, $\mathfrak{a}$ une sous-algèbre sous-invariante de $\mathfrak{g}$. Alors il existe une suite de composition $\mathfrak{g} = \mathfrak{g}_0 \supset \mathfrak{g}_1 \supset \cdots \supset \mathfrak{g}_k = \mathfrak{a}$ telle que $\mathfrak{g}_i$ soit somme directe de $\mathfrak{g}_{i+1}$ et d'une sous-algèbre $\mathfrak{h}_i$ qui est ou bien de dimension 1 et contenue dans le radical $\mathfrak{r}(\mathfrak{g}_i)$ de $\mathfrak{g}_i$, ou bien simple et telle que $[\mathfrak{h}_i, \mathfrak{g}_{i+1}] \subset \mathfrak{r}(\mathfrak{g}_{i+1})$. (Se ramener au cas où $\mathfrak{a}$ est un idéal de $\mathfrak{g}$. Soient $\mathfrak{g}' = \mathfrak{g}/\mathfrak{a}$ et $\mathfrak{r}'$ le radical de $\mathfrak{g}'$. L'algèbre $\mathfrak{g}'/\mathfrak{r}'$ est produit de ses idéaux simples $\mathfrak{a}_1, \mathfrak{a}_2, \ldots, \mathfrak{a}_c$. Prendre une suite de composition de $\mathfrak{g}'$ formée d'une suite de composition de $\mathfrak{r}'$ dont les quotients successifs sont de dimension 1, et des images réciproques des idéaux $\mathfrak{a}_1, \mathfrak{a}_1 \times \mathfrak{a}_2, \ldots, \mathfrak{a}_1 \times \mathfrak{a}_2 \times \cdots \times \mathfrak{a}_c$. Puis prendre l'image réciproque dans $\mathfrak{g}$ de cette suite de composition.)

12) Soient $\mathfrak{g}$ une algèbre de Lie, $\mathfrak{r}$ son radical, D une dérivation de $\mathfrak{g}$.

a) Si $D(\mathfrak{r}) = \{0\}$, D est intérieure. (Soit $\mathfrak{c}$ le commutant de $\mathfrak{r}$ dans $\mathfrak{g}$. La représentation adjointe de $\mathfrak{g}$ définit une représentation $x^* \mapsto \rho(x^*)$ de $\mathfrak{g}^* = \mathfrak{g}/\mathfrak{r}$ dans $\mathfrak{c}$. D'autre part, $[D(\mathfrak{g}), \mathfrak{r}] \subset D([\mathfrak{g}, \mathfrak{r}]) + [\mathfrak{g}, D(\mathfrak{r})] = \{0\}$, donc $D(\mathfrak{g}) \subset \mathfrak{c}$, donc D définit une application linéaire $D^* : \mathfrak{g}^* \to \mathfrak{c}$. Montrer que $D^*([x^*, y^*]) = \rho(x^*)D^*y^* - \rho(y^*)D^*x^*$ quels que soient x^*, y^* dans $\mathfrak{g}^*$. En déduire qu'il existe $a \in \mathfrak{c}$ tel que $D^*x^* = \rho(x^*)a$ pour tout $x^* \in \mathfrak{g}^*$ (cf. n° 2, *Remarque* 2), d'où $Dx = [x, a]$ pour tout $x \in \mathfrak{g}$).

b) Si D coïncide sur $\mathfrak{r}$ avec une dérivation intérieure de $\mathfrak{g}$, D est intérieure. (Appliquer *a*).)

13) Soient $\mathfrak{g}$ une algèbre de Lie sur un corps algébriquement clos, $\mathfrak{r}$ son radical, ρ une représentation simple de dimension finie de $\mathfrak{g}$. Alors, $\rho(z)$ est scalaire pour $z \in \mathfrak{r}$. (Se ramener au cas où $\mathfrak{g}$ est réductive. Dans ce cas, $\mathfrak{r}$ est le centre de $\mathfrak{g}$.)

14) Soit X une matrice nilpotente dans $\mathfrak{gl}(n, K)$. Montrer qu'il existe dans $\mathfrak{gl}(n, K)$ deux autres matrices Y, H telles que $[H, X] = X$, $[H, Y] = -Y$, $[X, Y] = H$. (Raisonner par récurrence sur n, en utilisant la forme de Jordan de X ; se ramener ainsi au cas où $X = E_{12} + E_{23} + \cdots + E_{n-1,n}$; prendre alors Y comme combinaison des $E_{k,k-1}$ et H comme combinaison des E_{jj}).

¶ 15) *a*) Soient X, Y deux matrices de $\mathfrak{gl}(n, K)$. Montrer que, si

$[X, Y] = X$, X est nilpotente. (Pour tout polynôme $f \in K[T]$, observer que $[f(X), Y] = Xf'(X)$.)

b) Soient $\mathfrak{g}$ une algèbre de Lie, h, x deux éléments de $\mathfrak{g}$ tels que $[h, x] = x$ et qu'il existe $z \in \mathfrak{g}$ avec $[x, z] = h$. Montrer qu'il existe $y \in \mathfrak{g}$ tel que $[x, y] = h$ et $[h, y] = -y$. (Observer d'abord que $[z, h] + z$ appartient au commutant $\mathfrak{n}$ de x dans $\mathfrak{g}$. Montrer ensuite que $\mathfrak{n}$ est stable pour ad h, et que la restriction à $\mathfrak{n}$ de $I - \mathrm{ad}\, h$ est bijective ; pour cela, on remarquera que ad x est nilpotent en utilisant *a*), et on prouvera que si $\mathfrak{g}_i$ est l'image de $\mathfrak{g}$ par $(\mathrm{ad}\, x)^i$, $I - \mathrm{ad}\, h$ donne par passage aux quotients une bijection de $(\mathfrak{n} \cap \mathfrak{g}_{i-1})/(\mathfrak{n} \cap \mathfrak{g}_i)$; on utilisera pour cela la relation $[\mathrm{ad}\, z, (\mathrm{ad}\, x)^k] = -k\, (\mathrm{ad}\, x)^{k-1}(\mathrm{ad}\, h + \frac{k-1}{2} I)$.)

c) Soit $\mathfrak{g}$ une sous-algèbre de $\mathfrak{gl}(n, K)$; on suppose que, pour toute matrice nilpotente $X \in \mathfrak{g}$, il existe deux autres matrices H, Y dans $\mathfrak{g}$ telles que $[H, X] = X$, $[H, Y] = -Y$, $[X, Y] = H$. Soit $\mathfrak{h}$ une sous-algèbre de $\mathfrak{g}$ telle qu'il existe un sous-espace $\mathfrak{m}$ supplémentaire de $\mathfrak{h}$ dans $\mathfrak{g}$ et tel que $[\mathfrak{h}, \mathfrak{m}] \subset \mathfrak{m}$. Montrer que $\mathfrak{h}$ possède la même propriété que $\mathfrak{g}$ pour toutes ses matrices nilpotentes (utiliser *b*)).

16) Soit $\mathfrak{g}$ une sous-algèbre de $\mathfrak{gl}(n, K)$ telle que la représentation identique de $\mathfrak{g}$ soit semi-simple. Montrer que toute matrice nilpotente $X \in \mathfrak{g}$ est contenue dans une sous-algèbre de Lie simple de $\mathfrak{g}$ de dimension 3. (Montrer que $\mathfrak{g}$ est réductive dans $\mathfrak{gl}(n, K)$; utiliser ensuite les exerc. 14 et 15 *c*).)

17) Montrer que l'algèbre déduite d'une algèbre de Lie simple réelle par extension du corps de base de **R** à **C** n'est pas toujours simple. (Soit $\mathfrak{g}$ une algèbre de Lie simple réelle. Si $\mathfrak{g}' = \mathfrak{g}_{(\mathbf{C})}$ est simple, soit $\mathfrak{h}$ l'algèbre de Lie réelle déduite de $\mathfrak{g}'$ par restriction à **R** du corps des scalaires. On sait que $\mathfrak{h}$ est simple. Alors, $\mathfrak{h}_{(\mathbf{C})}$ est, d'après l'exerc. 4 du § 1, produit de deux algèbres isomorphes à $\mathfrak{g}'$. Cf. aussi exerc. 26 *b*).)

18) *a*) Soit $\mathfrak{g}$ une algèbre de Lie simple. Toute forme bilinéaire invariante sur $\mathfrak{g}$ est soit nulle, soit non dégénérée. Si K est algébriquement clos, toute forme bilinéaire invariante β sur $\mathfrak{g}$ est proportionnelle à la forme de Killing β_0. (Considérer l'endomorphisme σ de l'espace vectoriel $\mathfrak{g}$ défini par $\beta(x, y) = \beta_0(\sigma x, y)$, et montrer que σ permute aux $\mathrm{ad}_{\mathfrak{g}}\, x$, donc est scalaire.) Montrer que ce résultat peut être en défaut si K n'est pas algébriquement clos. (Utiliser l'exerc. 17, et le fait que la dimension de l'espace des formes bilinéaires invariantes ne change pas par extension du corps de base.)

b) Soit $\mathfrak{g}$ une algèbre de Lie semi-simple sur un corps algébriquement clos. Déduire de *a*) et de l'exerc. 7 *b*) que la dimension de l'espace des formes bilinéaires invariantes sur $\mathfrak{g}$ est égale au nombre de composants simples de $\mathfrak{g}$, et que toutes ces formes sont symétriques.

c) Soient $\mathfrak{g}$ une algèbre de Lie simple, M l'espace dual de l'espace vectoriel $\mathfrak{g}$, muni de la représentation duale de la représentation adjointe, $\mathfrak{h}$ le produit semi-direct de $\mathfrak{g}$ et de M défini par $x \to x_{\mathrm{M}}$. Pour y, z dans $\mathfrak{g}$, et y', z' dans M, on pose $\beta(y + y', z + z') = \langle y, z' \rangle + \langle z, y' \rangle$. Montrer que β est, sur $\mathfrak{h}$, une forme bilinéaire symétrique invariante non dégénérée, qui n'est associée à aucune représentation de $\mathfrak{h}$. (Observer que le radical et le radical nilpotent de $\mathfrak{h}$ sont égaux à M.)

19) Soient $\mathfrak{g}$ une algèbre de Lie réductive, U son algèbre enveloppante, Z le centre de U, et V le sous-espace de U engendré par les éléments de la forme $uv - vu$ ($u \in U$, $v \in U$).

a) U est somme directe de Z et V. (Appliquer la prop. 6 du § 3 à la représentation $x \mapsto \mathrm{ad}_U\, x$ de $\mathfrak{g}$ dans U, en observant que, dans la décomposition $U = \sum_n U^n$ du § 2, nº 7, cor. 4 du th. 1, les U^n sont stables par cette représention.)

b) Soit $u \mapsto u^\natural$ le projecteur de U sur Z parallèlement à V. Montrer que $(uv)^\natural = (vu)^\natural$, $(zu)^\natural = zu^\natural$ quels que soient $u \in U$, $v \in U$, $z \in Z$.

c) Soit R un idéal bilatère de U. Montrer que $R = (R \cap Z) + (R \cap V)$. (Pour montrer que la composante dans V d'un élément r de R appartient à R, se ramener au cas où K est algébriquement clos ; observer que R est stable par la représentation ρ de U dans U prolongeant $x \mapsto \mathrm{ad}_U\, x$; décomposer r suivant les U^n ; enfin, appliquer à la restriction de ρ à U^n le cor. 2 du th. 1 d'*Alg.*, chap. VIII, § 4, nº 2.)

d) Soit R′ un idéal de Z. Soit R_1 l'idéal bilatère de U engendré par R′. Montrer que $R_1 \cap Z = R'$. (Utiliser *b*).)

20) On suppose K algébriquement clos. Soient $\mathfrak{g}$ une algèbre de Lie, $\mathfrak{c}$ son centre.

a) Si $\mathfrak{g}$ admet une représentation simple fidèle de dimension finie, $\mathfrak{g}$ est réductive et $\dim \mathfrak{c} \leqslant 1$.

b) Réciproquement, si $\mathfrak{g}$ est réductive et $\dim \mathfrak{c} \leqslant 1$, $\mathfrak{g}$ admet une représentation simple fidèle de dimension finie. (Si $\mathfrak{g}$ est simple, utiliser la représentation adjointe. Si $\mathfrak{g} = \mathfrak{g}_1 \times \mathfrak{g}_2$, et si $\mathfrak{g}_1$, $\mathfrak{g}_2$ admettent des représentations simples fidèles ρ_1, ρ_2 de dimension finie dans des espaces M_1, M_2, montrer que $(x_1, x_2) \mapsto \rho_1(x_1) \otimes 1 + 1 \otimes \rho_2(x_2)$ est une représentation semi-simple ρ de $\mathfrak{g}$, puis que le commutant du $\mathfrak{g}$-module $M_1 \otimes M_2$ se réduit aux scalaires, donc que ρ est simple. Lorsque $\mathfrak{g}_1$ et $\mathfrak{g}_2$ sont semi-simples, ou lorsque $\mathfrak{g}_1$ est semi-simple et $\mathfrak{g}_2$ commutative, montrer que ρ est fidèle en considérant le noyau de ρ qui est un idéal de $\mathfrak{g}_1 \times \mathfrak{g}_2$.)

21) Soit V un espace vectoriel sur K de dimension finie $n > 1$. Montrer que $\mathfrak{sl}(V)$ est simple. (Se ramener au cas où K est algébriquement clos. Supposons $\mathfrak{sl}(V) = \mathfrak{a} \times \mathfrak{b}$, avec $\dim \mathfrak{a} = a > 0$, $\dim \mathfrak{b} = b > 0$. Soit A (resp. B) l'algèbre associative engendrée par 1 et $\mathfrak{a}$ (resp. $\mathfrak{b}$). Alors V peut être considéré comme un $(A \otimes_K B)$-module simple. Donc il existe un A-module P de dimension finie p sur K, et un B-module Q de dimension finie q sur k, tels que V soit $(A \otimes_K B)$-isomorphe à $P \otimes_K Q$ (*Alg.*, chap. VIII, § 7, nº 7, prop. 8 et nº 4, th. 2) ; P et Q sont fidèles, donc $a \leqslant p^2$, $b \leqslant q^2$. D'autre part, $a + b = n^2 - 1$, et $pq = n$, d'où $(p^2 - 1)(q^2 - 1) \leqslant 2$, ce qui est contradictoire.)

22) *a*) Soit $\mathfrak{g}$ une algèbre de Lie nilpotente sur un corps algébriquement clos K de caractéristique quelconque. Soient $\mathfrak{z}$ son centre, ρ une représentation de dimension finie de $\mathfrak{g}$, β la forme bilinéaire associée. Montrer que $\mathfrak{z} \cap \mathscr{D}\mathfrak{g}$ est orthogonal à $\mathfrak{g}$ pour β. (Se ramener, grâce à une suite

de Jordan-Hölder, au cas où ρ est simple. Remarquer alors que, pour $z \in \mathfrak{z} \cap \mathcal{D}\mathfrak{g}$, $\rho(z)$ est une matrice scalaire de trace nulle. Utiliser ensuite l'exerc. 22 *b*) du § 4.) En déduire que, si β est non dégénérée, $\mathfrak{g}$ est commutative. (Utiliser l'exerc. 3*a*) du § 4.)

b) On suppose K de caractéristique 2. Montrer que, pour l'algèbre de Lie résoluble $\mathfrak{gl}(2, \mathrm{K}) = \mathfrak{g}$, la forme bilinéaire associée à la représentation identique est non dégénérée, mais que le centre $\mathfrak{z}$ est contenu dans $\mathcal{D}\mathfrak{g}$ et $\neq \{0\}$.

c) Soit $\mathfrak{g}$ l'algèbre de Lie de dimension 6 sur K, ayant une base (a, b, c, d, e, f) avec la table de multiplication $[a, b] = -[b, a] = d$, $[a, c] = -[c, a] = e$, $[b, c] = -[c, b] = f$, les autres crochets étant 0. Soit β la forme bilinéaire sur $\mathfrak{g}$ telle que $\beta(c, d) = \beta(d, c) = 1$, $\beta(a, f) = \beta(f, a) = 1$, $\beta(b, e) = \beta(e, b) = -1$, les autres valeurs de β pour un couple d'éléments de la base de $\mathfrak{g}$ considérée étant 0. Montrer que β est invariante, $\mathfrak{g}$ nilpotente, $\mathfrak{z} = \mathcal{D}\mathfrak{g} \neq \{0\}$, et β non dégénérée.

23) Soit $\mathfrak{g}$ une algèbre de Lie non commutative de dimension 3 sur un corps K de caractéristique quelconque.

a) Si $\mathfrak{g}$ a un centre $\mathfrak{z} \neq \{0\}$, on a $\dim \mathfrak{z} = 1$ (§ 1, exerc. 2), et $\dim \mathcal{D}\mathfrak{g} = 1$. Si $\mathfrak{z} \neq \mathcal{D}\mathfrak{g}$, $\mathfrak{g}$ est produit de $\mathfrak{z}$ et de l'algèbre non commutative de dimension 2. Si $\mathfrak{z} = \mathcal{D}\mathfrak{g}$, $\mathfrak{g}$ est l'algèbre nilpotente non commutative de dimension 3 (§ 4, exerc. 9 *a*)).

b) Si $\mathfrak{z} = \{0\}$, mais s'il existe dans $\mathfrak{g}$ une sous-algèbre commutative de dimension 2, cette sous-algèbre est unique et est égale à $\mathcal{D}\mathfrak{g}$; pour tout $x \notin \mathcal{D}\mathfrak{g}$, la restriction u de $\operatorname{ad} x$ à $\mathcal{D}\mathfrak{g}$ est une bijection de cet espace vectoriel, déterminée à une constante multiplicative près. Réciproquement, tout automorphisme u d'un espace vectoriel $\mathrm{K}a + \mathrm{K}b$ de dimension 2 détermine une structure d'algèbre de Lie sur $\mathfrak{g} = \mathrm{K}a + \mathrm{K}b + \mathrm{K}c$ par la condition que $[a, b] = 0$, $[c, a] = u(a)$, $[c, b] = u(b)$. Pour que deux algèbres de Lie ainsi définies par des automorphismes u_1, u_2 soient isomorphes, il faut et il suffit que les matrices de u_1 et u_2 soient semblables à un facteur scalaire près.

c) On suppose qu'il n'existe dans $\mathfrak{g}$ aucune sous-algèbre commutative de dimension > 1. Montrer qu'il existe alors $a \in \mathfrak{g}$ tel que $a \notin (\operatorname{ad} a)(\mathfrak{g})$ (en supposant qu'un élément x n'ait pas cette propriété, montrer, en utilisant l'identité de Jacobi, qu'un autre élément a la propriété voulue). Il existe alors une base (a, b, c) de $\mathfrak{g}$ telle que $[a, b] = c$, $[a, c] = \beta b$, $[b, c] = \gamma a$, avec $\beta \neq 0$ et $\gamma \neq 0$, et $\mathfrak{g}$ est simple. Soit φ un isomorphisme canonique de $\mathfrak{g}$ sur la puissance extérieure $\bigwedge^2 \mathfrak{g}^*$ de l'espace dual de $\mathfrak{g}$, déterminé à un facteur constant inversible près (*Alg.*, chap. III, § 8, nº 5) ; soit u l'application linéaire de $\mathfrak{g}$ dans $\mathfrak{g}^*$ définie par la condition $\langle [x, y], u(z) \rangle = \langle x \wedge y, \varphi(z) \rangle$; la forme bilinéaire $\Phi(x, y) = \langle x, u(y) \rangle$ sur $\mathfrak{g} \times \mathfrak{g}$ est symétrique non dégénérée, et 2Φ est la forme de Killing de $\mathfrak{g}$ à un facteur près $\neq 0$. Pour que deux algèbres simples de dimension 3 sur K soient isomorphes, il faut et il suffit que les formes bilinéaires correspondantes soient équivalentes à un facteur constant près $\neq 0$.

d) Si K n'est pas de caractéristique 2, l'algèbre simple $\mathfrak{g}$ définie dans *c*) est isomorphe à l'algèbre de Lie $\mathfrak{o}(\Phi)$ du groupe orthogonal formel $\mathbf{G}(\Phi)$ (§ 1, exerc. 26 *a*)). Pour qu'il y ait dans $\mathfrak{g}$ des vecteurs x tels que ad x admette des vecteurs propres non proportionnels à x, il faut et il suffit que Φ soit d'indice > 0 ; $\mathfrak{g}$ admet alors une base (a, b, c) telle que $[a, b] = b$, $[a, c] = -c$, $[b, c] = a$.

e) Si K est de caractéristique 2, montrer qu'il n'y a pas de 2-application dans $\mathfrak{g}$, et par suite que $\mathfrak{g}$ n'est pas l'algèbre de Lie d'un groupe formel. Montrer que $\mathfrak{g}$ admet des dérivations non intérieures.

¶ 24) Soit K un corps de caractéristique quelconque p. On adopte encore la déf. 1.

a) Montrer que, sauf pour $p = n = 2$, les seuls idéaux non triviaux de $\mathfrak{gl}(n, K)$ sont le centre $\mathfrak{z}$ de dimension 1, ayant pour base $\sum_{i=1}^{n} E_{ii}$, et l'algèbre de Lie $\mathfrak{sl}(n, K)$ formée des matrices de trace 0. (Sauf dans le cas exceptionnel indiqué, remarquer que, si un idéal $\mathfrak{a}$ contient un des E_{ij}, il contient nécessairement $\mathfrak{sl}(n, K)$. Si $\mathfrak{a}$ contient un élément n'appartenant pas à $\mathfrak{z}$, en multipliant cet élément par au plus quatre éléments E_{ij} convenablement choisis, on obtient un multiple non nul de l'un des E_{ij}.) Si n n'est pas multiple de p, montrer que $\mathfrak{gl}(n, K)$ est somme directe de $\mathfrak{z}$ et de $\mathfrak{sl}(n, K)$, et $\mathfrak{sl}(n, K)$ est simple. Si au contraire n est multiple de p et $n > 2$, montrer que $\mathfrak{sl}(n, K)/\mathfrak{z}$ est simple (mêmes méthodes).

b) Montrer que, pour n multiple de p et $n > 2$, $\mathfrak{gl}(n, K)/\mathfrak{z}$ a pour radical $\{0\}$, mais admet le quotient $\mathfrak{gl}(n, K)/\mathfrak{sl}(n, K)$ qui est abélien.

¶ 25) Soit K un corps de caractéristique quelconque p. On désigne par $\mathfrak{sp}(2n, K)$ l'algèbre de Lie du groupe symplectique formel à $2n$ variables sur K (§ 1, exerc. 26 *c*)). Montrer que cette algèbre de Lie, qui s'identifie à une sous-algèbre de $\mathfrak{gl}(2n, K)$, a une base formée des éléments

$$\begin{aligned}
&H_i = E_{ii} - E_{i+n,i+n} && (1 \leqslant i \leqslant n),\\
&F_{ij} = E_{ij} - E_{j+n,i+n} && (1 \leqslant i, j \leqslant n, i \neq j),\\
G'_{ij} = E_{i,j+n} + E_{j,i+n},\quad &G''_{ij} = E_{i+n,j} + E_{j+n,i} && (1 \leqslant i < j \leqslant n),\\
&E_{i,i+n} \text{ et } E_{i+n,i} && (1 \leqslant i \leqslant n).
\end{aligned}$$

a) Montrer que, si $p \neq 2$, et $n \geqslant 1$, l'algèbre $\mathfrak{sp}(2n, K)$ est simple (pour $n = 1$, $\mathfrak{sp}(2, K) = \mathfrak{sl}(2, K)$). (Même méthode que dans l'exerc. 24.)

b) Si $p = 2$, et $n \geqslant 3$, montrer que les H_i, F_{ij}, G'_{ij} et G''_{ij} forment un idéal $\mathfrak{a}$ de dimension $n(2n-1)$; les éléments de $\mathfrak{a}$ de la forme

$$\sum_{i=1}^{n} \lambda_i H_i + \sum_{i \neq j} \alpha_{ij} F_{ij} + \sum_{i<j} \beta_{ij} G'_{ij} + \sum_{i<j} \gamma_{ij} G''_{ij}$$

tels que $\sum_{i=1}^{n} \lambda_i = 0$ forment un idéal $\mathfrak{b} \subset \mathfrak{a}$ de dimension $n(2n-1)-1$, les multiples de $\sum_{i=1}^{n} H_i$ un idéal $\mathfrak{c}$, centre de $\mathfrak{sp}(2n, K)$; $\mathfrak{b}$, $\mathfrak{c}$ sont les seuls idéaux de $\mathfrak{a}$, $\mathfrak{b} = \mathscr{D}(\mathfrak{sp}(2n, K))$, et $\mathfrak{b}/\mathfrak{c}$ est simple. (Même méthode.) Quels sont les idéaux de $\mathfrak{sp}(4, K)$ lorsque K est de caractéristique 2 ?

¶ 26) Soient K un corps de caractéristique $\neq 2$, Φ une forme bilinéaire symétrique non dégénérée sur un espace vectoriel de dimension n sur K.

a) Montrer que, si $n \geqslant 5$, l'algèbre de Lie $\mathfrak{o}(\Phi)$ est simple. (Par extension du corps de base, on peut se ramener au cas où l'indice de Φ est $m = [n/2]$. Si par exemple $n = 2m$ est pair, $\mathfrak{o}(\Phi)$ a une base formée des éléments $H_i = E_{ii} - E_{i+m,i+m}$, $F_{ij} = E_{ij} - E_{j+m,i+m}$ $(1 \leqslant i, j \leqslant m, i \neq j)$, $G'_{ij} = E_{i,j+m} - E_{j,i+m}$ et $G''_{ij} = E_{i+m,j} - E_{j+m,i}$ $(1 \leqslant i < j \leqslant m)$; raisonner alors comme dans les exerc. 24 et 25. Procéder de même lorsque $n = 2m + 1$ est impair.)

b) Soit Δ le discriminant de Φ par rapport à une base. On suppose $n = 4$. Montrer que, si Δ n'est pas un carré dans K, $\mathfrak{o}(\Phi)$ est simple. Si Δ est un carré, $\mathfrak{o}(\Phi)$ est produit de deux algèbres de Lie simples isomorphes de dimension 3. (Utiliser la structure de $\mathbf{G}(\Phi)$, décrite dans *Alg.*, chap. IX, § 9, exerc. 16.) En déduire un exemple d'algèbre de Lie simple qui devient non simple par extension du corps de base.

27) *a*) Montrer que, dans une p-algèbre de Lie de dimension finie, le radical est un p-idéal. (Utiliser l'exerc. 22 *c*) du § 1).

b) Pour qu'une p-algèbre de Lie $\mathfrak{g}$ soit de radical nul, il faut et il suffit que $\mathfrak{g}$ ne contienne pas de p-idéal commutatif $\neq \{0\}$. (Utiliser l'exerc. 22 *c*) du § 1.)

§ 7

Les conventions du § 7 restent valables, sauf mention du contraire.

1) *a*) Pour qu'une K-algèbre de Lie soit nilpotente, il faut et il suffit qu'elle soit isomorphe à une sous-algèbre d'une algèbre $\mathfrak{n}(n, \mathrm{K})$.

b) On suppose K algébriquement clos. Pour qu'une K-algèbre de Lie soit résoluble, il faut et il suffit qu'elle soit isomorphe à une sous-algèbre d'une algèbre $\mathfrak{t}(n, \mathrm{K})$.

2) Soient $\mathfrak{g}$ une algèbre de Lie, $\mathfrak{n}$ son plus grand idéal nilpotent. Il existe un espace vectoriel V de dimension finie et un isomorphisme de $\mathfrak{g}$ sur une sous-algèbre de $\mathfrak{sl}(\mathrm{V})$, qui applique tout élément de $\mathfrak{n}$ sur un endomorphisme nilpotent de V. (Utiliser le th. d'Ado, et l'exerc. 5 du § 1.)

3) Soient $\mathfrak{g}$ une algèbre de Lie, U son algèbre enveloppante.

a) Montrer que, pour tout $u \in \mathrm{U}$ $(u \neq 0)$, il existe une représentation de dimension finie π de U telle que $\pi(u) \neq 0$. (Utiliser l'exerc. 2, et l'exerc. 5 *b*) du § 3).

b) Déduire de *a*) que, si $\mathfrak{g}$ est semi-simple, il existe une infinité de représentations simples de dimension finie de $\mathfrak{g}$ deux à deux inéquivalentes. (Soient $\rho_1, \ldots, \rho_n$ des représentations simples de dimension finie de $\mathfrak{g}$, $\mathrm{N}_1, \ldots, \mathrm{N}_n$ les annulateurs des U-modules correspondants, $\mathrm{N} = \bigcap_{i=1}^{n} \mathrm{N}_i$. Montrer que N est de codimension finie dans U. Soit $n \in \mathrm{N}$, $n \neq 0$. Appliquer *a*) à n.)

¶ 4) Soient $\mathfrak{g}$ une algèbre de Lie, $\mathfrak{a}$ une sous-algèbre sous-invariante de $\mathfrak{g}$, $\mathfrak{r}(\mathfrak{a})$ le radical de $\mathfrak{a}$, et ρ une représentation de dimension finie de $\mathfrak{a}$. Pour que ρ admette un agrandissement de dimension finie à $\mathfrak{g}$, il faut et il suffit que $\mathcal{D}\mathfrak{g} \cap \mathfrak{r}(\mathfrak{a})$ soit contenu dans le plus grand idéal de nilpotence de ρ. (Pour la suffisance, procéder comme suit ; soit $\mathfrak{g} = \mathfrak{g}_0 \supset \mathfrak{g}_1 \supset \cdots \supset \mathfrak{g}_k = \mathfrak{a}$ une suite de composition de $\mathfrak{g}$ ayant les propriétés de l'exerc. 11 *b*) du § 6. Montrer, par récurrence, l'existence d'un agrandissement ρ_i de ρ à $\mathfrak{g}_i$, dont le plus grand idéal de nilpotence contient $\mathcal{D}\mathfrak{g} \cap \mathfrak{r}(\mathfrak{g}_i)$. Avec les notations de l'exerc. 11 *b*) du § 6, le passage de ρ_{i+1} à ρ_i résulte du th. 1 quand $\mathfrak{h}_i$ est simple, ou quand $\mathfrak{h}_i$ est de dimension 1 et que $\mathcal{D}\mathfrak{g} \cap \mathfrak{r}(\mathfrak{g}_{i+1}) = \mathcal{D}\mathfrak{g} \cap \mathfrak{r}(\mathfrak{g}_i)$. Quand $\mathcal{D}\mathfrak{g} \cap \mathfrak{r}(\mathfrak{g}_{i+1}) \neq \mathcal{D}\mathfrak{g} \cap \mathfrak{r}(\mathfrak{g}_i)$, on peut supposer $\mathfrak{h}_i \subset \mathcal{D}\mathfrak{g} \cap \mathfrak{r}(\mathfrak{g}_i)$. On a $\mathfrak{r}(\mathfrak{g}_i) = \mathfrak{r}(\mathfrak{g}) \cap \mathfrak{g}_i$ (§ 5, exerc. 10), et on peut encore appliquer le th. 1.)

¶ 5) Soient K un corps de caractéristique $p > 0$, $\mathfrak{g}$ une algèbre de Lie de dimension finie n sur K, U l'algèbre enveloppante de $\mathfrak{g}$.

a) On appelle *p-polynôme* (à une indéterminée) sur K tout polynôme de K[X] dont les seuls termes $\neq 0$ ont un degré qui est une puissance de p. Montrer que, pour tout polynôme $f(X) \neq 0$ de K[X], il existe $g(X) \in K[X]$ tel que $f(X)g(X)$ soit un p-polynôme (considérer les restes des divisions euclidiennes des X^{p^k} par $f(X)$).

b) Montrer que, pour tout élément $z \in \mathfrak{g}$, il existe un polynôme non nul $f(X) \in K[X]$ tel que $f(z)$ appartienne au centre C de U. (Considérer le polynôme minimal de l'endomorphisme ad z, et appliquer *a*) à ce polynôme, ainsi que la formule (1) de l'exerc. 19 du § 1.)

c) Soit $(e_i)_{1 \leqslant i \leqslant n}$ une base de $\mathfrak{g}$. Pour chaque i, soit $f_i \neq 0$ un polynôme de K[X] tel que $f_i(e_i) \in C$; soit d_i son degré, et soit L l'idéal bilatère de U engendré par les $y_i = f_i(e_i)$. Montrer que les classes mod. L des éléments $e_1^{\alpha_1} \ldots e_n^{\alpha_n}$, où $0 \leqslant \alpha_i < d_i$ forment une base de U/L.

d) Montrer que $\mathfrak{g}$ admet une représentation linéaire fidèle de dimension finie (choisir les f_i de sorte que $d_i > 1$ pour tout i).

e) Montrer que, si $\mathfrak{g} \neq \{0\}$, il existe une représentation linéaire de dimension finie de $\mathfrak{g}$ non semi-simple. (Supposant les f_i de degrés $d_i > 1$, remplacer les f_i par f_i^2 dans la définition de L, et remarquer qu'il existe alors des éléments nilpotents $\neq 0$ dans le centre de U/L, donc que U/L n'est pas semi-simple.)

INDEX DES NOTATIONS

Les chiffres de référence indiquent successivement le paragraphe et le numéro (ou, éventuellement, l'exercice).

INDEX TERMINOLOGIQUE

Les chiffres de référence indiquent successivement le paragraphe et le numéro, (ou, éventuellement, l'exercice).

TABLE DES MATIÈRES

RÉSUMÉ

de certaines propriétés des algèbres de Lie de dimension finie sur un corps de caractéristique 0.

Soient $\mathfrak{g}$ une algèbre de Lie, $\mathfrak{r}$ son radical, $\mathfrak{n}$ son plus grand idéal nilpotent, $\mathfrak{s}$ son radical nilpotent, $\mathfrak{k}$ l'orthogonal de $\mathfrak{g}$ pour la forme de Killing. Alors, $\mathfrak{r}$, $\mathfrak{n}$, $\mathfrak{s}$, $\mathfrak{k}$ sont des idéaux caractéristiques, et $\mathfrak{r} \supset \mathfrak{k} \supset \mathfrak{n} \supset \mathfrak{s}$.

(I). — *L'une quelconque des propriétés suivantes caractérise les algèbres de Lie semi-simples* :

1) $\mathfrak{r} = \{0\}$; 2) $\mathfrak{n} = \{0\}$; 3) $\mathfrak{k} = \{0\}$; 4) tout idéal commutatif de $\mathfrak{g}$ est nul ; 5) l'algèbre $\mathfrak{g}$ est isomorphe à un produit d'algèbres de Lie simples ; 6) toute représentation de dimension finie de $\mathfrak{g}$ est semi-simple.

(II). — *L'une quelconque des propriétés suivantes caractérise les algèbres de Lie réductives* :

1) $\mathfrak{s} = \{0\}$; 2) $\mathfrak{r}$ est le centre de $\mathfrak{g}$; 3) $\mathscr{D}\mathfrak{g}$ est semi-simple ; 4) $\mathfrak{g}$ est produit d'une algèbre semi-simple et d'une algèbre commutative ; 5) la représentation adjointe de $\mathfrak{g}$ est semi-simple ; 6) $\mathfrak{g}$ possède une représentation de dimension finie telle que la forme bilinéaire associée soit non dégénérée ; 7) $\mathfrak{g}$ possède une représentation fidèle semi-simple de dimension finie.

(III). — *L'une quelconque des propriétés suivantes caractérise les algèbres de Lie résolubles* :

1) $\mathscr{D}^p\mathfrak{g} = \{0\}$ pour p assez grand ; 2) il existe une suite décroissante $\mathfrak{g} = \mathfrak{g}_0 \supset \mathfrak{g}_1 \supset \ldots \supset \mathfrak{g}_n = \{0\}$ d'idéaux de $\mathfrak{g}$ tels que les algèbres $\mathfrak{g}_i/\mathfrak{g}_{i+1}$ soient commutatives ; 3) il existe une suite décroissante $\mathfrak{g} = \mathfrak{g}'_0 \supset \mathfrak{g}'_1 \supset \ldots \supset \mathfrak{g}'_{n'} = \{0\}$ de sous-algèbres de $\mathfrak{g}$ telles que $\mathfrak{g}'_{i+1}$ soit un idéal dans $\mathfrak{g}'_i$ et que $\mathfrak{g}'_i/\mathfrak{g}'_{i+1}$ soit commutative ; 4) il existe une suite décroissante $\mathfrak{g} = \mathfrak{g}''_0 \supset \mathfrak{g}''_1 \supset \ldots \supset \mathfrak{g}''_{n''} = \{0\}$ de sous-algèbres de $\mathfrak{g}$ telles que $\mathfrak{g}''_{i+1}$ soit un idéal de codimension 1 dans $\mathfrak{g}''_i$; 5) $\mathfrak{k} \supset \mathscr{D}\mathfrak{g}$; 6) $\mathscr{D}\mathfrak{g}$ est nilpotente.

(IV). — *L'une quelconque des propriétés suivantes caractérise les algèbres de Lie nilpotentes* :

1) $\mathcal{C}^p\mathfrak{g} = \{0\}$ pour p assez grand ; 2) $\mathcal{C}_p\mathfrak{g} = \mathfrak{g}$ pour p assez grand ; 3) il existe une suite décroissante $\mathfrak{g} = \mathfrak{g}_0 \supset \mathfrak{g}_1 \supset \ldots \supset \mathfrak{g}_p = \{0\}$ d'idéaux de $\mathfrak{g}$ tels que $[\mathfrak{g}, \mathfrak{g}_i] \subset \mathfrak{g}_{i+1}$; 4) il existe une suite décroissante $\mathfrak{g} = \mathfrak{g}'_0 \supset \mathfrak{g}'_1 \supset \ldots \supset \mathfrak{g}'_{p'} = \{0\}$ d'idéaux de $\mathfrak{g}$ tels que $[\mathfrak{g}, \mathfrak{g}'_i] \subset \mathfrak{g}'_{i+1}$ et que les $\mathfrak{g}'_i/\mathfrak{g}'_{i+1}$ soient de dimension 1 ; 5) il existe un entier i tel que $(\mathrm{ad}\, x_1) \circ (\mathrm{ad}\, x_2) \circ \cdots \circ (\mathrm{ad}\, x_i) = 0$ quels que soient $x_1, \ldots, x_i$ dans $\mathfrak{g}$; 6) pour tout $x \in \mathfrak{g}$, $\mathrm{ad}\, x$ est nilpotent.

(V). — $\mathfrak{g}$ commutative $\Rightarrow$ $\mathfrak{g}$ nilpotente $\Rightarrow$ la forme de Killing de $\mathfrak{g}$ est nulle $\Rightarrow$ $\mathfrak{g}$ résoluble.

$\mathfrak{g}$ commutative $\Rightarrow$ $\mathfrak{g}$ réductive.

$\mathfrak{g}$ semi-simple $\Rightarrow$ $\mathfrak{g}$ réductive.

(VI). — *Caractérisations de* $\mathfrak{r}$:

1) $\mathfrak{r}$ est le plus grand idéal résoluble de $\mathfrak{g}$; 2) $\mathfrak{r}$ est le plus petit idéal tel que $\mathfrak{g}/\mathfrak{r}$ soit semi-simple ; 3) $\mathfrak{r}$ est le seul idéal résoluble tel que $\mathfrak{g}/\mathfrak{r}$ soit semi-simple ; 4) $\mathfrak{r}$ est l'orthogonal de $\mathcal{D}\mathfrak{g}$ pour la forme de Killing.

(VII). — *Caractérisations de* $\mathfrak{n}$:

1) $\mathfrak{n}$ est le plus grand idéal nilpotent de $\mathfrak{g}$; 2) $\mathfrak{n}$ est le plus grand idéal nilpotent de $\mathfrak{r}$; 3) $\mathfrak{n}$ est l'ensemble des $x \in \mathfrak{r}$ tels que $\mathrm{ad}_{\mathfrak{g}}\, x$ soit nilpotent ; 4) $\mathfrak{n}$ est l'ensemble des $x \in \mathfrak{r}$ tels que $\mathrm{ad}_{\mathfrak{r}}\, x$ soit nilpotent ; 5) $\mathfrak{n}$ est le plus grand idéal de $\mathfrak{g}$ tel que, pour tout $x \in \mathfrak{n}$, $\mathrm{ad}_{\mathfrak{g}}\, x$ soit nilpotent ; 6) $\mathfrak{n}$ est l'ensemble des $x \in \mathfrak{g}$ tels que $\mathrm{ad}_{\mathfrak{r}}\, x$ appartienne au radical de l'algèbre associative engendrée par 1 et les $\mathrm{ad}_{\mathfrak{g}}\, y$ ($y \in \mathfrak{g}$).

(VIII). — *Caractérisations de* $\mathfrak{s}$:

1) $\mathfrak{s}$ est l'intersection des noyaux des représentations simples de dimension finie de $\mathfrak{g}$; 2) $\mathfrak{s}$ est le plus petit des noyaux des représentations semi-simples de dimension finie de $\mathfrak{g}$; 3) $\mathfrak{s}$ est l'intersection des plus grands idéaux de nilpotence des représentations de dimension finie de $\mathfrak{g}$; 4) $\mathfrak{s}$ est le plus petit idéal de $\mathfrak{g}$ tel que $\mathfrak{g}/\mathfrak{s}$ soit réductive ; 5) $\mathfrak{s} = \mathfrak{r} \cap \mathcal{D}\mathfrak{g}$; 6) $\mathfrak{s} = [\mathfrak{r}, \mathfrak{g}]$; 7) $\mathfrak{s}$ est l'intersection des orthogonaux de $\mathfrak{g}$ pour les formes bilinéaires associées aux représentations de dimension finie de $\mathfrak{g}$.